Transistor
Gijutsu
Special
for Freshers

トランジスタ技術
SPECIAL
forフレッシャーズ
No.114

徹底図解
受動部品の基礎知識と定番回路での使用法
LCR&トランス活用 成功のかぎ

Transistor Gijutsu Special for Freshers

トランジスタ技術 SPECIAL for フレッシャーズ
No.114

CONTENTS

徹底図解
受動部品の基礎知識と定番回路での使用法
LCR&トランス活用 成功のかぎ

はじめに

筆者が学校を卒業し，東京都小平市のオーディオ・メーカの回路設計部門に配属されたのは，1980年の事でした．新人研修も一段落したある日，開発中のテープデッキの回路のうち，アンプ回路とロジック回路のどちらの仕事をやりたいか上司に聞かれました．

オーディオや楽器に興味があったので，アナログ系の仕事に魅力を感じ，アンプ回路を担当する事になりました．以来，筆者の仕事の中心はアナログ回路設計となりました．

以前から一応は回路設計の経験がありましたので，当初はすぐに戦力になれると言う浅はかな考えでしたが，その後は度々プロの技術者の凄さに頭を打たれる思いで日々を過ごしていた事が思い出されます．

当時，三十代前半の若い上司は，何も知らなかった筆者を厳しく鍛えてくださいました．この本には，かつて上司から教わった事も沢山含まれています．若い世代の方々に，少しでも受け継いで頂けるとすれば，この上ない喜びです．

長友光広

イントロダクション		
	正しい部品活用を目指して	6
	～本書を読むにあたって～	

[基礎編]

第1章	L, C, R活用の基本をマスタして使いこなす		
	理想的なLCR		8
1-1	回路の基礎をかためるにはまずここから．廻り道が結局近道		
	なぜLCRか？		8
1-2	抵抗は[Ω]オーム，コンデンサは[F]ファラド，コイルは[H]ヘンリー		
	単位と回路図記号の由来		9
1-3	それぞれの素子に直流や交流を流してみる		
	L, C, Rの抵抗とリアクタンス		11
1-4	純抵抗とリアクタンスを複素数でまとめて考える		
	L, C, Rをまとめて扱うインピーダンス		13
1-5	大きさと位相角を用いた計算方法を覚えよう		
	いろいろな合成インピーダンスの求め方		15

第2章	受動素子で構成される基本回路(1)		
	CRで構成される基本回路		17
2-1	電流-電圧変換，分圧，分流は基本中の基本なので確認しておこう		
	抵抗素子だけで構成される回路		17

2-2	CRで作る微分回路と積分回路を学ぼう **抵抗素子とコンデンサで構成される回路**	20
2-3	CRを使った1次フィルタと2次フィルタを理解しよう **伝達関数とフィルタ回路**	21
コラム	多くの半導体素子は電流値によって特性が決まる ネットワーク抵抗器 デシベルについて	17 19 22

第3章 受動素子で構成される基本回路(2)
LCRで構成される基本回路と素子値の標準数 25

3-1	各種フィルタの構成方法を学ぼう **LCRで構成される回路**	25
3-2	数値のステップ分布と誤差の関係を 理解して設計に役立てよう **受動素子の標準数**	33

第4章 現実の抵抗素子の特性を理解しよう
固定抵抗素子の定格と種類 35

4-1	定格電力以外にも抵抗値の範囲や許容差, 温度係数,最高使用電圧にも注意 **抵抗素子の定格**	35
4-2	材質と形状によってさまざまな特徴があるので, しっかりと把握しておこう **いろいろな固定抵抗素子**	40

第5章 高精度なポテンショメータは位置測定用センサとして使われている
可変抵抗素子とセンサ 43

5-1	モータ付きやスライド式,スイッチ付き, 2連式なども用途によって使われる **市販の可変抵抗素子**	43
5-2	固定抵抗素子の特性に加えて,最大減衰量が加わる, さまざまな抵抗変化特性カーブが決められている **可変抵抗素子の電気的特性**	45
5-3	全回転角度や回転トルク以外にも 回転止め強度や軸押引強度など用途によって 重要な機械的特性もある **可変抵抗素子の機械的特性**	48
5-4	負荷インピーダンスを十分に大きくとること, またオープン故障に配慮した設計が必要 **可変抵抗素子を使用する際の注意点**	49
5-5	基板上で回路の調整に使われるが, 動作寿命が少ないことに注意 **半固定抵抗素子**	51
5-6	サーミスタやストレイン・ゲージなど **抵抗変化を利用したセンサ**	52

コラム	ダイヤル型可変抵抗器 熱結合について 電子ボリュームIC	47 50 53

第6章 現実のコンデンサ素子の特性を理解しよう(1)
固定コンデンサの定格と種類 54

6-1	温度範囲や耐圧に注意. 耐圧は意外と低いものがある **コンデンサのしくみと定格**	54

第7章 現実のコンデンサ素子の特性を理解しよう(2)
いろいろな固定コンデンサ 62

7-1	表面実装基板のバイパス・コンデンサとして 非常に多く使われている.標準品のサイズや 容量値精度について確認しておこう **チップ・セラミック・コンデンサ**	62
7-2	設計に役立つ部品を覚えておこう **チップ・セラミック・コンデンサの バリエーション**	64
7-3	容量値の精度や耐圧が必要なときに使われる **チップ・フィルム・コンデンサと チップ・マイカ・コンデンサ**	65
7-4	極性があり,形状が大きい,ESRが比較的大きい, 寿命があるなど特徴と使い方は通常の アルミ電解コンデンサと同じ **チップ・アルミ電解コンデンサ**	66
7-5	大きいアルミ電解コンデンサは 実装に工夫が必要な場合もある **リード型,ねじ端子型の アルミ電解コンデンサ**	68
7-6	低ESRで電源回路に使うと有効 **導電性高分子固体電解コンデンサ**	69
7-7	きわめて大きな静電容量をもちメモリなどの バックアップにも使われている **電気二重層コンデンサ**	69
コラム	スパーク・キラー	67

第8章 静電容量変化を利用した素子の特性と応用例
可変コンデンサ素子とセンサ 70

8-1	アナログの同調回路や可変フィルタに用いられている **可変コンデンサ素子が使用される回路**	70
8-2	静電容量の可変範囲や耐圧, 温度係数に注意が必要 **可変コンデンサ素子の定格**	72

トランジスタ技術 SPECIAL for フレッシャーズ No.114

8-3	セラミック・トリマ・コンデンサと バリキャップ・ダイオードがよく使われている **市販の可変コンデンサ素子**	73
8-4	コンデンサ・マイクが身近に多く使用されている **容量変化を利用したセンサ**	77
コラム	リード線で一桁低い容量のトリマ・コンデンサを作る	71

第9章 定格, 形状, 種類と用途
インダクタ素子の定格と種類　78

9-1	理想のインダクタは存在しない. 希望の特性に近いものを選択する **選ぶときに知っておきたい いろいろな定格**	78
9-2	リード・タイプだけでなく積層チップ・インダクタもある. 定格と形状に注意して選ぶ **インダクタ素子の種類と特徴**	82

第10章 設計手法を学び, 必要があれば製作する
大型チョーク・コイルとトランス　87

10-1	整流回路におけるチョーク・コイルの 使われ方について調べてみよう **大型チョーク・コイルの種類と動作**	87
10-2	PQコアを用いた設計事例, 巻き数や ギャップ長の決め方の手順を学ぶ **チョーク・コイルの設計手法**	88
10-3	トランスの仕組みと使用上の注意を再確認しよう **トランスの種類と動作**	92
10-4	小信号からオーディオのパワー・アンプ用まで さまざまなトランスを見る **市販のトランス**	93
10-5	DC-DC コンバータのしくみと 使用トランス設計を行うときのテクニック **DC-DCコンバータ用トランスの 設計手法**	94
コラム	大型のフェライト・コア	91

［実践編］

第11章 抵抗素子を使ううえでの
基本的なノウハウを具体的回路で検証
抵抗素子の定番活用法　96

11-1	周波数の高い領域でのオープン・ループ・ゲインの減少や 抵抗値精度がゲイン精度に与える影響, 定格の注意など **OPアンプ増幅回路のゲイン決定**	96

▶本書はトランジスタ技術2008年6月号～2009年6月号の13回にわたり連載された「電子部品活用★成功のカギ」(長友光広著)の修正・再録部分に書き下ろしの新章を追加して再編したものです.

表紙・扉・目次デザイン＝千村勝紀
表紙・目次イラストレーション＝水野真帆
本文イラストレーション＝神崎真理子
表紙撮影＝矢野 渉

11-2	トランスコンダクタンス・アンプの設計と抵抗部品の選択 **OPアンプを使用した電流源**	99
11-3	エミッタ・バイパス・コンデンサがゲインに影響する **トランジスタ・アンプのゲイン決定**	100

第12章 使い慣れた抵抗素子の特性を見直そう
抵抗素子活用のかぎ　104

12-1	並列容量と直列インダクタンスの影響を調べる **抵抗素子に寄生するCとL**	104
12-2	電流雑音は場合によって非常に大きいことがあるので注意 **抵抗素子の電流雑音**	110

第13章 インピーダンスや周波数特性に注意して活用しよう
コンデンサ素子の定番活用法　112

13-1	エミッタのバイパス・コンデンサが回路動作に与える影響について詳しく調べよう **トランジスタ・アンプのバイパス・コンデンサ**	112
13-2	カットオフ点における共振のQをコントロールする **トランスインピーダンス・アンプのピーキング抑制**	115
13-3	CとRでもQをコントロールすることができる **OPアンプを用いた2次アクティブ・フィルタ**	118
13-4	広帯域特性に有利なトランジスタ回路を使って設計しよう **トランジスタを用いた2次アクティブ・フィルタ**	119
13-5	NFBと位相補償について理解しよう **帰還増幅器の位相補償**	120
コラム	トランジスタのhパラメータ	114

第14章 ESL, ESR, 電圧依存性, 再起電圧を理解する
コンデンサ素子活用のかぎ　123

14-1	よく使われるセラミック・コンデンサのESLとESRを評価する実験 **コンデンサ素子のESLとESR**	123
14-2	回路のひずみ率を悪化させることがあるので注意 **セラミック・コンデンサの静電容量電圧依存性**	129
14-3	周辺素子を破壊することもあるので注意 **電解コンデンサの再起電圧**	131
コラム	配線インダクタンスは, おおよそ4nH/cm@mm	128

第15章 高周波回路では受動インダクタ素子もよく使われる
インダクタ素子の定番活用法　132

15-1	LC共振回路の温度補償はコンデンサ素子で行う **単同調トランジスタ・アンプとタンク回路**	132
15-2	コルピッツ, ハートレー, クラップ, ウィーン・ブリッジの各回路の特徴と回路部品構成 **いろいろな発振回路**	133
15-3	インダクタ素子の効果的な使用法を検討する **電源ノイズ・フィルタ**	137
コラム	信号線用のフェライト・ビーズ	138

Appendix
コイルやフェライト・ビーズの特性を実験で理解
インダクタの寄生容量と配置の影響　139

索引　142

■ イントロダクション
正しい部品活用を目指して ～本書を読むにあたって～

　本書は，受動部品の活用にまつわる常識や注意点をまとめた回路設計を目指す人に贈るノウハウ集です．
　この頁では，読者の皆さんが内容と構成をつかむためのナビゲーションとして，概要をまとめました．

● 第1章　理想的なLCR
　ここでは，インピーダンスの数学的な意味を整理し，理想的な受動素子がどのような電気的性質をもつべきであるのかを説明します．

● 第2章　CRで構成される基本回路
　ここでは伝達関数の概念を導入し，CR素子で構成される回路例について周波数特性の概要をつかむ方法を説明します．

● 第3章　LCRで構成される基本回路と素子値の標準数
　ここではインダクタを含むいろいろなパッシブ・フィルタの伝達関数や特性を紹介します．また素子値の標準数列について説明します．

● 第4章　固定抵抗素子の定格と種類
　ここでは，固定抵抗素子の定格と種類について説明します．市販受動素子に関する知識を得たい方は，この章から読み進めても差し支えありません．

● 第5章　可変抵抗素子とセンサ
　ここでは可変抵抗素子および抵抗変化型センサの定格と，市販素子のさまざまなタイプを紹介します．

● 第6章　固定コンデンサの定格と種類
　コンデンサには，抵抗素子以上に多くの種類の定格があります．この章では全体を使って，固定コンデンサ選定に必要な定格についての説明をします．

● 第7章　いろいろな固定コンデンサ
　固定コンデンサにはたくさんのタイプが存在します

➡第11-3節参照

が，誘電体に用いる材質によって特性が決定づけられる側面があります．タイプ別に得意／不得意を見ていきます．

● 第8章　可変コンデンサ素子とセンサ

ここでは，可変コンデンサの定格と素子の特色について説明します．また，バリキャップ・ダイオードについても少し触れています．

● 第9章　インダクタ素子の定格と種類

ここでは，市販インダクタ素子の定格の説明と，いくつかのタイプの紹介を行います．可変インダクタについても少しだけ触れています．

● 第10章　大型チョーク・コイルとトランス

大型インダクタ素子では，カスタム設計が必要となることがあります．ここでは市販コアを用いたチョーク・コイルやスイッチング・レギュレータ用トランスの設計について説明します．

● 第11章　抵抗素子の定番活用法

ここでは，OPアンプ増幅回路と電流源，トランジスタ増幅回路について，抵抗値の計算方法と，素子選定での着目点を説明します．

● 第12章　抵抗素子活用のかぎ

市販素子に寄生するインダクタンスや容量を測定する実験の紹介と，それらが問題となる回路例を紹介します．また抵抗素子の電流雑音について説明します．

● 第13章　コンデンサ素子の定番活用法

ここでは，いくつかの回路を例にあげ，素子の容量値の計算方法や素子選定の着目点を説明します．

● 第14章　コンデンサ素子活用のかぎ

ここではESRやESLを測定する実験と，それらが問題となる回路例を紹介します．また，素子の容量電圧依存性や再起電圧についても説明します．

● 第15章　インダクタ素子の定番活用法

単同調増幅回路とLC発振回路を例に，インダクタンスの計算方法を紹介します．また，電源ノイズ・フィルタ用インダクタの動作メカニズムを見ていきます．

● Appendix　インダクタの寄生容量と配置の影響

チップ・インダクタなどに寄生する抵抗成分や容量成分について考察し，市販製品の評価実験を行います．また，二つのコイル間のクロストークを測定してみます．

➡第12-2節参照

徹底図解★LCR＆トランス活用 成功のかぎ

第1章
L，C，R活用の基本をマスタして使いこなす

理想的なLCR

● **最新の受動部品について解説する**

　20年前，30年前の実装済み基板と，現在のものを見比べてみると，外観が大きく変化していることに気がつきます．昔の基板では，コンデンサや抵抗素子，ディスクリート・トランジスタなどが基板上に多数並び，それぞれの素子の寸法も比較的大きいものでした．

　最近の基板では，基板上の面積のかなりの部分を表面実装パッケージのICが占めており，その周囲に表面実装パッケージの電源バイパス・コンデンサが多数実装されている以外は，ディスクリート部品の比率が昔と比べてかなり少なくなっていると感じます．

　外部からの電源供給を必ずしも必要としないで，入力されたエネルギーを減衰させたり，蓄積したり，再放出したりするだけの回路素子を一般に受動素子と呼びます．具体的には抵抗器，コンデンサ，コイルなどを指します．

　ディジタル回路では，信号処理を行う主役はICやトランジスタなどの能動素子群ですが，それらを脇で支える素子として，受動素子がどうしても必要になります．

　例えばセンサの信号を高精度，低雑音で受け取る部分や，電源回路などの部分では，まだまだアナログ回路は不可欠です．そこでは受動素子群が電子回路の名脇役として重要な役割を演じています．

　21世紀に入り，もう10年ちょっとが経過しましたが，今一度，受動素子についてお話ししておきたいと思います．受動部品にはいろいろな種類があります．特性を理解したうえで適切に使い分ける必要があります．

　この本では，現在市販されている具体的な抵抗素子，コンデンサ素子などの使い方についてお話しします．特に，比較的最近登場してきた表面実装素子について，詳しく解説します．表面実装素子は，リードがないので，配線インダクタンスを小さく抑えやすく，昨今の回路動作の高速化に対してはとても有益です．

　はじめのうちは，基礎知識として抵抗，コンデンサ，コイルの理論的な性質についてお話しします．

1-1 なぜLCRか？
回路の基礎をかためるにはまずここから，廻り道が結局近道

　誰かに地図を描いてもらって，見知らぬ町の目的地に向かう場合を想像します（**図1**）．

　最寄り駅に降り立って，初めて見る街並みを楽しみながら，地図を片手に注意深く歩いて行きます．歩く経路が地図に描かれている場合は，まちがいなく目的地に向かうことができるでしょう．しかしいったん地図に描かれていない場所に足を踏み入れてしまうと，自分が東西南北どちらに向かっているのかさえ，わからなくなることがあります．

　そういうとき，通行人に道をたずねるなどして何とかもとのルートに戻るように試みるわけですが，回路の動作検討を行う場合のアプローチも，これと何か似たところがあります．設計した回路の試作や動作検討を実施するとき，まちがいがなければ，比較的短時間に動かすことができます．ところが多くの場合，回路のどこかにミスがあり，まちがい探しになるわけです

が，ちょうどこれは地図にない場所に入ってしまった状態と言えるでしょう．

　町の人に道をたずねることは，その回路の経験者からアドバイスをもらうことに似ていますし，その町の詳しい地図を調べ直すことは，その回路に関する文献を調べることに似ています．しかし，いずれも特有の町や回路にだけ役立つ方法であり，いつも使えるわけではありません．

● **トラブルに対処できる**

　もし初めての街をたずねる人が太陽の位置と時刻の関係について知識をもっていたらどうでしょう．少なくとも向かっている方角が，東西南北どちらを向いているか的確に判断できます．このように，どういう場合にも応用が利く普遍的な知識，方法というものがあります．

ディジタル回路やLSIが多くの部分を占める時代に，*LCR*の基本を勉強して，何の役に立つのか今ひとつピンとこない人がいるかもしれません．しかし，*LCR*の基本こそ，見知らぬ町で役立つ太陽と時刻の関係についての知識によく似ています．それは想定外の回路の挙動に出くわしたとき，検討方針を探るための普遍的な知識です．

ICを組み合わせて回路を作るとき，データシートの通りに設計や試作を進めて，正常動作が得られているうちはよいのですが，ひとたびうまくいかないときは，いろいろな知識を総動員し，まちがいを見つけなければなりません．受動素子の基本知識は，このようなときに必ず役に立ちます．特に高速の回路ではとても有益です．

図1 知識をもって正しい方向を見通す

1-2 単位と回路図記号の由来
抵抗は［Ω］オーム，コンデンサは［F］ファラド，コイルは［H］ヘンリー

● なぜ "*L*" "*C*" "*R*" と呼ぶのか

▶ インダクタ "*L*"

コイルやインダクタは "*L*" で表されます．英語のインダクタンス（Inductance）の頭文字は "I" ですが，"I" はすでに電流の記号として使われているので，他の文字を使わざるを得ません．なぜ "*L*" を使用するようになったかについては「レンツの法則の頭文字」であるとか，「物理学者ローレンツの頭文字」であるとか，いろいろ言われているのですが，どれが正しいのかは定まっていないようです．

▶ コンデンサ "*C*"

コンデンサは "*C*" で表されます．コンデンサは英語ではキャパシタ（Capacitor）と呼ばれるので，これの頭文字を取り "*C*" と呼ばれるようになったと考えられます．

▶ 抵抗 "*R*"

抵抗は "*R*" で表されます．抵抗は英語ではレジスタ（Resistor）と呼ばれるので，これもそのまま頭文字を取り "*R*" と呼ばれるようになったと考えられます．

*LCR*と一括して呼ばれる場合，インダクタを表す "*L*" が先頭にきていますが，使用頻度や理解のしやすさから考えて，以下の記述では順番を逆さにして，抵抗の話から始めることにします．

● 抵抗の単位［Ω］と回路図記号

抵抗の単位はオームで，記号は［Ω］です．これは電気抵抗に関するオームの法則を発見したドイツの物理学者，ゲオルグ・ジーモン・オーム（1789〜1854）にちなんで付けられました．単位記号はギリシャ文字のオメガが使われます（**図2**）．

オームは，電圧［V］と電流［A］から導かれる，SI組み立て単位です．ある素子に1Vの直流電圧を印加したときに，1Aの直流電流が流れる場合，その素子は1Ωの電気抵抗を有していると定義されます．

$$R\,[\Omega] = \frac{E\,[V]}{I\,[A]}$$

実際の抵抗素子でも，抵抗値の範囲は何桁にも渡り，とても広い範囲の抵抗素子が存在するので，1Ωの千分の一を表す［mΩ］（ミリ・オーム），千倍を表す［kΩ］（キロ・オーム），百万倍を表す［MΩ］（メグ・オーム，メガ・オーム），十億倍を表す［GΩ］（ギガ・オーム）などの単位もよく使われます（**表1**）．

● 静電容量の単位［F］と回路図記号

コンデンサなどの静電容量の単位はファラドで，記号は［F］が使用されます．これは電気分解の法則や電磁誘導の法則を発見した，マイケル・ファラデー（1791〜1867）にちなんで付けられました．単位記号

図2 電気抵抗の回路図記号

抵抗の回路図記号（JIS C0301に基づく古い規格の場合）　　　IEC60617/JIS C0617に基づく新しい規格の場合

- 未だに古い規格の記号のほうを多く見かける（筆者も古いほうで記述．人間が古いからか）
- 抵抗値または抵抗素子の記号は "*R*"
- 抵抗値の単位記号は［Ω］
- ［mΩ］，［kΩ］，［MΩ］，［GΩ］などの単位も使用される

は英文字の［F］が使われます（**図3**）．

ファラドは，電圧［V］と電気量［C］（クーロン）から導かれるSI組み立て単位です．あるコンデンサに1Cの電気量を充電したとき，両端の電圧が1Vである場合，そのコンデンサの静電容量は1Fであると定義されます．

実際には1Fという静電容量は非常に大きな値です．最近では電気二重層コンデンサなど，1F程度の静電容量をもつ素子も普通に市販されていますが，やはり使用頻度が高いのは，もっと小さな静電容量をもつコンデンサです．

したがって，静電容量の単位も，1Fの百万分の1を表す［μF］（マイクロ・ファラド）や，1兆分の1を表す［pF］などの単位が多く使用されます．

● インダクタンスの単位［H］と回路図記号

コイルなどのインダクタンスの単位はヘンリーで，記号は［H］が使用されます．これはファラデーと大体同時期に電磁誘導を発見した，アメリカの物理学者ジョセフ・ヘンリー（1797〜1878）にちなんで付けられました．単位記号は英文字のHが使われます（**図4**）．

ヘンリーは電圧［V］，電流［A］および時間［s］から導かれるSI組み立て単位です．あるインダクタンス素子に流れる電流値が，1秒間あたり1Aの割合で変化しているとき，電流変化により素子の両端に発生する電圧が1Vであった場合，その素子のインダクタンスは1Hであると定義されます．

1Hというのも実際にはかなり大きなインダクタンスです．［kH］オーダのインダクタンスをもつコイルもないわけではないのですが，やはり［mH］（ミリ・ヘンリー）や［μH］（マイクロ・ヘンリー），比較的周波数の高い所では十億分の1を表す［nH］（ナノ・ヘンリー）などの単位が多く使用されます．

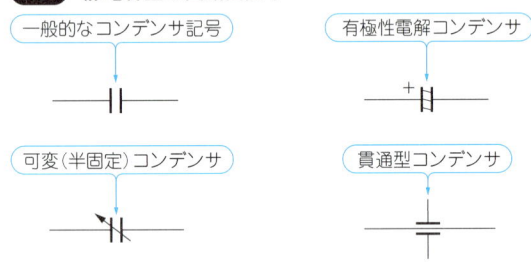

図3 静電容量の回路図記号

- 静電容量またはコンデンサの記号は"C"
- 静電容量の単位は[F]を使用する
- [pF]，[μF]，[mF]の単位が多く使用される
- [nF]の単位もたまに見かけることがある

図4 コイル（インダクタ）の回路図記号

- 実際はコア入りのコイルであっても，空芯のシンボルを使うことも多い
- インダクタンスやコイル（インダクタ素子）の記号は"L"
- インダクタンスの単位記号は[H]を用いる
- [nH]，[μH]，[mH]の単位も多く使用される

表1 単位の接頭語一覧

記号	読み方	大きさ	よく使用される例
E	エクサ	10^{18}倍（百京倍）	
P	ペタ	10^{15}倍（千兆倍）	PW（ペタ・ワット）など
T	テラ	10^{12}倍（1兆倍）	TW（テラ・ワット），THz（テラ・ヘルツ）など
G	ギガ	10^{9}倍（10億倍）	GHz（ギガ・ヘルツ），GΩ（ギガ・オーム）など
M	メガ	10^{6}倍（百万倍）	MHz（メガ・ヘルツ），MΩ（メグ・オーム）など
k	キロ	10^{3}倍（千倍）	kHz（キロ・ヘルツ），kΩ（キロ・オーム），km（キロ・メートル）など
h	ヘクト	10^{2}倍（100倍）	hPa（ヘクト・パスカル）など
D	デカ	10倍	
d	デシ	10^{-1}倍（十分の1）	dB（デシ・ベル），dl（デシ・リットル）など
c	センチ	10^{-2}倍（百分の1）	cm（センチ・メートル），cP（センチ・ポアズ）など
m	ミリ	10^{-3}倍（千分の1）	mΩ（ミリ・オーム），mH（ミリ・ヘンリー），mF（ミリ・ファラド）など
μ	マイクロ	10^{-6}倍（百万分の1）	μH（マイクロ・ヘンリー），μF（マイクロ・ファラド），μs（マイクロ・セコンド）など
n	ナノ	10^{-9}倍（10億分の1）	nH（ナノ・ヘンリー），ns（ナノ・セコンド），nA（ナノ・アンペア）など
p	ピコ	10^{-12}倍（1兆分の1）	pF（ピコ・ファラド），pA（ピコ・アンペア），ps（ピコ・セコンド）など
f	フェムト	10^{-15}倍（千兆分の1）	fW（フェムト・ワット），fA（フェムト・アンペア）など
a	アト	10^{-18}倍（百京分の1）	aA（アト・アンペア）など

1-3 L, C, Rの抵抗とリアクタンス

それぞれの素子に直流や交流を流してみる

● 抵抗に電圧を加加したときに流れる電流

R [Ω]の抵抗値をもつ抵抗素子に，直流電圧V_{DC}[V]を印加すると，オームの法則で計算されるとおり，

$$I[\text{A}] = V_{DC}[\text{V}]/R[\Omega]$$

の電流が流れます（図5）．

R [Ω]の抵抗値をもつ抵抗素子に交流電圧v_{AC}[V_{RMS}]を印加すると，交流電圧の周波数f [Hz]に関係なく，直流の場合と同じように，オームの法則に従った，

$$i[\text{A}_{RMS}] = v_{AC}[\text{V}_{RMS}]/R[\Omega]$$

の電流が流れます（図6）．

● コンデンサに電流を流したときに発生する電圧

▶ Cに直流電流を流した場合

C [F]の静電容量をもつコンデンサに，I [A]の直流電流を流した場合を考えます．

電流がI [A]のまま一定である場合，コンデンサ両端の電圧V_C [V]は，電流を流した時間t [s]に比例して変化します．電圧変化分ΔV_C [V]は，次の式に示すようになります．

$$\Delta V_C = It/C$$

コンデンサ両端の電圧変化は，流した電流が大きいほど大きく，また電流を流した時間が長いほど大きくなります．またコンデンサの静電容量が大きいほど，コンデンサ両端の電圧変化は小さくなることに注意してください（図7）．

流した電流が一定でない場合でも，電圧変化分は流した電流値を時間で積分した値に比例します．まとめて書くと，

$$V_C = \frac{1}{C}\int I dt + V_{C0}$$

のようになります．

ただしV_Cは現在のコンデンサ両端電圧，V_{C0}は電流を流す直前のコンデンサ両端電圧を表します．

▶ Cに交流電流を流した場合

C [F]の静電容量のコンデンサに，i [A_{RMS}]の交流電流を流すと，交流電流の周波数f [Hz]に反比例した大きさの交流電圧v_{AC} [V_{RMS}]が現れます（図8）．

$$v_{AC} = i/2\pi fC = i/\omega C$$

となります．ただし，この場合の交流電圧波形は，交流電流波形と比較して，位相がちょうど90°遅れた波形となります．

▶ 容量性リアクタンス

交流電圧の絶対値を交流電流の絶対値で割った値，

図5 抵抗素子に直流電圧を印加した場合に流れる電流

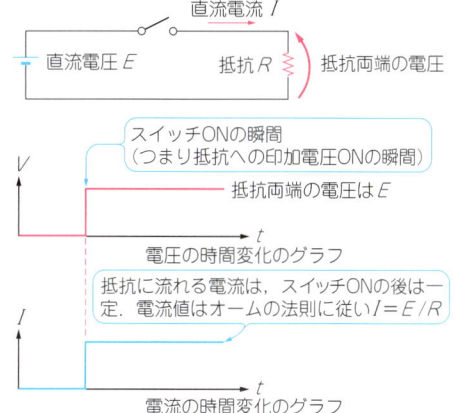

図6 抵抗素子に交流電圧を印加した場合に流れる電流

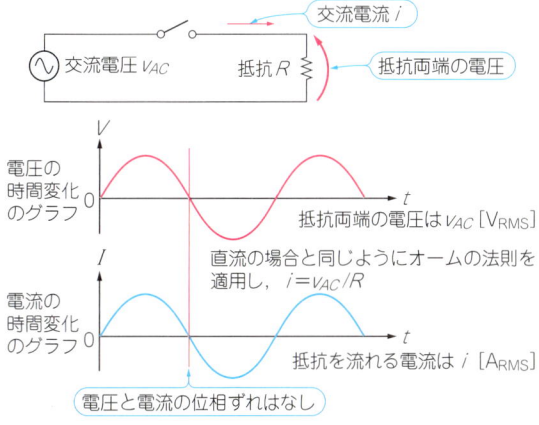

図7 コンデンサに直流電流を流したときに発生する電圧

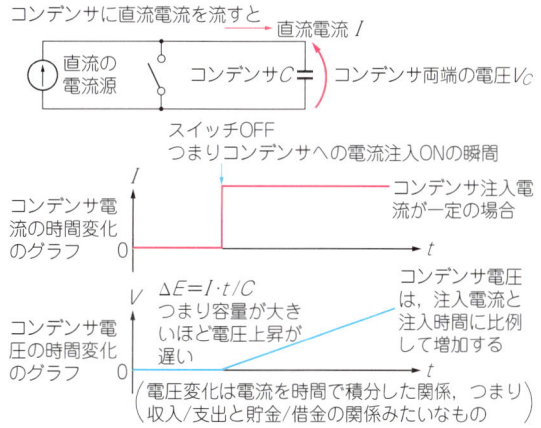

すなわち $1/2\pi fC = 1/\omega C$ をコンデンサのリアクタンス（容量性リアクタンス）と呼び，通常は X_C という記号で表します．単位は［Ω］が用いられます．

リアクタンスの単位は，電気抵抗と同じように［Ω］が用いられますが，物理量のベクトルが異なるので，単純に加減算を行うことはできません．これについては後述します．

● **インダクタンスに電圧を印加したときに流れる電流**
▶ *L に直流電圧を印加した場合*

L［H］のインダクタンスをもつコイルに，直流電圧 V_{DC}［V］を印加した場合を考えます．電圧が V_{DC}［V］のまま一定である場合，コイルに流れる電流 I［A］は，電圧を印加した時間 t［s］に比例して変化します（**図9**）．電流変化分 ΔI［A］は，次の式に示すようになります．

$$\Delta I = V_{DC} t / L$$

コイルに流れる電流の変化分は，印加した電圧が大きいほど大きくなり，電圧を印加した時間が長いほど大きくなります．また，コイルのインダクタンスが大きいほど小さくなることに注意してください．

印加した電圧が一定でない場合でも，電流変化分は印加した電圧値を時間で積分した値に比例します．まとめて書くと，

$$I = \frac{1}{L}\int V_{DC} dt + I_0$$

のようになります．

ただし I は現在のコイル電流，I_0 は電圧を印加する直前のコイル電流を表します．

▶ *L に交流電圧を印加した場合*

L［H］のインダクタンスをもつコイルに，v_{AC}［V$_{RMS}$］の交流電圧を印加すると，交流電流の周波数 f［Hz］に反比例した大きさの交流電流 i［A$_{RMS}$］がコイルに流れます（**図10**）．

$$i = v_{AC}/2\pi fL = v_{AC}/\omega L$$

となります．

ただし，この場合の交流電流波形は，交流電圧波形と比較して，位相がちょうど90°遅れた波形となります．

▶ **誘導性リアクタンス**

交流電圧の絶対値を交流電流の絶対値で割った値，すなわち $2\pi fL = \omega L$ をインダクタ（コイル）のリアクタンス（誘導性リアクタンス）と呼び，通常は X_L という記号で表します．容量性リアクタンスの場合と同様に単位は［Ω］が用いられます．

図8 コンデンサに交流電流を流したときに発生する電圧

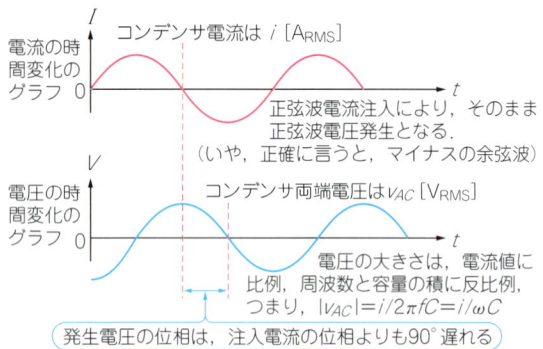

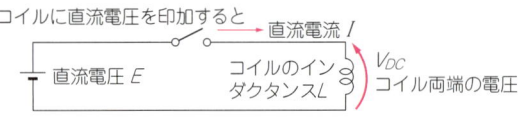

図9 コイルに直流電圧を印加したときに流れる電流

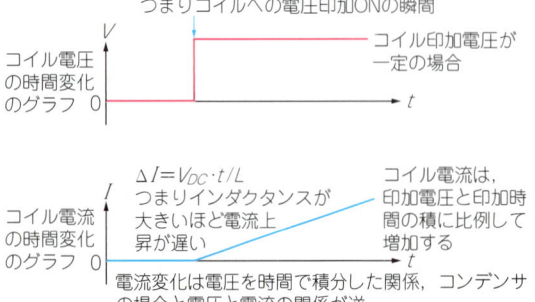

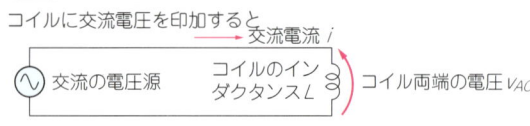

図10 コイルに交流電圧を印加したときに流れる電流

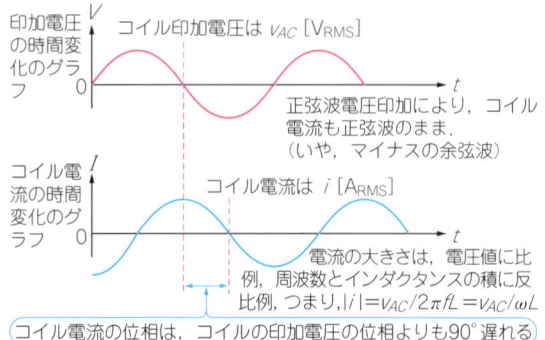

1-4 L, C, Rをまとめて扱うインピーダンス

純抵抗とリアクタンスを複素数でまとめて考える

一般の回路では，L，C，Rが混在して直列や並列に接続され，一つの2端子回路ブロックを構成することも多くあります．このような回路ブロックの2端子間に印加した交流電圧を端子に流れる電流で割った値を**インピーダンス**と呼び，通常はZという文字で表します．

抵抗素子だけの直並列回路で構成される2端子回路ブロックの場合には，直流電圧と直流電流の比で求められる合成抵抗と，交流電圧と交流電流の比で求められる合成インピーダンスは，まったく等しい値となります．単位も同じように［Ω］が用いられます．

▶ 電気抵抗とリアクタンスは加減算できない

CR直列回路を例とすれば，抵抗素子の電気抵抗をR［Ω］，コンデンサのリアクタンスをX_C［Ω］とした場合，抵抗どうしのようにそのまま加算するわけにはいきません．インピーダンスは，その大きさの絶対値と，位相角の二つの独立する成分をもったベクトル量なのです．

電気抵抗とリアクタンスではベクトルが異なるので，そのまま加減算できません（**図11**）．

● 複素数でインピーダンスの大きさと位相角をまとめて表現できる

複素数を用いることにより，ベクトル量としてのインピーダンスを一括して表現できます（**図12**）．

一般に複素数Zは，$Z = \alpha + j\beta$というように，実数部と虚数部の和の形で表されます．ここでjは虚数単位（$\sqrt{-1}$）を表します．数学では虚数単位にはiの文字を使用することが多いのですが，電気の世界ではiは電流の記号として用いられているため，慣用的にjの文字が使われています．

インピーダンスを複素数で表すために，周波数または角周波数を虚数軸上におく方法が用いられます．

例えば，コンデンサのリアクタンスの絶対値は前述のとおり$X_C = 1/\omega C$ですが，これをベクトル量としてのインピーダンスで表す場合は，角周波数にjを掛け算します．すると，コンデンサのインピーダンスは，

$$1/(j\omega C) = -j(1/\omega C)$$

と表すことができます．単位は［Ω］です．この場合，jを括り出すと，全体の符号がマイナスとなることに注意してください．

同様にコイルのインピーダンスを表すためには，$X_L = \omega L$ですから，角周波数にjを掛けて，$j\omega L$と表すことができます（**図13**）．もちろんこの場合も単位は［Ω］が用いられます．

インピーダンスZは，直流に対する電気抵抗Rを実数部，コンデンサやコイルのリアクタンスを虚数部とすることにより，一般的な複素数として表すことができるわけです．$Z = R \pm jX$つまり，「インピーダンス＝抵抗$\pm j \times$リアクタンス」の形になります．

周波数や角周波数に虚数単位jを掛け算する操作により，結果的に**誘導性リアクタンス**X_Lは**プラスの値**，**容量性リアクタンス**X_Cは**マイナスの値**で表されます．

図11 抵抗とリアクタンスはそのまま加減算できない！

合成抵抗Rを計算する場合，それぞれの抵抗値，R_1，R_2，R_3を全部足して，$R = R_1 + R_2 + R_3$

合成インピーダンスZを計算する場合それぞれの抵抗とリアクタンスを全部足して，$Z = R + \omega L + (1/\omega C)$だって？？直列共振はどこへ行った？？ウソはいかんよね，ウソは…

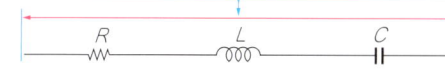

抵抗とリアクタンスはそのまま加減算できないので注意!!

図12 複素数Zの成分表示
複素数Zをガウス平面上にプロットする．横軸に実数軸（実軸），縦軸に虚数軸（虚軸）をとった平面をガウス平面という．複素数を用いることで，長さと方向をもったベクトル量を一発で表現できる．

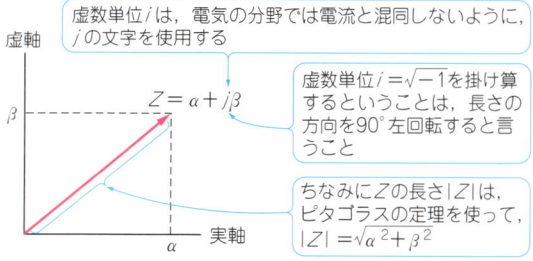

虚数単位iは，電気の分野では電流と混同しないように，jの文字を使用する

虚数単位$j = \sqrt{-1}$を掛け算するということは，長さの方向を90°左回転すると言うこと

ちなみにZの長さ$|Z|$は，ピタゴラスの定理を使って，$|Z| = \sqrt{\alpha^2 + \beta^2}$

図13 リアクタンスにjを掛けたものをインピーダンスとする

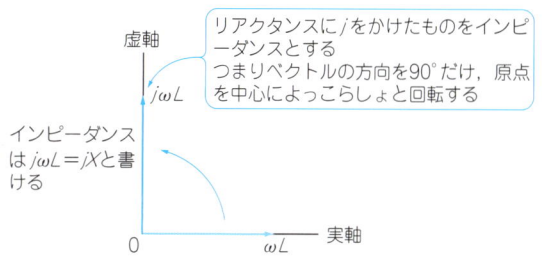

リアクタンスにjをかけたものをインピーダンスとする
つまりベクトルの方向を90°だけ，原点を中心によっこらしょと回転する

インピーダンスは$j\omega L = jX$と書ける

コイルの場合，リアクタンスの大きさは，$X = \omega L$

図14 実数部，虚数部混在インピーダンスの位相

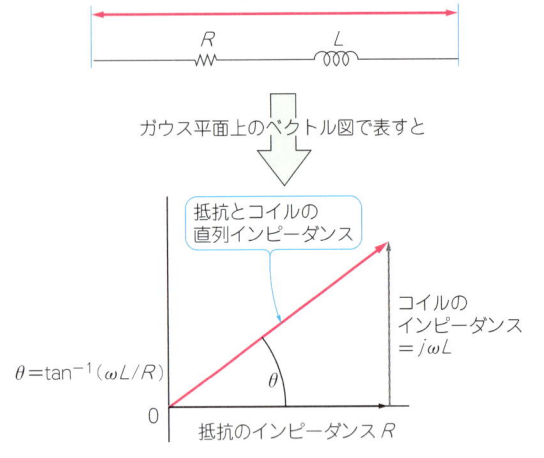
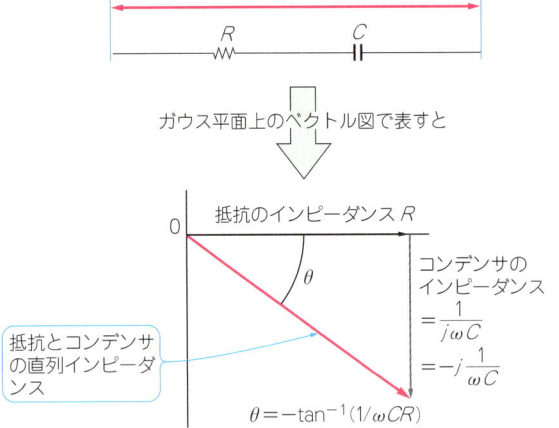

(a) 抵抗とコイルの直列インピーダンス　　(b) 抵抗とコンデンサの直列インピーダンス

どちらの場合もインピーダンスの絶対値は，ピタゴラスの定理を使って，$|Z|=\sqrt{R^2+X^2}$
コイルの場合は $X=\omega L$，コンデンサの場合は $X=(1/\omega C)$

● インピーダンスと位相

　抵抗Rの両端に交流電圧v_{AC}を印加し，このときに流れる電流iを求める場合を考えます．

　電流は，電圧をインピーダンスで割れば求まりますから，単純に$i=v_{AC}/R$となります．

▶ コンデンサ，コイルに交流電圧を印加した場合の電流は？

　コンデンサCの両端に交流電圧v_{AC}を印加し，このときに流れる電流iを求める場合も，そのまま，

$$i = v_{AC}/(1/j\omega C) = j\omega C v_{AC}$$

と計算できます．

　コイルの場合にも同様に，

$$i = v_{AC}/(j\omega L) = -j(v_{AC}/\omega L)$$

と計算することができます（図14）．

　求めたコンデンサ電流には，先頭にjがついていました．このjは，印加した電圧に対して，流れる電流の位相がちょうど90°進んでいることを表します．

　コイル電流には，先頭に$-j$がついていました．これは，印加した電圧に対して，流れる電流の位相がちょうど90°遅れていることを表します．

　抵抗とリアクタンスが混在している場合，合成インピーダンスは前述のとおり$Z=R\pm jX$と表すことができますが，この合成インピーダンスに印加した交流電圧に対する電流の位相θは，$\pm\tan^{-1}(X/R)$で計算できます．

図15 インピーダンスとアドミタンスの関係図
並列回路を計算する場合

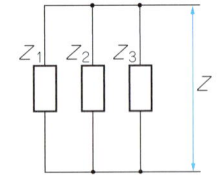

三つの異なるインピーダンスがすべて並列につながれているとき，合成インピーダンスZは

$$Z = \cfrac{1}{\cfrac{1}{Z_1}+\cfrac{1}{Z_2}+\cfrac{1}{Z_3}}$$

となり，計算がかなり面倒

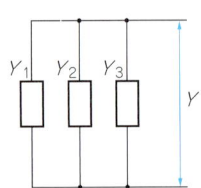

$\dfrac{1}{Z_1}=Y_1,\ \dfrac{1}{Z_2}=Y_2,\ \dfrac{1}{Z_3}=Y_3$

とおいて考えれば，
合成アドミタンスYは

$$Y = Y_1 + Y_2 + Y_3$$

となり，計算がずっと簡単！

● 並列接続の計算に便利なコンダクタンスとサセプタンス

　一般の回路では，素子が直列につながれたり，並列につながれたりしています．複数の素子の合成インピーダンスを求めるとき，直列につながれている場合は，各素子のインピーダンスの和をとればよいのですが，並列につながれている場合は少々計算が面倒になります．

　抵抗が並列につながれている場合には，各素子の抵抗値の逆数を求め，逆数どうしを足し算し，加算した結果の逆数を取って，並列合成抵抗を求めます．もし，合成抵抗の逆数だけを求めればよいのであれば，それ

れの素子の抵抗値の逆数を足し算するだけですみます（図15）．

▶抵抗の逆数をコンダクタンスと呼ぶ

抵抗の逆数にもちゃんと名前が付けられていて，コンダクタンスと呼ばれ，Gという記号で表されます．単位はジーメンス［S］が用いられます．

コンダクタンスの単位には［S］の文字が使用されていて，時間の単位の秒［s］と紛らわしいのですが，コンダクタンスの場合は大文字，時間の場合は小文字で書かれます．はっきり区別しましょう．

▶リアクタンスの逆数をサセプタンスと呼ぶ

リアクタンスの逆数にも名前が付けられています．これはサセプタンスと呼ばれ，普通はBの記号で表されます．サセプタンスの単位も［S］が用いられます．

● アドミタンス

コンダクタンスGを実数部，サセプタンスBを虚数部に書けば，複素数$G \pm jB$を考えることができます．これはアドミタンスと呼ばれ，Yという記号で表されます．アドミタンスの単位も［S］です．

つまり，アドミタンスYは，インピーダンスZの逆数にあたる量です．回路の計算を行うときに，インピーダンスと同様に，非常によく用いられます．

なお，インピーダンスとアドミタンスをひっくるめて，イミッタンスと呼ぶこともあります．

1-5 いろいろな合成インピーダンスの求め方
大きさと位相角を用いた計算方法を覚えよう

● CR直列回路のインピーダンス

抵抗RとコンデンサCの直列回路のインピーダンスは，それぞれのインピーダンスを加算して，$R + (1/j\omega C)$と表すことができます（図16）．

● CR並列回路のインピーダンス

抵抗RとコンデンサCの並列回路のインピーダンスは，それぞれの逆数を加算してから，もう一度逆数を取りますから，$1/\{(1/R) + (j\omega C)\} = R/(1 + j\omega CR)$となります．この式をよく眺めると，直流すなわち$\omega = 0$の場合のインピーダンスは$R$と等しくなり，周波数が高くなるにつれてインピーダンスがどんどん小さくなります（図17）．

● LR直列回路のインピーダンス

抵抗RとインダクタンスLとの直列回路のインピーダンスは，それぞれのインピーダンスを加算することにより，$R + j\omega L$と表すことができます．この式を眺めると，$\omega = 0$の場合のインピーダンスはRと等しくなり，周波数が高くなるにつれてインピーダンスがどんどん大きくなるようすが想像できると思います（図18）．

● LR並列回路のインピーダンス

抵抗RとインダクタンスLとの並列回路のインピーダンスは，

$$\frac{1}{\frac{1}{R} + \frac{1}{j\omega L}} = \frac{j\omega L}{1 + \frac{j\omega L}{R}}$$

となります．この式を眺めると，直流の場合にはインピーダンスはゼロ，周波数が高くなるにつれて，インピーダンスの値がRに近づいていくようすが想像できます（図19）．

● LCR直列回路のインピーダンス

抵抗R，コンデンサCおよびインダクタンスLがすべて直列に接続された場合の合成インピーダンスを求めます．この場合はそれぞれの素子のインピーダンスを加算すればよいわけですから，$R + j\omega L + (1/j\omega C)$と書くことができます．

この式を整理し，虚数部をjで括り出してまとめると，$R + j\{\omega L - (1/\omega C)\}$となります．$1/j = -j$ですから，インダクタのリアクタンスとコンデンサのリアクタンスを結ぶ符号がマイナスとなることに注意してください．

図16 CR直列回路のインピーダンス

CR直列回路のインピーダンスZは，RとCそれぞれのインピーダンスを加算すると，
$$Z = R + \frac{1}{j\omega C} = R - j\frac{1}{\omega C}$$
周波数が高くなるほど，ZはRに漸近する

図17 CR並列回路のインピーダンス

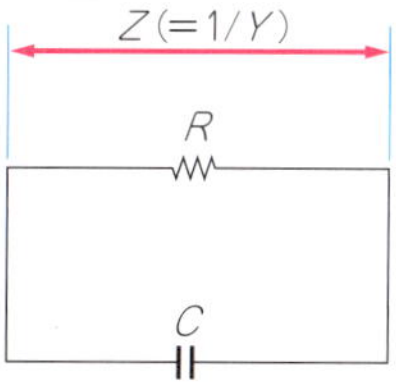

まず合成アドミタンスYを計算すると，RとCそれぞれのアドミタンスを加算して，
$$Y = \frac{1}{R} + j\omega C$$
Yの逆数をとって整理すると，
$$Z = \frac{R}{1 + j\omega CR}$$

図18 LR直列回路のインピーダンス

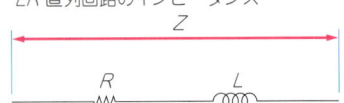

LR直列回路のインピーダンス Z は、L と R それぞれのインピーダンスを加算すると、
$Z = R + j\omega L$

図19 LR並列回路のインピーダンス

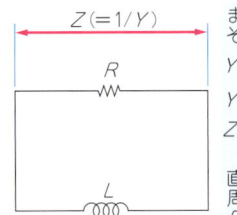

まず合成アドミタンス Y を計算すると、それぞれのアドミタンスを加算して、
$Y = \dfrac{1}{R} + \dfrac{1}{j\omega C}$
Y の逆数をとって整理すると、
$Z = \dfrac{j\omega L}{1 + \dfrac{j\omega L}{R}}$ となる。
直流におけるインピーダンスはゼロ。周波数がすごく高くなると、Z の値は R にどんどん漸近していく

図20 LCR直列回路のインピーダンス

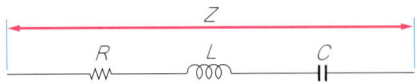

LCR直列回路のインピーダンス Z を加算して、
$Z = R + j\left(\omega L + \dfrac{1}{j\omega C}\right)$
この式の虚数部を、j で括りだしてまとめると、
$Z = R + j\left(\omega L - \dfrac{1}{\omega C}\right)$ となる。
(二つのリアクタンスがマイナスで結ばれる)

ω の値が $\dfrac{1}{\sqrt{LC}}$ の場合、コイルのリアクタンスとコンデンサのリアクタンスがちょうど打ち消しあってゼロになる。このときに Z の値は最小となり、R と等しくなる。この現象を直列共振と言う。
このような $\omega = \omega_r$ を共振角周波数と呼ぶ

図21 LCR並列回路のアドミタンス

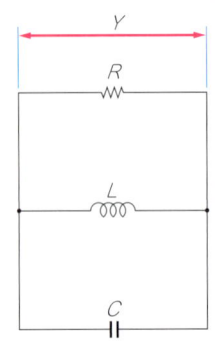

LCR並列回路のアドミタンス Y は、それぞれのアドミタンスを全部加算し、
$Y = (1/R) + (1/j\omega L) + (j\omega C)$
やはり虚数部を j で括りだしてまとめると、
$Y = (1/R) + j\left(\omega C - \dfrac{1}{\omega L}\right)$ となる。
(二つのサセプタンスを結ぶ符号がマイナスとなる)
$\omega = \omega_r = (1/\sqrt{LC})$ を上の式に代入すると、直列共振の場合と同じように、両方のサセプタンスが打ち消しあってゼロになり、Y の値は最小となる(合成インピーダンスは最大)。この現象を並列共振と言う。
このような ω_r も共振角周波数と呼ぶ

ここで、$\omega = \omega_r = 1/\sqrt{LC}$ のとき、虚数部の係数が打ち消しあってちょうどゼロになり、全体の合成インピーダンスが最小となることがわかります。この現象を 共振（直列共振） と呼び、このときの角周波数 ω_r を共振角周波数と呼びます。同様に $f_r = 1/2\pi\sqrt{LC}$ を共振周波数と呼びます（**図20**）。

● LCR並列回路のアドミタンス

今度は抵抗 R、コンデンサ C およびインダクタンス L がすべて並列に接続された場合の合成アドミタンスを求めます（**図21**）。並列ですから、それぞれの素子のアドミタンスを全部加算すれば、合成アドミタンスを求めることができます。$(1/R) + (1/j\omega L) + j\omega C$ となります。

この式を整理し、虚数部を j で括り出してまとめると、$(1/R) + j\{\omega C - (1/\omega L)\}$ となります。この場合も二つのサセプタンスを結ぶ符号はマイナスになります。

直列回路の場合と同じように、$\omega = \omega_r = 1/\sqrt{LC}$ の場合を考えると、今度は虚数部の係数が打ち消しあってゼロになり、全体の合成アドミタンスが最小（つまり合成インピーダンスが最大）となることがわかります。この現象も 共振（並列共振） と呼ばれます。同様に ω_r を共振角周波数、f_r を共振周波数と呼びます。

まとめ

本章は、受動素子の性質について、理論的な側面からお話をしました。これらの知識は実際の回路設計においても、回路の動作をみつもるうえで不可欠のものです。

加えて、設計の現場では、入手できる具体的な素子の使用方法について注意すべきことがたくさんあります。

次章は受動素子だけで構成される回路の振る舞いを見ていきます。また、素子の値における標準数や誤差といった考え方についても紹介します。

(初出:「トランジスタ技術」2008年6月号)

徹底図解★LCR＆トランス活用 成功のかぎ

第2章
受動素子で構成される基本回路(1)

CRで構成される基本回路

● ディジタル回路を支える受動素子

　最近ではどちらかと言うとアナログ回路の分量が減り，多くの回路がディジタル化されています．それに従って，ディスクリート半導体や受動部品の数よりも，ICの方が回路の多くの部分を占めるようになっています．

　受動素子と言えば，各ICの電源のバイパス・コンデンサや，ディジタル信号線のプルアップ抵抗など，回路動作の脇役的な使われ方が多くなっているような気がします．

● 受動素子が回路の性能を決める

　それでも多くのアナログ回路においては，特に比較的高い周波数を扱う回路では，まだまだ受動素子が回路動作の主役を演じています．

　なかには，回路ブロックにほとんど能動素子が使用されずに，受動素子だけで構成されるものも，しっかり存在しています．

　本章は，ディジタル化が進む電子回路においても，使われることの多い受動素子で構成される回路について，いくつかの例を紹介します．

2-1 抵抗素子だけで構成される回路
電流-電圧変換, 分圧, 分流は基本中の基本なので確認しておこう

● 電圧-電流変換回路

　抵抗素子は，オームの法則に従い，電圧値と電流値の間の橋渡しをする目的で使用されることがよくあります．

　例えば，LEDを用いたパイロット・ランプの回路を例に示します（）．この回路は，正確に言うと「抵抗だけの回路」とは言えないのですが，ここに使用されている抵抗素子は，電源電圧の値をLED駆動電流に結びつけるうえで，非常に重要な役割を演じています．

▶ 電源電圧からLEDの駆動電流を得る

　LEDから放射される光の強さは，LEDの端子電圧値で決まるというよりも，LEDに流す電流値によって決まると言ったほうが正確です．LEDを電圧駆動すると，温度変化により光強度が大きく変動しますが，電流駆動にした場合には，電圧駆動の場合よりも光強度が安定になります．

　この回路に使用されている抵抗素子は，電圧値である電源電圧から，電流値としてのLED駆動電流を作り出すための係数を与える働きをしていると言えます．このように，ある電圧源から任意の電流値を得たい場合の最も簡単な方法として，抵抗素子が多用されます．

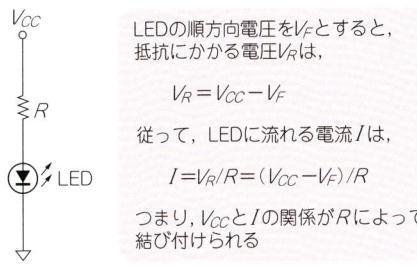

図1 抵抗を用いたLEDパイロット・ランプ回路

LEDの順方向電圧をV_Fとすると，抵抗にかかる電圧V_Rは，

$$V_R = V_{CC} - V_F$$

従って，LEDに流れる電流Iは，

$$I = V_R/R = (V_{CC} - V_F)/R$$

つまり，V_{CC}とIの関係がRによって結び付けられる

多くの半導体素子は電流値によって特性が決まる　　　　column

　半導体素子の多くは，端子間にかかる電圧よりも素子に流れる電流値によって基本的な特性が決まるものが多いと言えます．

　例えば，トランジスタの増幅率や雑音特性，トランジション周波数などは，コレクタ-エミッタ間電圧の影響も少しはありますが，どちらかと言うと，コレクタ(エミッタ)電流値によって大きく値が変化します．

2-1 抵抗素子だけで構成される回路　　17

● 電流-電圧変換回路

　ある電流源があって，そこからの出力電流を電圧値に変換したい場合が多くあります．

　例えば，フォト・ダイオードからの出力電流を電圧値に変換したい場合などがこれに相当します．フォト・ダイオードに光を照射した場合には，フォト・ダイオードの両端に発生する電圧よりも，フォト・ダイオードの出力電流のほうが，照射光パワーに対してより良好な直線性を示します(**図2**)．

▶ フォト・ダイオードの出力電流を電圧値に変換

　この回路は，フォト・ダイオードにバイアスを与えることにより，光パワーにかかわらずアノード電位をカソード電位よりも常に低く保ちつつ，フォト・ダイオードから光電流を取り出す形となっています．

　次段の回路が入力情報として電流信号ではなく，電圧信号を必要とする場合には，**図2**に示すように直列に抵抗素子を挿入し，抵抗の両端に発生する電圧値を出力信号とします．この場合の抵抗素子も，電流値を電圧値に結びつける係数を与える重要な働きをしています．

● 分圧回路

　回路設計をしていると，信号電圧をある一定の係数で減衰させたい，という場面によく出くわします．

　このような場合に好んで用いられるのが，**図3**に示すような分圧回路です．入力電圧に対する出力電圧の倍率をGで表すと，

$$G = \frac{R_1}{R_1 + R_2}$$

となり，Gは1よりも必ず小さくなります．

● 分流回路

　電圧の場合と同様に，ある電流値を一定の割合で減衰させてから取り出したい場合もあります．

　このような場合に用いられるのが，**図4**に示すような分流回路です．出力電流をR_2に流れる電流として，入力電流に対する出力電流の倍率をGで表すと，

$$G = \frac{R_1}{R_1 + R_2}$$

となります．この場合もGの値は1よりも必ず小さくなります．

図2 フォト・ダイオードの出力電流を電圧値に変換する回路

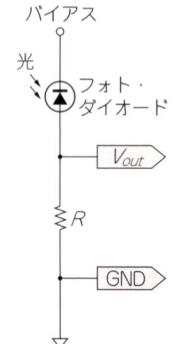

フォト・ダイオードPDの光パワー対電流変換感度をη [A/W]とすれば，光パワー入力P_{opt}によるPDの光電流Iは，

$$I = \eta P_{opt}$$

光パワーに比例した電圧を取り出したい場合は，回路図のように抵抗Rを接続すると，

$$V_{out} = IR = \eta P_{opt} R$$

で，光パワーに比例した電圧出力が得られる．電流値Iと電圧値V_{out}が抵抗Rによって結び付けられる

図3 分圧回路

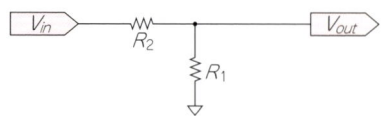

入力電圧V_{in}に対する出力電圧V_{out}の比をゲインGとして表すと，

$$G = V_{out}/V_{in} = R_1/(R_1 + R_2)$$

で計算できる．抵抗値がマイナスの値でない限り，Gの値は必ず1以下となる．この関係は，直流でも交流でも，周波数に関係なく成り立つ．(ただし，抵抗が理想的なものとみなせる場合)

図4 分流回路

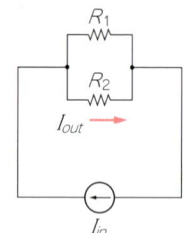

電圧に対する分圧回路と同じように，電流も分流回路と呼ばれる抵抗の組み合わせ回路で，大きさを減衰させることができる．

入力電流I_{in}に対する出力電流I_{out}の比をゲインGとすると，

$$G = I_{out}/I_{in} = R_1/(R_1 + R_2)$$

となり，Gは必ず1以下の値となる

図5 電流型ラダー回路

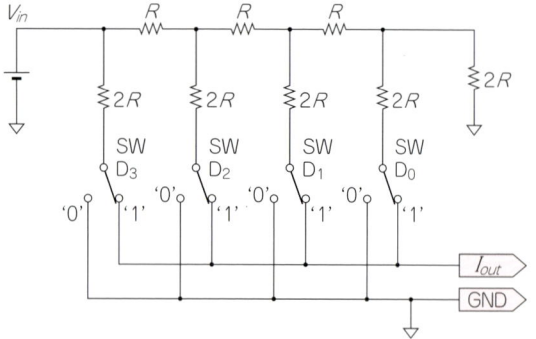

4ビットのディジタル・データに基づき電流を出力する．つまり4ビットのD-Aコンバータとして機能する．入力の基準電圧をV_{in}とすれば，基準電圧源から入力される全電流値は$I_{in} = V_{in}/R$となる．出力電流I_{out}は，ディジタル・データの値をD(0〜15)として，

$$I_{out} = (V_{in}/R)(D/16)$$

となり，ディジタル・データに基づく出力電流が得られる．ただし，I_{out}を受け取る負荷抵抗は十分に低い値が要求される

● 電流型ラダー回路

抵抗素子だけで構成される回路のそのほかの例として，電流型ラダー回路を紹介しておきます（**図5**）．

この回路は，ディジタル・データからアナログ電流値を生成するD-Aコンバータになります．入力されるディジタルのデータに基づいてスイッチをコントロールすることにより，出力端子からアナログ量に変換された電流出力を得ることができます．

図5の回路では，抵抗値はRと$2R$の2種類だけです．多ビットのD-Aコンバータを構成しようとすると，各抵抗値の相対精度は非常に高いものが要求されます．この回路では抵抗値が2種類（実質1種類）しかないので，一つのパッケージの中に多数の抵抗素子を内蔵した，いわゆる集合抵抗の形をとることにより，比較的容易にこの要求を満足できる利点があります．実際に，R-$2R$ラダー回路が内部に構成された集合抵抗デバイスも市販されています．

● 電圧型ラダー回路

電流出力の代わりに，電圧で出力を得たい場合には，同じラダー抵抗網を使用して，**図6**のように接続することにより，電圧出力型のD-Aコンバータを構成できます．

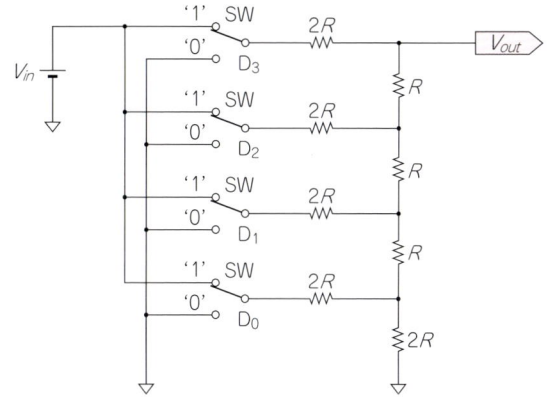

図6 電圧型ラダー回路

4ビットのディジタル・データに基づき電圧を出力する．つまりD-Aコンバータとして機能する．
入力の基準電圧をV_{in}，出力電圧をV_{out}とすると，ディジタル・データの値をD（0〜15）として

$$V_{out} = (D/16)V_{in}$$

となり，ディジタル・データに基づく電圧が得られる．ただし，V_{out}を受け取る負荷抵抗には，十分高い値が要求される

ネットワーク抵抗器　　　　　　　　　　　　　　column

最近では多ビットで高速のD-AコンバータICがたくさん市販されるようになってきましたので，ラダー回路とスイッチを組み合わせて機能を満足させることが少なくなってきました．それでも，比較的高い電圧を直接出力させたい場合には，本文の**図6**のような回路が使われることがあります．

例として，ニッコーム社製のMCLシリーズを紹介します．この製品は内部にNiCr薄膜でできたR-$2R$型ラダー抵抗を内蔵したネットワーク抵抗素子で，標準では10ビット用，8ビット用，6ビット用の製品が用意されていて，外形は**写真A**に示すように，16ピンや20ピンの表面実装用のSOパッケージです．内部回路構成は**図A**の通りで，外部に直流電源とスイッチを用意すれば，すぐに電圧型ラダー回路を作ることができます．

多ビットのラダー回路の場合には，各抵抗値の相対精度にかなり高いものが要求されますが，MCLシリーズでは対応するビット数において±1/2 LSB以内の直線性を満足しています．また，相対温度係数もきわめて少なく作られています．

なお，メーカでは上記のビット数の製品の他に，12ビット用や14ビット用にも対応しているようです．

写真A 外形はSOパッケージになっている

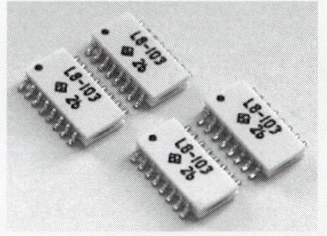

図A 内部構成と接続例

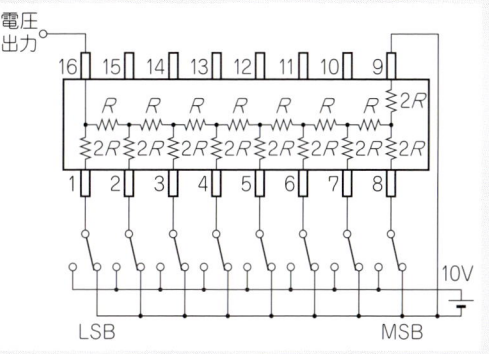

2-2 抵抗素子とコンデンサで構成される回路
CRで作る微分回路と積分回路を学ぼう

抵抗素子だけの回路に，リアクタンス素子を導入すると，いろいろな周波数特性をもつ回路を構成できます．

● CR微分回路

抵抗とコンデンサを一つずつ用いると，図7に示すような回路を構成できます．この回路に方形波電圧を入力すると，出力には立ち上がりエッジや立ち下がりエッジが強調された，ちょうど入力波形を時間で微分したような波形が現れます．この回路はCR微分回路と呼ばれます．

理想的な微分特性であれば，出力に現れるトゲ状の電圧の時間幅は，入力された方形波電圧の立ち上がり時間や立ち下がり時間と同程度の，非常に短時間のパルス波形になります．

CR微分回路の場合には，そこまで理想的ではなく，トゲの後ろ側部分が，やや尾を引いたような形になります（図7）．

● CR積分回路

微分回路のコンデンサと抵抗の位置を入れ替えて，同様に方形波電圧を入力すると，今度は立ち上がりや立ち下がりが鈍った，三角波状の電圧波形が出力に現れます．

ちょうど入力電圧を時間で積分したような波形が得られることから，この回路はCR積分回路と呼ばれます（図8）．

理想的な積分特性であれば，出力電圧波形は直線性の良いきれいな三角波になります．

CR積分回路の場合には，立ち上がり部分は下向きに，立ち下がり部分は上向きに曲がった，図8のような波形になります．

▶ロジックICとCR積分回路を組み合わせたパルス遅延回路

ロジックICとCR積分回路を組み合わせて，図9に示すようなパルス遅延回路が使用されることがしばしばあります．この回路は簡単にパルスを遅らせることができます．

しかし，ロジックICの入力電圧に許される最大立ち上がり時間を越える遅延時間は作れませんし，ロジックICのしきい値電圧の変動が遅延時間幅に直接影響してしまう，といった問題があります．ほかにうまい手段がないときに注意深く使うようにしましょう．

図7　CR微分回路と入出力波形

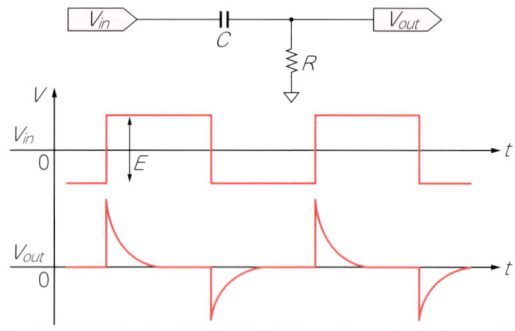

CR微分回路に方形波電圧を入力すると，出力電圧はエッジ部分が強調されたトゲ状波形となる．
従って，「微分回路」と呼ばれる．
理想的な微分特性ではないので，トゲの後ろは尾を引いたような波形になる．この部分は，$E\exp(-t/CR)$で表される指数関数の形になる．ただし，Eは入力された方形波のステップ電圧幅

図8　CR積分回路と入出力波形

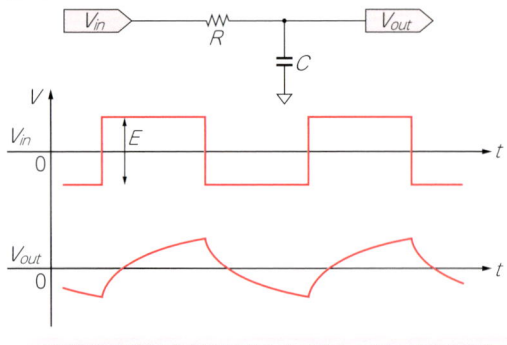

CR積分回路に方形波電圧を入力すると，出力電圧は三角波状の波形となる．
理想的な積分特性ではないので，きれいな三角波とはならず，電圧変化が内向きに曲がったような形となる．
この部分は，$E\{1-\exp(-t/CR)\}$で表される指数関数の形となる．

図9　CRを用いたパルス遅延回路

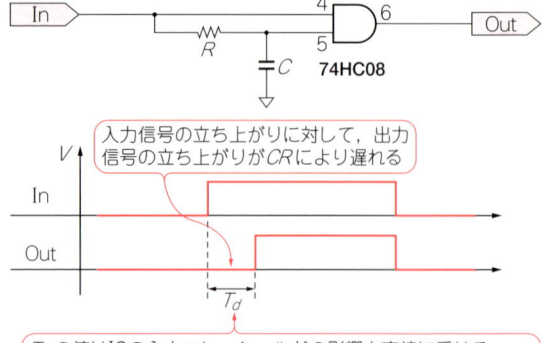

入力信号の立ち上がりに対して，出力信号の立ち上がりがCRにより遅れる

T_dの値はICの入力スレッショルドの影響を直接受ける．また，CRがある程度大きいとラッチアップなどの危険がある．つまり，あまりほめられた回路ではない

2-3 伝達関数とフィルタ回路

CRを使った1次フィルタと2次フィルタを理解しよう

　CR微分回路やCR積分回路では，時間軸上の波形に着目して入出力の関係を説明しました．

　アナログ信号を扱う回路の特性を考えるときには，同時に，周波数軸上でどのような振る舞いをするかを念頭に置くことが重要になります．回路の周波数軸上での振る舞いを考える際に，とても便利な方法として，伝達関数と呼ばれる表現方法があります．

● CR積分回路の伝達関数と周波数特性

　積分回路に方形波電圧を入力すると，出力波形は少し内向きに曲がった，指数関数状の波形になることは前に説明しました（図8）．

　この回路の形を，抵抗分圧回路の形と比較してみます．するとCR積分回路は，抵抗の代わりに，抵抗素子とコンデンサとで構成された分圧回路と見なすことができます．

　抵抗分圧回路の入出力間の関係（ゲインG）は，

$$G = \frac{R_1}{R_1 + R_2}$$

で表されました．抵抗値をインピーダンスの概念に拡張すると，

$$G = \frac{Z_1}{Z_1 + Z_2}$$

と考えることができます（図10）．

　コンデンサのインピーダンスは，

$$\frac{1}{j\omega C}$$

で表されますから，インピーダンスで表した式に代入すると，CR積分回路の入出力間の関係（ゲイン）は，

$$G = \frac{\frac{1}{j\omega C}}{R + \frac{1}{j\omega C}} = \frac{1}{1 + j\omega CR}$$

と書くことができます．

　多くの回路理論や自動制御理論などの書籍では，$j\omega$と書く代わりに，これをまとめてsという1文字で表してしまうことが多いです．

　CR積分回路の入出力関係をsを使って表すと，

$$G(s) = \frac{1}{1 + sCR}$$

と，すっきり書くことができます．

　左辺の(s)は，Gがsの関数であることを表しています．この式を眺めると，だいたい次のようなことが分かります（図11）．

(1) $|s|=$ゼロ，（つまり$\omega=$ゼロ），すなわち直流におけるゲインは，ちょうど1になる．

(2) $|s|$がとても大きい領域，すなわち$|sCR|\gg 1$となるような高い周波数領域においては，ゲインの大きさは周波数に反比例して小さくなる．

(3) $|s|=\omega=1/CR$となるような周波数をだいたいの境界として，それより低い周波数領域ではゲインはほぼ1でフラット，それより高い周波数領域では反比例の関係に転じる．

(4) 高い周波数領域では，出力信号の位相が入力信号に対して90°遅れる．$s=j\omega$が分母にあるので，ベクトル量としてのゲインの値は全体としてマイナスの虚数値となる．このことが，位相が遅れることを表している．

　この回路のように，ある周波数よりも低い周波数領域の信号を通過させ，高い周波数領域の信号を減衰させる特性をもったフィルタ回路を，ローパス・フィル

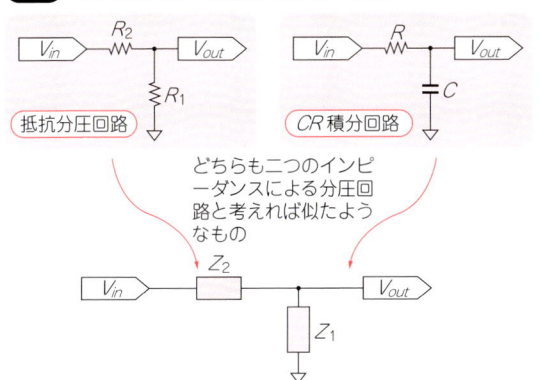

図10 CR積分回路と抵抗分圧回路の比較

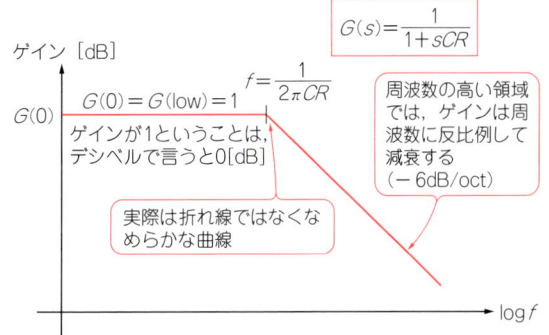

図11 CR積分回路の周波数特性

タと呼びます．また，伝達関数の式がsの1次式で表されるフィルタを，1次フィルタと呼びます．

● 1次フィルタの特性

CRの組み合わせだけで，いろいろな伝達関数（周波数特性）を作ることができます．

▶ ハイパス・フィルタ

前述の微分回路の伝達関数を計算すると，

$$G(s) = \frac{sCR}{1+sCR}$$

となります．

この式から，$|s| = 1/CR$となる付近の周波数を境にして，高い周波数領域ではゲインはほぼ1のままフラット，低い周波数領域でのゲインの大きさは周波数に比例する右上がり特性となることがわかります．

この回路のように，ある周波数よりも低い周波数領域の信号を減衰させ，高い周波数領域の信号を通過させる特性をもったフィルタ回路を，ハイパス・フィルタと呼びます（図12）．

デシベルについて　　　　　　　　　　　　　　　　　　　　　　　　　　　　　column

図11のグラフでは，横軸，縦軸がともに対数で表されています．$|s|>1/CR$の高い周波数領域では，ゲインが周波数に反比例しますが，対数目盛にすると，グラフを双曲線ではなく，右下がりの直線で表すことができるようになります．実際，周波数特性をグラフで表す場合には，横軸を対数目盛として周波数を表すことが多いです（もちろん，リニアな周波数軸のまま表示する場合もある）．

一方，縦軸についてもこれをそのまま対数目盛としてしまう方法が考えられますが，電圧や電流，電力などを対数を用いて表現する場合に，デシベルという比較量がよく使用されます．

入力電圧に対する出力電圧の関係，すなわち電圧ゲインは，$G = V_{\text{out}}/V_{\text{in}}$で表されますが，これをデシベルで表現する場合には，値の常用対数をとり，それを20倍して，

$$G = 20 \log(V_{\text{out}}/V_{\text{in}}) \ [\text{dB}]$$

と表します．電流の場合にも係数20を掛け算し，

$$20 \log(I_{\text{out}}/I_{\text{in}}) \ [\text{dB}]$$

と表します（図A）．

電力の比を表す場合は，係数は20ではなく10が使用されます．例えば，ある抵抗負荷にかけた電圧がK倍に増加したとき，抵抗消費電力はK倍ではなくK^2倍となります．電圧や電流の場合と，電力の場合で係数を変えておくことで，この変化を同じデシベル値で表すことができます．

表A デシベル換算表

倍率	電圧や電流などの場合 [dB]	電力などの場合 [dB]
0.000001	−120.000	−60.000
0.00001	−100.000	−50.000
0.0001	−80.000	−40.000
0.001	−60.000	−30.000
0.002	−53.979	−26.990
0.004	−47.959	−23.979
0.01	−40.000	−20.000
0.02	−33.979	−16.990
0.04	−27.959	−13.979
0.05	−26.021	−13.010
0.1	−20.000	−10.000
0.3	−10.458	−5.229
0.5	−6.021	−3.010
0.7	−3.098	−1.549
0.9	−0.915	−0.458
1	0.000	0.000
1.2	1.584	0.792
1.4	2.923	1.461
1.5	3.522	1.761
1.7	4.609	2.304
1.8	5.105	2.553
2	6.021	3.010
3	9.542	4.771
4	12.041	6.021
5	13.979	6.990
6	15.563	7.782
7	16.902	8.451
8	18.062	9.031
9	19.085	9.542
10	20.000	10.000
20	26.021	13.010
30	29.542	14.771
40	32.041	16.021
50	33.979	16.990
100	40.000	20.000
200	46.021	23.010
500	53.979	26.990
1000	60.000	30.000
10000	80.000	40.000
100000	100.000	50.000
1000000	120.000	60.000

▶ R と CR 直列による分圧回路の周波数特性

抵抗素子 R_1 が信号経路に直列に入り，その後 GND に対して R_2 と C の直列回路が接続された回路(**図13**)を考えます．この回路の伝達関数を計算すると，

$$G(s) = \frac{sCR_2}{1 + sC(R_1 + R_2)}$$

となります．周波数特性をグラフで表すと，直流を含めて，

$$|s| < \frac{1}{C(R_1 + R_2)}$$

となる周波数領域におけるゲインは1でだいたいフラットです．

周波数が高くなり，$|s| > \{1/C(R_1+R_2)\}$ になると，周波数特性は右下がりとなります．さらに周波数が高くなり，$|s| > (1/CR_2)$ になると，周波数特性は再びフラットな特性に変化します．$|s| \gg (1/CR_2)$ におけるゲインは抵抗分圧のときと同じく，

$$R_2/(R_1 + R_2)$$

となります．

▶ CR 並列と R による分圧回路の周波数特性

C と R_1 の並列回路が信号経路に直列に入り，その後 R_2 で GND に接続された回路(**図14**)を考えます．この回路の伝達関数を計算すると，

$$G(s) = \frac{R_2}{R_1 + R_2} \cdot \frac{sCR_1 + 1}{sC(R_1 // R_2) + 1}$$

となります．ここで $(R_1 // R_2)$ は R_1 と R_2 の並列の抵抗値を意味します．

周波数特性をグラフで表すと，直流を含めて $|s| < (1/CR_1)$ の低い周波数領域におけるゲインは $R_2/(R_1 + R_2)$ でだいたいフラット，周波数が高くなり，$|s| > (1/CR_1)$ になると，周波数特性は右上がりとなります．さらに周波数が高くなり，$|s| > \{1/C(R_1 // R_2)\}$ になる領域では，周波数特性は再びフラットな特性に変化します．$|s| \gg \{1/C(R_1 // R_2)\}$ におけるゲインは，1 となります．

● 2次フィルタの特性

前項までの回路は，コンデンサを一つだけ使用したものでしたが，回路中に二つのコンデンサを導入すると，s の 2 乗の項をもつ伝達関数が実現できます．つまり，2次のフィルタ回路が作れます．

一例として，C_1 と R の直列回路が信号経路に直列に入り，その後 R と C_2 の並列回路で GND に接続された回路(**図15**)を考えます．伝達関数を計算すると，

図12 微分回路と周波数特性

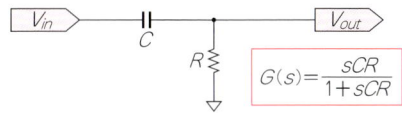

(a) CR 微分回路

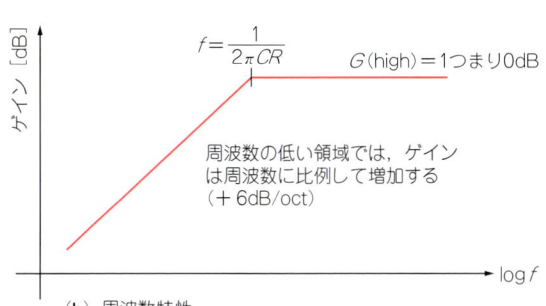

(b) 周波数特性
グラフを簡易的に描いたもの
実際には折れ線ではなく，連続したカーブになる

図13 R と CR 直列の分圧回路

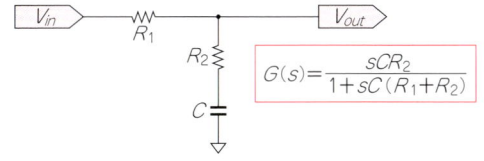

(a) R と CR 直列による分圧回路

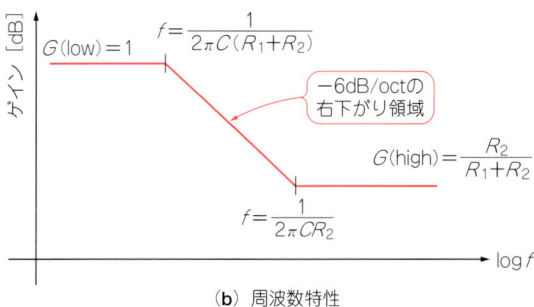

(b) 周波数特性

図14 CR 並列と R の分圧回路

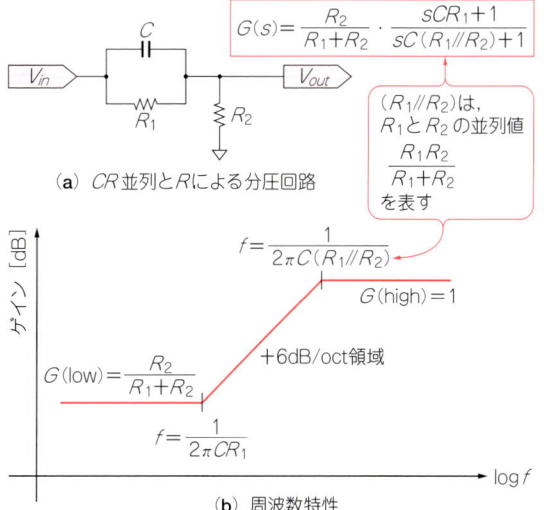

(a) CR 並列と R による分圧回路

(b) 周波数特性

2-3 伝達関数とフィルタ回路

図15 CR直列とCR並列の分圧回路

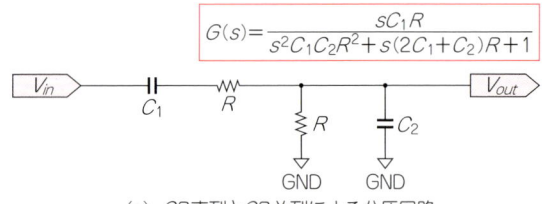

(a) CR直列とCR並列による分圧回路

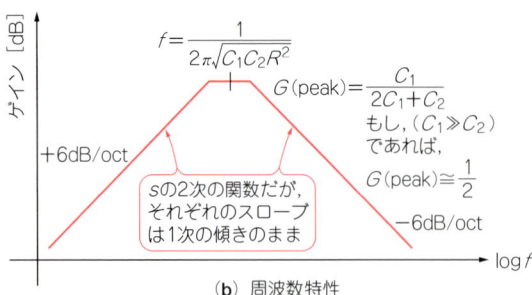

(b) 周波数特性

図16 CRだけを使った2次ローパス・フィルタ

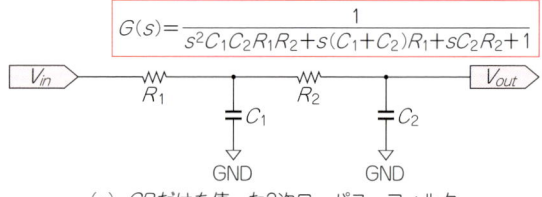

(a) CRだけを使った2次ローパス・フィルタ

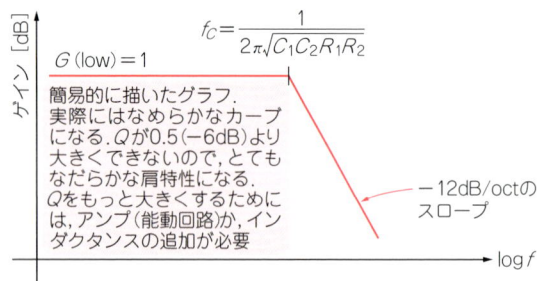

$$Q = G(f_C) = -j \frac{\sqrt{C_1 R_1 C_2 R_2}}{C_1 R_1 + C_2 R_1 + C_2 R_2}$$

Qをできるだけ大きくするためには，$C_1 R_1 \gg C_2 R_1$と$C_2 R_2 \gg C_2 R_1$が必要．

しかし，どんなに頑張っても$Q \leq \frac{1}{2}$

(b) 周波数特性

$$G(s) = \frac{sC_1 R}{s^2 C_1 C_2 R^2 + s(C_1 + C_2)R + 1}$$

という，少々複雑な式になります．分母にs^2の項が存在するので，2次の伝達関数です．

$\omega \ll 1/\sqrt{C_1 C_2 R^2}$の領域では，分母の大きさは，1の項がほぼ支配的になるので，$G(s)$はおおむねsに比例して絶対値が大きくなる形の関数とみなすことが可能です．

逆に，$\omega \gg 1/\sqrt{C_1 C_2 R^2}$の領域では，分母の大きさは，$s^2$の項がほぼ支配的になるので，今度は$G(s)$は$s$に反比例して絶対値が小さくなる形の関数とみなすことができます．つまり，全体としては，

$$\omega = 1/\sqrt{C_1 C_2 R^2}$$

を中心にして，両側が減衰した，山形の周波数特性となることが想像できます．

この回路のように，ある特定の周波数領域の信号を通過させ，上下両側の周波数領域の信号を減衰させる特性を持った回路を**バンドパス・フィルタ**と呼びます．

▶ **CRだけで2次ローパス・フィルタを作る**

CRだけを用いて，何とか2次のスロープを実現しようとした例が，**図16**に示すローパス・フィルタです．ちょうどR_1とC_1，R_2とC_2によるCR積分回路を縦続接続した形になっています．この回路の伝達関数を計算すると，次式になります．

$$G(s) = \frac{1}{s^2 C_1 C_2 R_1 R_2 + s(C_1 + C_2)R_1 + sC_2 R_2 + 1}$$

この式を眺めると，

$$|s| = \omega = 1/\sqrt{C_1 C_2 R_1 R_2}$$

のとき，分母のs^2の項と1の項が打ち消し合い，sの1次の項だけが残ります．この付近の（角）周波数領域を境にして，十分低い周波数領域ではゲインはほぼ1で

フラット，十分高い周波数領域ではゲインの大きさはs^2に反比例して急速に減衰します．つまり2次のスロープが実現できることになります．

このスロープの領域では，伝達関数の分母はs^2の項が支配的になるので，$s = j\omega$を代入すると，入出力位相がほぼ反転していることが確認できると思います．

$$|s| = \omega = 1/\sqrt{C_1 C_2 R_1 R_2}$$

におけるゲインQを計算すると，次式になります．

$$Q = -j \frac{\sqrt{C_1 R_1 C_2 R_2}}{C_1 R_1 + C_2 R_1 + C_2 R_2}$$

Qの値は全体に$-j$が掛け算された形となっているので，この周波数における入出力位相は90°遅れることがわかります．Qの値が大きいほど，カットオフ周波数ぎりぎりまで，低周波側は平坦な通過特性が確保され，高周波側はシャープに切れる特性となります．

まとめ

本章では，抵抗素子で構成される回路と，抵抗とコンデンサを組み合わせて構成される回路の例をいくつか紹介しました．

次章は，LCR受動回路例の紹介と，市販部品を用いた実際の設計の際に必要となる，素子値の標準数について解説します．

（初出：トランジスタ技術2008年7月号）

第3章 受動素子で構成される基本回路(2)

*LCR*で構成される基本回路と素子値の標準数

● インダクタンス素子を使用すると応用範囲が広がる

前章は抵抗のみ，または抵抗とコンデンサの組み合わせで構成される基本回路について解説しました．素子の特性をつかみやすいという観点から，主にフィルタ回路について，その伝達関数といくつかの例を紹介しました．

抵抗とコンデンサを組み合わせるだけで，ローパス特性，ハイパス特性，バンドパス特性など，いろいろな伝達関数を実現できることを紹介しましたが，*CR*素子だけでは，実現できる特性に制約が出てしまうのも事実です．

例えば，2次のローパス・フィルタはよく使用される回路ですが，カットオフ周波数付近の肩特性をコントロールしようとすると，*CR*素子だけではどうしても難しい面があります．

前章の内容の復習になりますが，*CR*素子だけで2次ローパス・フィルタを構成することは可能です．前章の 図16 に示した回路の伝達関数は，

$$G(s) = \frac{1}{s^2 C_1 C_2 R_1 R_2 + s(C_1+C_2)R_1 + sC_2 R_2 + 1}$$

で表されます．

カットオフ周波数付近の肩特性を決定する*Q*の値は，

$$Q = -j \frac{\sqrt{C_1 R_1 C_2 R_2}}{C_1 R_1 + C_2 R_1 + C_2 R_2}$$

となりますが，素子の値をどのように工夫しても，*Q*の絶対値の大きさは1/2を越えることができません．従って，カットオフ付近の肩特性が鈍った，なだらかな形の特性しか実現することができません．

以上のような制約を少しでも避けるため，本章ではインダクタンス素子も合わせて使用し，より自由にいろいろな伝達関数を実現する方法について紹介します．また，実際の回路設計を行ううえで必要になる，市販の部品の素子値に用いられる標準数についてもお話します．

3-1 各種フィルタの構成方法を学ぼう *LCR*で構成される回路

● パッシブ2次フィルタの特徴

最近では，特性の優れたOPアンプを安価に入手できるので，インダクタを使用しなくても，*CR*素子と能動回路を組み合わせて，アクティブ・フィルタと呼ばれる回路を構成することができます．

アクティブ・フィルタは，フィルタ回路の入出力インピーダンスを制御しやすく，多数のフィルタを何段も従続接続して，次数の高いフィルタを構成することができます．

反面，電源を供給する必要があり，電源電圧を越える電圧振幅の信号を扱うことができないことや，アンプ回路に起因するノイズが発生すること，周波数の高い回路を作ろうとしたとき，アンプ回路の周波数特性のために周波数が高くなるほど実現するのが難しいなどの制約があります．

*LCR*で構成するパッシブ・フィルタ回路は，素子値の算出が面倒なことや，入出力に接続される回路のインピーダンスの管理を厳しく行う必要がありますが，アクティブ・フィルタで問題となるような制約から解放されます．従って，現在でも比較的周波数の高い回路や，大きな電流や電圧を扱う場合は，パッシブ・フィルタが盛んに使用されています．

本章では，比較的解析が容易な2次のパッシブ・フィルタ回路について説明を行います．

● *LCR*の2次ローパス・フィルタ

フィルタ回路の中でもっとも多く使用されているのは，ローパス・フィルタではないでしょうか．2次ローパス・フィルタは，信号ラインに直列にインダクタを挿入し，その後グラウンドに対してコンデンサを接続する形で構成されます．一般的な2次ローパス・フィルタの周波数特性は，図1 に示すような形になります．

フィルタの共振周波数の中心から十分低い周波数領域においては，ほぼフラットな特性です．また，共振周波数より十分高い周波数においては，−12 dB/oct

で減衰する特性を示します．

共振周波数におけるゲイン $|Q|$ は，CR 素子のみで構成する2次フィルタの場合は0.5を越える値にすることが困難でしたが，インダクタンスを導入すれば素子値をコントロールすることによりいろいろな値を取ることができます．

図2に示すように，信号ラインに対して抵抗とインダクタを直列に挿入し，その後コンデンサによりグラウンドにシャントする回路構成で，2次ローパス・フィルタの特性を実現できます．この回路の伝達関数は，

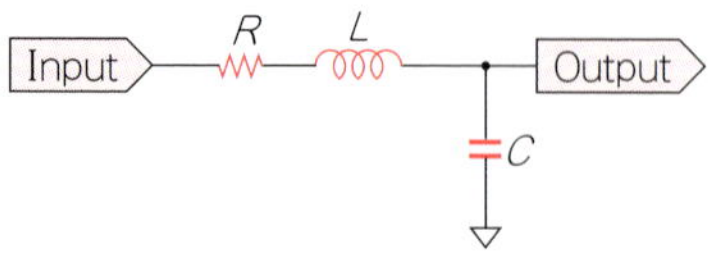

$$G(s)=\frac{1}{s^2LC+sCR+1}$$

で表されます．また，共振角周波数は，$\omega_r=1/\sqrt{LC}$，共振周波数におけるゲインは，$Q=-j\sqrt{L/CR^2}$ で計算することができます．Q の係数に $-j$ が付いていることから，共振周波数において出力信号の位相は入力信号に対して90°遅れることが分かります．

フィルタ回路に続く負荷回路のインピーダンスによっては，信号ラインに直列に抵抗を挿入すると，信号の減衰が問題になることがあります．このような場合には，インダクタと抵抗を直列に入れる代わりに，コンデンサに並列に抵抗を接続することでも，2次ローパス・フィルタを実現できます（**図3**）．この回路の伝達関数は，

$$G(s)=\frac{1}{s^2LC+s(L/R)+1}$$

で表されます．また，共振角周波数は，$\omega_r=1/\sqrt{LC}$，共振周波数におけるゲインは，$Q=-j\sqrt{CR^2/L}$ で計算することができます．この回路の場合にも，共振周波数における出力位相は入力に対して90°遅れとなります．

電源ラインに挿入するノイズ・フィルタなどのように，ラインに直列に抵抗を挿入することはもちろん，ラインに並列に抵抗を接続することも避けたい場合があります．このような場合には，**図4**に示すように信号ラインの直列インダクタと並列に抵抗を接続する方法があります．この回路の伝達関数は，

$$G(s)=\frac{s(L/R)+1}{s^2LC+s(L/R)+1}$$

で表されます．また，共振角周波数は，$\omega_r=1/\sqrt{LC}$，共振周波数におけるゲインは，$Q=1-j\sqrt{CR^2/L}$ で計算することができます．Q の式から分かるように，この回路の $|Q|$ の値は必ず1より大きくなります．

LCRの2次ハイパス・フィルタ

2次ローパス・フィルタのインダクタとコンデンサの位置を入れ替えると，2次ハイパス・フィルタを作ることができます．一般的な2次ハイパス・フィルタ

図1 2次ローパス・フィルタの周波数特性

図2 LR 直列とコンデンサによる分圧回路

$$G(s)=\frac{1}{s^2LC+sCR+1}$$

$$f_r=\frac{1}{2\pi\sqrt{LC}}$$

$$Q=-j\sqrt{\frac{L}{CR^2}}$$

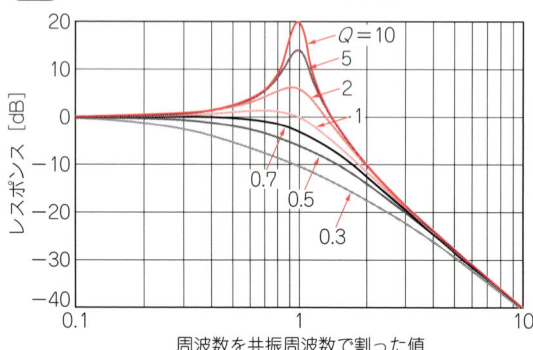

図3 インダクタと CR 並列による分圧回路

$$G(s)=\frac{1}{s^2LC+s\left(\frac{L}{R}\right)+1}$$

$$f_r=\frac{1}{2\pi\sqrt{LC}}$$

$$Q=-j\sqrt{\frac{CR^2}{L}}$$

図4 LR 並列とコンデンサによる分圧回路

$$G(s)=\frac{s\left(\frac{L}{R}\right)+1}{s^2LC+s\left(\frac{L}{R}\right)+1}$$

$$f_r=\frac{1}{2\pi\sqrt{LC}}$$

$$Q=1-j\sqrt{\frac{CR^2}{L}}$$

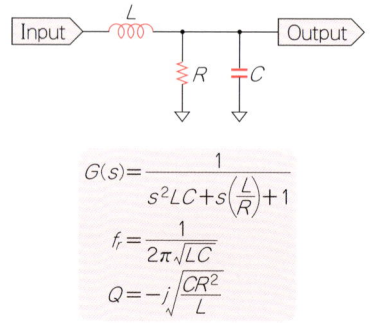

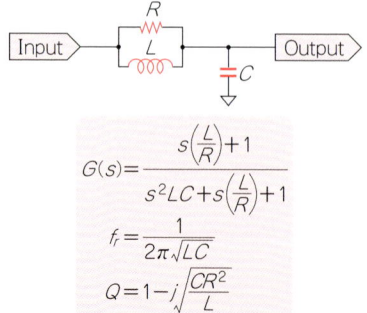

の周波数特性は，**図5**に示すような形になります．

フィルタの共振周波数を中心として，そこから十分低い周波数領域においては，+12dB/octで周波数とともに増加する特性を示します．共振周波数よりも十分高い周波数においては，大体フラットな特性になります．

2次ローパス・フィルタと同じように，LCRの素子値をコントロールすることにより，いろいろな値のQを実現することができます．

図6に示すように，信号ラインに対してコンデンサを直列に挿入し，その後インダクタと抵抗の並列回路によりグラウンドにシャントする回路構成で，2次ハイパス・フィルタを実現できます．この回路の伝達関数は，

$$G(s) = \frac{s^2 LC}{s^2 LC + s(L/R) + 1}$$

で表されます．また，共振角周波数は，$\omega_r = 1/\sqrt{LC}$，共振周波数におけるゲインは，$Q = j\sqrt{CR^2/L}$で計算することができます．Qの係数にjが付いていることから，共振周波数における出力位相は入力に対して90°進むことが分かります．

インダクタに並列に抵抗を接続する代わりに直列に抵抗を挿入しても，2次ハイパス・フィルタを実現できます（**図7**）．この回路の伝達関数は，

$$G(s) = \frac{s^2 LC + sCR}{s^2 LC + sCR + 1}$$

で表されます．また，共振角周波数は$\omega_r = 1/\sqrt{LC}$，共振周波数におけるゲインは，$Q = 1 + j\sqrt{L/CR^2}$で計算することができます．Qの式から分かるとおり，この回路の|Q|の値は必ず1より大きくなります．

● バンドパス・フィルタの例

フィルタ回路の中には，ローパス・フィルタやハイパス・フィルタのように，共振周波数の下側または上側の周波数だけを通過させるもの以外に，ある特定の周波数領域だけを通過させる特性をもつものがあります．このような特性のフィルタをバンドパス・フィルタと呼びます．

図8はもっとも簡単な2次パッシブ・バンドパス・フィルタの一例です．このように，信号ラインに直列にインダクタとコンデンサの直列回路を挿入し，その後抵抗によりグラウンドに接続する構成で，2次バンドパス・フィルタを実現することができます．

この回路の伝達関数は，

$$G(s) = \frac{sCR}{s^2 LC + sCR + 1}$$

図5 2次ハイパス・フィルタの周波数特性

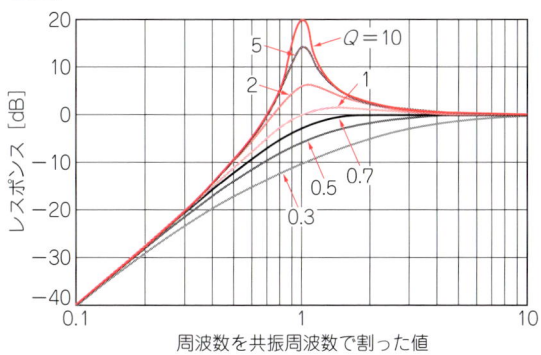

図7 コンデンサとLR直列による分圧回路

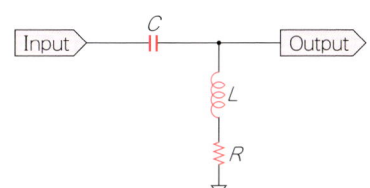

$$G(s) = \frac{s^2 LC + sCR}{s^2 LC + sCR + 1}$$

$$f_r = \frac{1}{2\pi\sqrt{LC}}$$

$$Q = 1 + j\sqrt{\frac{L}{CR^2}}$$

図6 コンデンサとLR並列による分圧回路

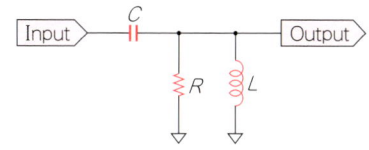

$$G(s) = \frac{s^2 LC}{s^2 LC + s\left(\frac{L}{R}\right) + 1}$$

$$f_r = \frac{1}{2\pi\sqrt{LC}}$$

$$Q = j\sqrt{\frac{CR^2}{L}}$$

図8 2次バンドパス・フィルタの例

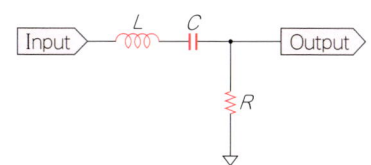

$$G(s) = \frac{sCR}{s^2 LC + sCR + 1}$$

$$f_r = \frac{1}{2\pi\sqrt{LC}}$$

$$Q = \sqrt{\frac{L}{CR^2}}$$

図9 2次バンドパス・フィルタの周波数特性の例

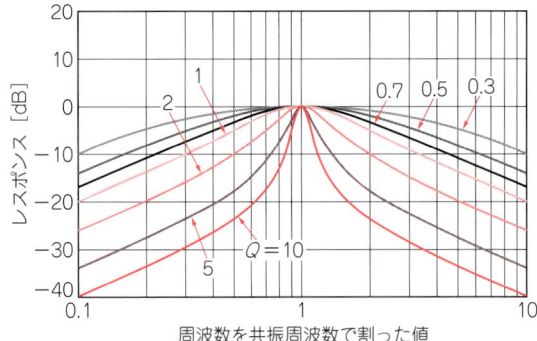

図10 2次バンド・ストップ・フィルタの例

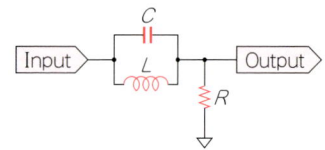

$$G(s) = \frac{s^2LC + 1}{s^2LC + s\left(\frac{L}{R}\right) + 1}$$

$$f_r = \frac{1}{2\pi\sqrt{LC}}$$

$$Q = \sqrt{\frac{CR^2}{L}}$$

図11 2次バンド・ストップ・フィルタの周波数特性の例

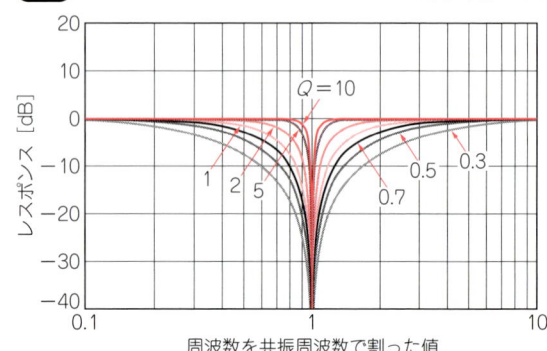

で表されます．また，共振角周波数は $\omega_r = 1/\sqrt{LC}$，共振周波数におけるゲインは1となり，共振周波数における入出力位相は同相になります．

ローパス・フィルタやハイパス・フィルタの場合と異なり，Q の値は共振周波数におけるゲインではなく，通過させる帯域の幅を表す数値になります．

共振角周波数を ω_r，共振周波数の下側のゲインが－3.01 dBとなる角周波数を ω_1，共振周波数の上側のゲインが－3.01 dBとなる角周波数を ω_2 としたとき，Q の値は $\omega_r/(\omega_2 - \omega_1)$ で定義されます．上記の回路では，$Q = \sqrt{L/CR^2}$ で計算することができます．いろいろな Q 値における上記の回路の周波数特性は，**図9** のようになります．

● バンド・ストップ・フィルタの例

バンドパス・フィルタとは逆に，ある特定の周波数領域だけを遮断したい場合もあります．このような目的のフィルタを，バンド・ストップ・フィルタまたはバンド・エリミネーション・フィルタと呼びます．

図10 は，もっとも簡単な2次パッシブ・バンド・ストップ・フィルタの例です．このように，信号ラインに直列にインダクタとコンデンサの並列回路を挿入し，その後抵抗によりGNDに接続する構成で，2次バンド・ストップ・フィルタを実現することができます．

この回路の伝達関数は，

$$G(s) = \frac{s^2LC + 1}{s^2LC + s(L/R) + 1}$$

で表されます．共振角周波数は $\omega_r = 1/\sqrt{LC}$，共振周波数におけるゲインはゼロになります．また，遮断帯域幅は，$Q = \sqrt{CR^2/L}$ で計算することができます．いろいろな Q 値における周波数特性は **図11** のようになります．

■ 3種類の5次ローパス・フィルタの特性を実測する

● フィルタに要求される機能

フィルタに要求される機能は，一言で言ってしまえば，通過させたい周波数帯域の信号を通過させ，阻止したい周波数帯域の信号を遮断することに尽きます．

例えば，DC電源ラインに挿入するフィルタであれば，通過させたい帯域は電源としての直流成分と，電源の立ち上がりや立ち下がりに最低限必要な低周波成分ですし，阻止させたい帯域は整流回路から発生するリプル（波打ち）成分やスイッチング・レギュレータのノイズ成分など，比較的高い周波数です．この場合は，ローパス・フィルタが使用されます．

ただし，上記のような周波数の選択機能だけでなく，通過させたい帯域と阻止したい帯域をできるだけシャープに弁別したいとか，フィルタを通過する信号の波形ひずみを極力抑えたいなど，他の側面から見た仕様を要求される場合が多くあります．

この項では，カットオフ周波数が約45 MHzで5次のスロープをもつ3種類のローパス・フィルタを実際に製作し，いろいろな特性を実測した例を紹介します．

今回紹介する特性は，バターワース特性，チェビシ

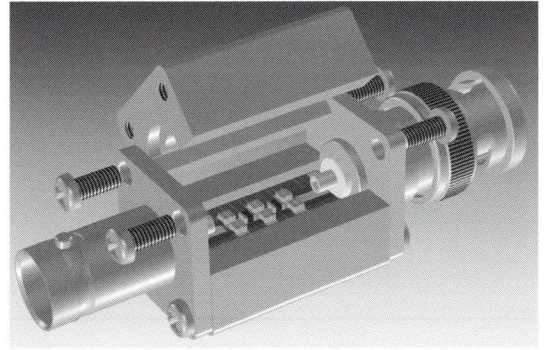

図12 フィルタ・モジュールの構造

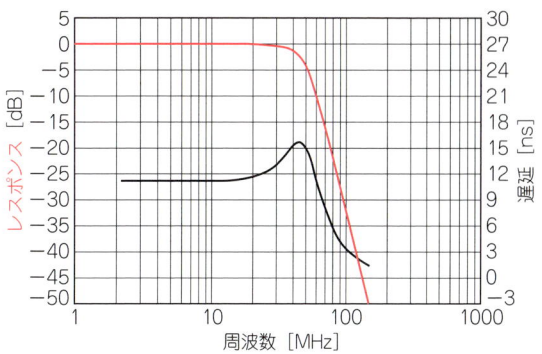

図14 バターワース・ローパス・フィルタの周波数特性

図13 5次，45 MHzのバターワース・ローパス・フィルタ

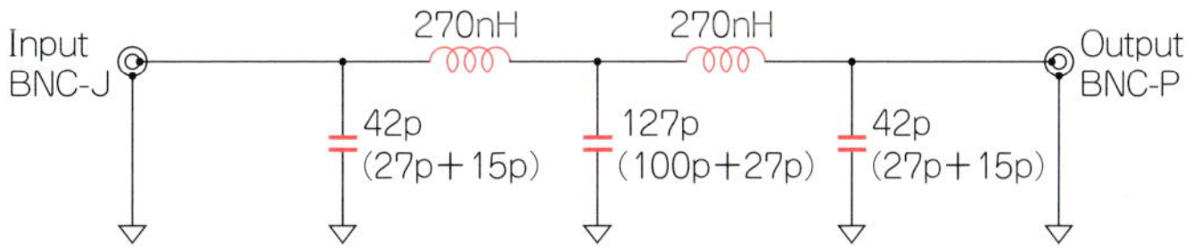

ェフ特性，ベッセル特性の三つです．

● **フィルタ・モジュールの構造**

今回の実験に使用したフィルタ・モジュールの構造を**図12**に示します．アルミニウムで出来た筐体に溝を掘り，溝の中に小さなテフロン両面基板を導電接着剤で固定してあります．テフロン基板上に構成されるフィルタ回路は，すべて表面実装部品で作りました．

基板の入出力端子を両側から挟む形で，BNCコネクタを筐体に取り付けてモジュールとしてあります．なお，テフロン基板上のパターン幅は，基板上の線路の特性インピーダンスが50Ωとなる寸法を選んであります．

● **最大平坦特性をもつバターワース・フィルタ**

最初に紹介するのは，もっとも一般的に使われるバターワース・フィルタと呼ばれるフィルタです．5次のスロープをもつ，カットオフ周波数約45 MHzのバターワース・ローパス・フィルタは，**図13**に示すLC定数により実現できます．ただし，素子値のばらつき，インダクタやコンデンサの等価直列抵抗など，理想とは異なる条件のため，理論的な特性と正確には一致していません．

バターワース・フィルタのモジュールの振幅周波数特性と遅延周波数特性を，ネットワーク・アナライザを用いて測定した結果を**図14**に示します．振幅については，カットオフ周波数45 MHzよりも低い周波数では，ほぼフラットな特性を示します．

カットオフ周波数付近で小さなカーブを描いた後，高い周波数では－30 dB/octのスロープで減衰する特性になります．バターワース・フィルタの振幅周波数特性は，リプルがなく，かつカットオフ周波数付近までもっとも平坦な特性をもつので，最大平坦特性とも呼ばれます．

一方，遅延周波数特性については，通過帯域内のカットオフ周波数から十分離れた領域においては，約11 nsのフラットな遅延特性を示します．カットオフ周波数付近で約15.5 nsのピークを示した後，高い周波数領域で遅延時間は次第に小さくなっていきます．

● **急峻な遮断特性をもつチェビシェフ・フィルタ**

次に紹介するのは，チェビシェフ・フィルタと呼ばれるフィルタです（**図15**）．通過帯域内における振幅周波数特性のリプルを少しだけ許すことで，カットオフ周波数以上で急峻な遮断特性を実現できます．カットオフ周波数から十分高い周波数領域における減衰スロープは，バターワースと同様に－30 dB/octですが，カットオフ周波数のすぐ上あたりの振幅特性が，バターワースよりも急激に減衰しているようすを確認できると思います（**図16**）．

計算上は，0.5 dBの通過帯域内リプルを許容したつもりでしたが，やはり素子値のばらつきなどにより，10 MHz程度以上の通過帯域の特性がやや右下がりになってしまっています．

実際のチェビシェフ・フィルタの仕様においては，バターワースと異なり，カットオフ周波数をレスポンス－3 dBの点ではなく，許容リプル幅から逸脱するポイントをもって表すことも多いのですが，今回の実験では他の特性と比較するため，－3 dBポイントをカットオフ周波数として定義しています．

チェビシェフ・フィルタの遅延周波数特性は，通過帯域内のカットオフ周波数から離れた領域では大体フ

図15 5次，45 MHzのチェビシェフ・ローパス・フィルタ

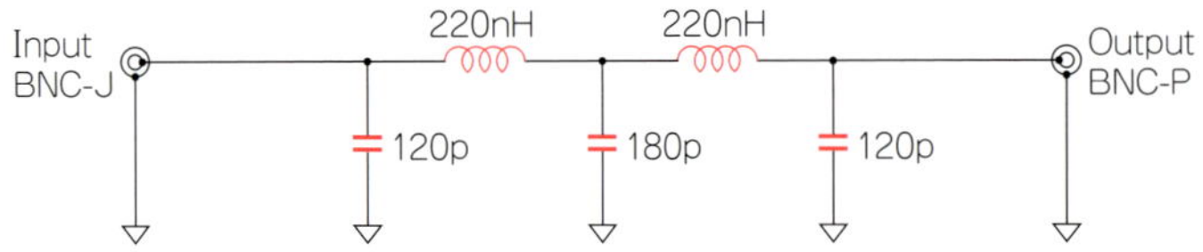

ラットなのですが，振幅特性と同様にいくらかのリプルをもつようになります．また，遅延時間そのものも，バターワースの場合よりも大きく，約15 ns程度の値となっていることに注意してください．カットオフ周波数付近での遅延時間のピークも，バターワースの場合よりも大きく，約25 nsに達するものになっています．

なお，100 MHz以上の領域において遅延時間がマイナスの値でプロットされてしまっていますが，これは急峻な減衰特性により，ネットワーク・アナライザに入力される信号レベルが小さくなりすぎたことによる測定誤差です．実際は，遅延時間がマイナスになることはありません．

● 遅延周波数特性がフラットなベッセル・フィルタ

最後に紹介するのは，ベッセル・フィルタと呼ばれるフィルタです（**図17**）．このフィルタは，オーバシュートやリンギングなど，信号の波形ひずみを極力小さく抑えつつ，周波数選択機能を実現するものです．最近では，ディジタル信号の高速シリアル通信を行うことが多いですが，このような信号経路にノイズ成分の除去などの目的でフィルタを挿入する場合などに重要な回路です．

周波数特性が正規分布の形をした，ガウシアン特性をなるべく理想に近い形で実現するため，伝達関数をベッセル・トムソン近似と呼ばれる数学的手法で置き換えたことから，ベッセル・フィルタと呼ばれています（トムソン・フィルタと呼ばれることもある）．

ベッセル・フィルタの特徴は，通過帯域内の遅延周波数特性がフラットなことにあります（**図18**）．ディジタル通信などで方形波を信号として用いるとき，波形に含まれるいろいろな周波数成分が同一のタイミングで出力に伝達されるためには，このように遅延周波数特性がフラットであることが要求されます．結果的に，オーバシュートなどの波形ひずみが非常に少ない特性が得られます．なお，遅延時間も約8 nsと，3種類のフィルタの中ではもっとも小さいことに注意してください．

一方，遅延特性の平坦性と引き替えに，振幅周波数特性は肩特性が丸まった，非常になだらかなものになってしまいます．カットオフ周波数よりもかなり低い周波数から減衰が始まり，カットオフ付近で大きなカーブを描いた後，5次のスロープ本来の－30 dB/octの減衰特性になるのは，カットオフよりも相当高い周波数領域になります．つまり，周波数選択性能としては，バターワース・フィルタやチェビシェフ・フィルタほどよくありません．

● 各フィルタのステップ応答特性

カットオフ周波数45 MHzの，バターワース，チェビシェフ，ベッセルの3種類の5次ローパス・フィルタに，周波数約3 MHzの方形波を入力し，出力に現れる波形の立ち上がり部分を観測してみました．入力

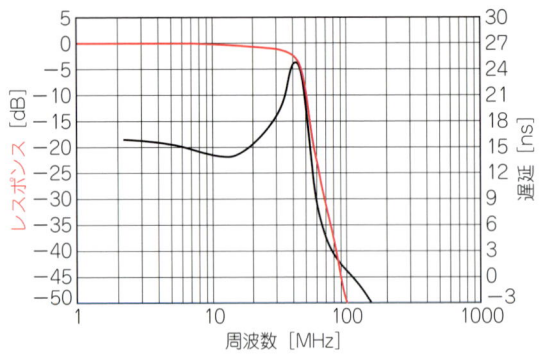

図16 チェビシェフ・ローパス・フィルタの周波数特性

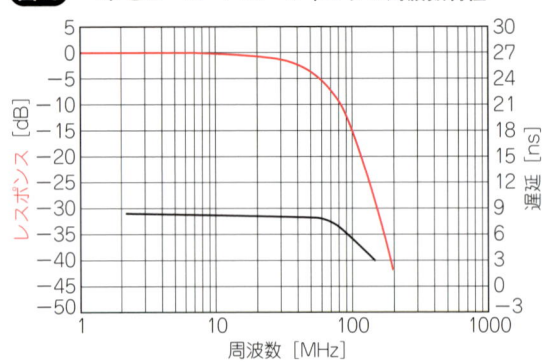

図18 ベッセル・ローパス・フィルタの周波数特性

図17 5次，45 MHzのベッセル・ローパス・フィルタ

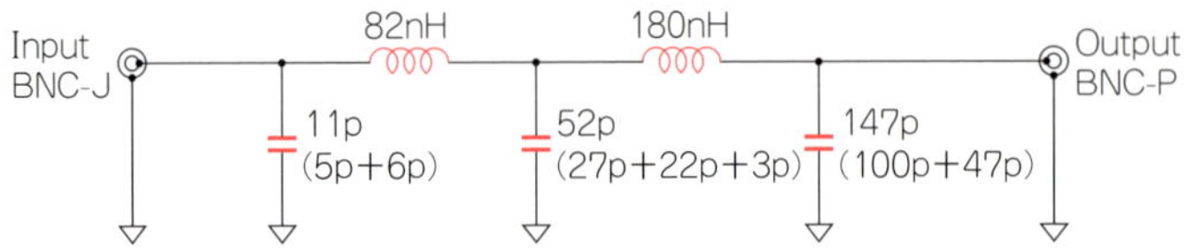

の方形波信号の周波数は比較的低いのですが，**図19**に示すように立ち上がり時間が約61 psという，とても高速なパルスを用いています．波形観測に用いたサンプリング・オシロスコープの帯域は12.4 GHzです．なお，以下に紹介するステップ応答波形の時間軸は20 ns/div，電圧軸は100 mV/divです．

バターワース・フィルタのステップ応答波形を，**図20**に示します．立ち上がりの瞬間，高さ7.76％のオーバシュートが観測されています．オーバシュートの後の振動（リンギング）は，大体1.5波ぐらいで収束しています．なお，ステップ幅の10％から90％まで遷移するのに必要な立ち上がり時間は，8.9 nsの値が観測されています．ちなみに，カットオフ周波数45 MHzと，ここで観測された立ち上がり時間との積は約0.4になります．

チェビシェフ・フィルタのステップ応答波形を，**図21**に示します．立ち上がりの瞬間，高さ5.97％のオーバシュートが観測されています．この例では，オーバシュートの値そのものはバターワース・フィルタよりも小さいのですが，リンギングが約100 nsに達する長い期間観測されています（約4波）．

なお，10％～90％の立ち上がり時間は11.2 nsと測定されています．カットオフ周波数45 MHzと，ここで観測された立ち上がり時間との積は，約0.5になります．

また，見にくいかもしれませんが，波形の立ち上がり直前に非常に時間幅の短いとげ状の波形が観測されています．これは，入力信号に含まれる超高周波成分が，フィルタ回路で十分減衰されずに出力に漏れてしまったものです．この実験に使用したコンデンサの等価直列抵抗（ESR）や等価直列インダクタンス（ESL）の影響により，このような非常に高い周波数領域において，実際のコンデンサがちゃんとコンデンサとしての機能を果たせなかったことが原因と考えられます．

ベッセル・フィルタのステップ応答波形を，**図22**に示します．バターワース・フィルタやチェビシェフ・フィルタと比較して，オーバシュートやリンギングが非常に小さくなり，ほとんど観測されていないようすが確認できます．また，10％～90％の立ち上がり時間は8.0 nsと測定されており，3種類のフィルタの中ではもっとも速い特性を示しています．なお，カットオフ周波数45 MHzと，ここで観測された立ち上がり時間との積は，約0.36になります．

● アイ・パターンの観測

これらのフィルタ・モジュールをディジタル・シリアル通信ラインに挿入するとどうなるでしょうか．せっかく実際のフィルタ・モジュールを作ったので，ビ

図19 ステップ応答観測に用いた入力波形
（100 ps/div，100 mV/div）

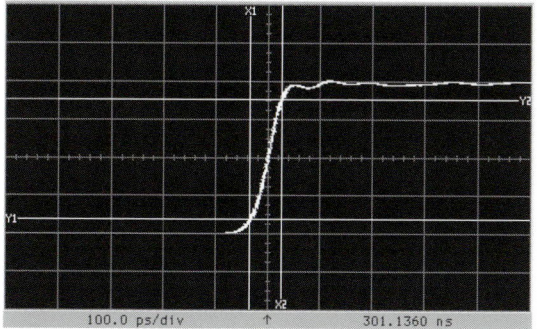

図20 バターワース・フィルタのステップ応答
（20 ns/div，100 mV/div）

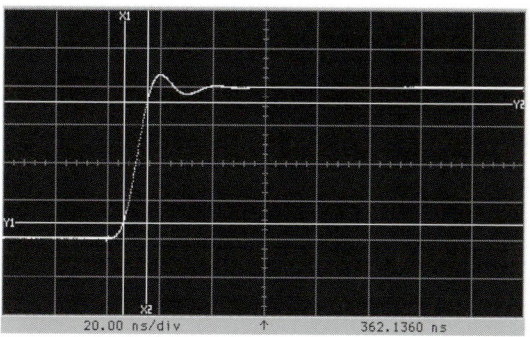

図21 チェビシェフ・フィルタのステップ応答
（20 ns/div，100 mV/div）

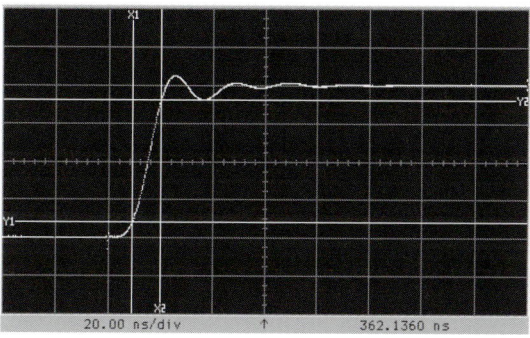

図22 ベッセル・フィルタのステップ応答
（20 ns/div，100 mV/div）

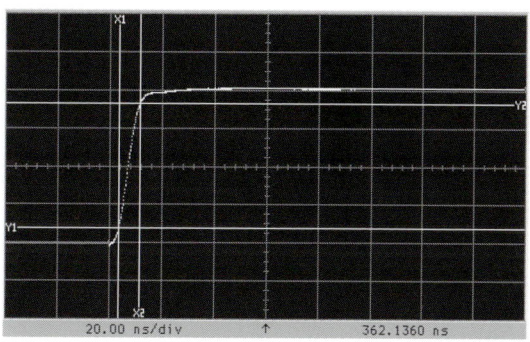

ット・レート50 Mbpsの疑似ランダム・ビット列信号（PRBS）を入力したときの，出力信号のアイ・パターンを観測してみました．アイ・パターンは，'1'と'0'が一定時間ごとにランダムに遷移する信号を何回も重ね書きしたもので，ちょうど目を開いた形になるため，このような名前で呼ばれます．50 Mbpsの場合は，一つのアイの時間幅は20 nsになります．これを時間軸5 ns/div，電圧軸100 mV/divで表示しました．

▶ バターワース・フィルタ

バターワース・フィルタの出力アイ・パターンを，図23に示します．ディジタル通信では，アイが時間軸方向にも，電圧軸方向にも，きっかり開き，論理を明確に表すことが重要になります．時間軸方向のアイ品質を表す方法として，アイ・パターンのゼロ・クロス位置の時間軸上でのばらつき，つまりジッタがどれくらいあるかが問題になります．

この例では，ジッタのピーク・ツー・ピークの値が1.46 nsと測定されています．この例では50 Mbpsなので，ビット時間幅20 nsに対してジッタの大きさは比較的小さく，それほど問題にならない値と言えますが，ビット・レートが高速になり，ビット時間幅が小さくなるほど，ジッタの比率が大きくなり，エラーを起こしやすくなります．

カットオフ周波数45 MHzのフィルタでは，通常60 Mbps程度，少々無理をすれば90 Mbpsのビット・レートの通過が可能なはずです．90 Mbpsではビット時間幅は11 ns程度となるので，1.46 nsのジッタはそろそろ無視できない値になってきます．

オーバシュートもなるべく小さいことが望まれます．図20の例では，オーバシュートの後の波形の跳ね返り部分が，ちょうどビット遷移のタイミングにあり，実害は起きにくいのですが，仮にビット・レートが半分の25 Mbpsになったときには，跳ね返り波形がビット時間幅の中心にくるようになり，アイの高さ方向を小さく潰してしまう原因になり問題です．

▶ チェビシェフ・フィルタ

チェビシェフ・フィルタの出力アイ・パターンを図24に示します．ジッタの値は2.83 nsが観測されており，バターワースと比較して約2倍の値となってしまいます．また，ステップ応答で見られたリンギングが，今度はアイの高さをつぶすことになっており，アイの品質はさらに低下してしまっています．

▶ ベッセル・フィルタ

ベッセル・フィルタの出力アイ・パターンを，図25に示します．ジッタの測定値は730 psであり，バターワース・フィルタの場合と比較しても半分程度の値です．また，ステップ応答にオーバシュートやリンギングがほとんどないので，アイ・パターンの場合でも上下が細い，きれいな形になります．これくらいのアイ品質であれば，ビット・レートが90 Mbps程度に上昇しても，無理なく信号を通すことができます．この例からも，シリアル信号伝送路に適しているのは，ベッセル・フィルタであることが分かると思います．

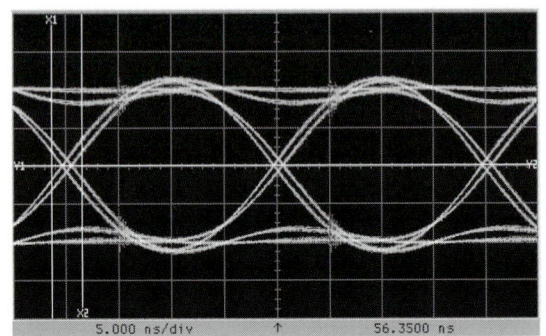

図24 チェビシェフ・フィルタの出力アイ・パターン（5 ns/div，100 mV/div）

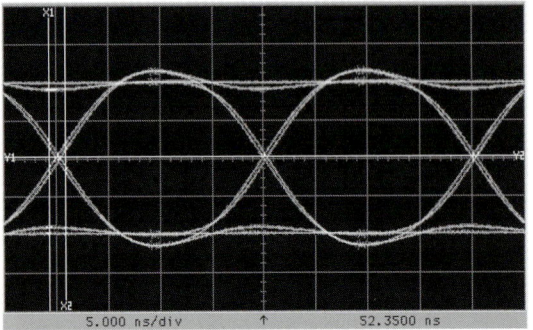

図23 バターワース・フィルタの出力アイ・パターン（5 ns/div，100 mV/div）

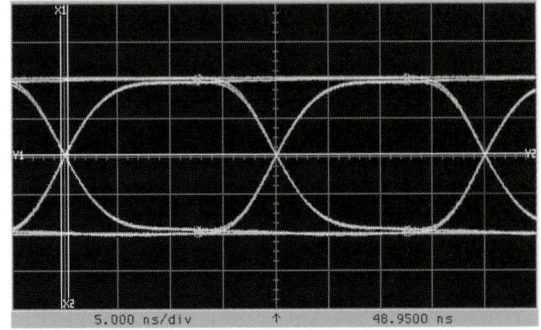

図25 ベッセル・フィルタの出力アイ・パターン（5 ns/div，100 mV/div）

3-2 受動素子の標準数

数値のステップ分布と誤差の関係を理解して設計に役立てよう

● 受動素子の計算値

前に説明した，5次ローパス・フィルタの回路例でも分かるとおり，回路の仕様から必要な素子値を計算すると，いろいろと半端な素子値が算出されます．計算精度を要求するほど，有効数字の桁数が大きくなり，例えば有効桁数3桁の場合には，3桁の数字をもつすべての素子値の部品が欲しくなります．

ところが，抵抗素子を例にして3桁の素子値すべてを数えると，$1.00\,\Omega$から$9.99\,\Omega$までで約900種類，$10.0\,\Omega$から$99.9\,\Omega$の間でも約900種類，さらに広い範囲の抵抗素子を用意する場合には，それこそ途方もない種類の抵抗素子を作らなければなりません．これでは非常に不経済です．

一方，実際の素子には必ず誤差が存在します．仮に素子値の最大誤差が±1%の場合を考えると，例えば公称値が$2\,k\Omega$の抵抗であれば，実際の抵抗値は$1.98\,k\Omega$から$2.02\,k\Omega$の範囲内のいずれかの値を取ることになります．

● いろいろな標準数列

そこで考えられたのが，素子値をあるパーセンテージずつステップで増やしていき，そこで得られる数字

表1 いろいろな標準数列

E-6シリーズ	E-12シリーズ	E-24シリーズ	E-96シリーズ	計算上の2.428%ステップ
有効2桁	有効2桁	有効2桁	有効3桁	(4桁まで表示)
10	10	10	100	1.000
			102	1.024
			105	1.049
			107	1.075
		11	110	1.101
			113	1.127
			115	1.155
			118	1.183
	12	12	121	1.212
			124	1.241
			127	1.271
			130	1.302
		13	133	1.334
			137	1.366
			140	1.399
			143	1.433
		15	147	1.468
15	15		150	1.504
			154	1.540
			158	1.577
		16	162	1.616
			165	1.655
			169	1.695
			174	1.736
	18	18	178	1.778
			182	1.822
			187	1.866
			191	1.911
		20	196	1.958
			200	2.005
			205	2.054
			210	2.104

E-6シリーズ	E-12シリーズ	E-24シリーズ	E-96シリーズ	計算上の2.428%ステップ
有効2桁	有効2桁	有効2桁	有効3桁	(4桁まで表示)
22	22	22	215	2.155
			221	2.207
			226	2.261
			232	2.316
		24	237	2.372
			243	2.429
			249	2.488
			255	2.549
		27	261	2.611
	27		267	2.674
			274	2.739
			280	2.805
		30	287	2.874
			294	2.943
			301	3.015
			309	3.088
33	33	33	316	3.163
			324	3.240
			332	3.318
			340	3.399
		36	348	3.482
			357	3.566
			365	3.653
			374	3.741
	39	39	383	3.832
			392	3.925
			402	4.021
			412	4.118
		43	422	4.218
			432	4.321
			442	4.425
			453	4.533

を標準数として代表させる方法です（表1）．よく使用される標準数列には，E-6シリーズ，E-12シリーズ，E-24シリーズ，E-96シリーズなどがあります．

E-24シリーズを例に取ると，この数列はおおよそ10％ずつ増える等比数列になっています．倍率を1.1ずつ積み上げていくと，一桁値が増えるのに24個のステップを昇ればよいことになります．一桁あたり24ステップの数値で表されることから，この数列をE-24シリーズと呼ぶわけです．

ちなみに'E'は，Exponent（指数）のことです．E-12シリーズやE-24シリーズを暗記してしまうと，設計の際に便利でしょう．

E-24シリーズの標準数列は，素子値誤差±5％の素子との適合性がよいです．例えば，公称抵抗値2.2kΩの場合には，実際には2.09kΩから2.31kΩの範囲になります．一方，2.2kΩのすぐ上のステップである2.4kΩの公称値の場合には，実際には2.28kΩから2.52kΩの範囲となり，公称値がステップ状に変化しても，実際の値は隙間なくピッタリ並ぶことになります．

従って，実際の設計の際には，半端な素子値が算出されても，計算値にもっとも近い公称値の素子値を選択して使用することになります．品種によっては，±0.5％の精度をもつ素子であっても，E-24シリーズの数値しか用意されていないなど，必ずしも実際値が隙間なく用意されていないことがあるので，カタログでよく調べて素子値を選定する必要があります．

なお，市販部品の素子値を実測すると，スペック上は±5％の精度であっても，実際のばらつきは10％幅の範囲に均等に分布しているわけでもなく，実力的にはずっと高精度に出来ていることはよく経験します．期待しすぎてはいけませんが，部品メーカの技術は凄いなぁと常々思っています．

まとめ

今までは，*LCR*を理想素子としてとらえ，主に理論的側面から見た素子の性質や回路特性について解説してきました．

次章からは，いよいよ実際の市販素子の種類や，理想素子としては扱えないさまざまな制約やその大きさなど，より実務に近い内容に話題を移していきます．

（初出：「トランジスタ技術」2008年8月号）

表1 いろいろな標準数列（つづき）

E-6シリーズ	E-12シリーズ	E-24シリーズ	E-96シリーズ	計算上の2.428％ステップ
有効2桁	有効2桁	有効2桁	有効3桁	（4桁まで表示）
47	47	47	464	4.643
			475	4.756
			487	4.871
			499	4.989
		51	511	5.111
			523	5.235
			536	5.362
			549	5.492
	56	56	562	5.625
			576	5.762
			590	5.902
			604	6.045
		62	619	6.192
			634	6.342
			649	6.496
			665	6.654
68	68	68	681	6.815
			698	6.981
			715	7.150
			732	7.324
		75	750	7.502
			768	7.684
			787	7.871
			806	8.062
	82	82	825	8.257
			845	8.458
			866	8.663
			887	8.874
		91	909	9.089
			931	9.310
			953	9.536
			976	9.767

徹底図解★LCR＆トランス活用 成功のかぎ

第**4**章
現実の抵抗素子の特性を理解しよう

固定抵抗素子の定格と種類

● **現実の素子と理想素子は違う**

前章までは，LCR素子を理想的な素子として扱い，それぞれを組み合わせることにより構成できる受動素子回路について，主に理論的な側面から解説しました．しかし，回路を実際に設計する場合には，市販されている受動素子の性質や定格を知っておく必要があります．

そこで本章からは，現実の素子を使用するうえで必要となる事柄について解説することに移ります．

まず，抵抗素子の定格や種類の解説から始めることにします．抵抗素子は，LCR素子の中でもっとも使用頻度が高く，回路を構成するうえではなくてはならない素子だからです．

4-1 抵抗素子の定格
定格電力以外にも抵抗値の範囲や許容差，温度係数，最高使用電圧にも注意

● **理想抵抗器の特性**

回路設計を考えるとき，回路の中の抵抗は概念的に理想的な"R"を念頭に置いているでしょう．そのような理想抵抗素子に期待される性質は，次のようなものと考えられます．

(1) 抵抗値に誤差がなく正確な値であること
(2) 直流はもちろん，いかなる周波数においてもインピーダンスが一定で，寄生容量や寄生インダクタンスがないこと
(3) どんなに大きな電流を流しても壊れず，無限大の電力損失が可能な素子であること
(4) どんなに高い電圧を印加しても，電極間で絶縁破壊を起こさないこと
(5) 周囲温度や素子温度が変化しても，抵抗値がまったく変化しないこと
(6) 非常に低い抵抗値から非常に高い抵抗値まで，いかなる範囲の値も入手できること
(7) 製作するのに困らないような適度の大きさであること
(8) 値段が安いこと

などなど，理想を言えばきりがありませんが，残念ながら現在のところはこのような理想的な抵抗素子は存在しません．したがって，以下に説明する素子の定格と，実際の使用条件を比較しながら，適する品種を見つけ出す必要があります．

● **定格電力**

抵抗素子は，$P = I^2R$ または $P = V^2/R$ で表される電力を消費します．抵抗素子は，この消費された電力により発熱するので，その電力がどの値まで許されるかを定格として決める必要があります．

その抵抗素子が許容できる電力の値を「定格電力」と呼びます．形状の小さいチップ抵抗の定格電力は，0.03 W程度から1 W程度まで，9種類ぐらいの選択肢が用意されています．さらに大きな消費電力が予想される場合には，電力用抵抗器と呼ばれる大型の抵抗素子を使用します．100 W程度のものまでは，容易に入手が可能です．当然のことながら，定格電力の大きな抵抗ほど外形寸法が大きくなります．

抵抗素子の定格電力を，いちいち書いて表すのは面倒ですし，また小数点を見落とすなどの間違いが起こりやすいので，**表1**に示すような記号で表されることがあります．

● **外形寸法**

最近では超小型の電子回路の設計を要求される機会が多くなり，抵抗素子の外形寸法はどんどん小さくな

表1 チップ抵抗の電力定格の記号例

記号	定格電力 [W]
1F	0.03
1H	0.05
1E	0.063
1J	0.1
2A	0.125
2B	0.25
2E	0.33
2H	0.5
3A	1

る傾向にあります．回路電圧が低く，消費電力も小さい場合はよいのですが，抵抗素子である程度の電力消費が予想される場合は，それに見合った定格の素子を選定しなければなりません．抵抗素子の外形寸法は，どうしてもその定格電力によって左右されます．

抵抗素子にはさまざまな形状のものがありますが，電力用抵抗や超高精度な抵抗素子を除くと，大きく分けて 写真1 のような 表面実装用の抵抗素子 と，写真2 のような円筒形状の両端からリードが出ている，アキシャル・リードと呼ばれる抵抗素子に大別されます．

表面実装用の抵抗素子には，円筒状のものや3端子/4端子のものも存在しますが，多く用いられているのは，角板状の2端子素子です．角板型2端子抵抗素子 は，表2 に示す9種類のものが市販されています．例外もありますが，サイズにより定格電力もほぼ決まっています．

円筒状の表面実装型抵抗素子は，MELF型(Metal Electrodes Facebonding：金属電極付き表面実装素子)と呼ばれます．大きさのバリエーションはそれほど多くはなく，表3 に示す程度です．この素子の場合も，サイズにより定格電力がほぼ決まっています．

アキシャル・リード型抵抗は，以前は抵抗素子の主流でしたが，最近では表面実装素子に置き換えられ，以前より使用されることが少なくなってきました．それでも定格電力が1Wを越えるようなところではまだ幅を利かせており，電源回路などではいまだに多く見かけられます．

アキシャル・リード型抵抗の定格電力の上限は，現

写真1 MELF型抵抗と角板型抵抗の形状

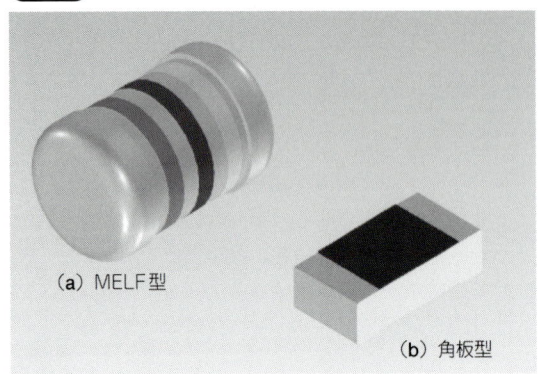

(a) MELF型
(b) 角板型

写真2 アキシャル・リード型抵抗の形状

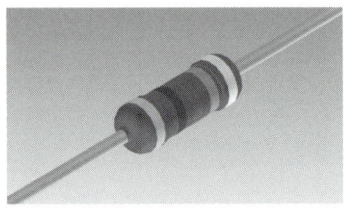

表2 角板型抵抗の呼称とサイズと定格電力

メートリック呼称	インチ呼称	平面投影サイズ	定格電力の目安[W]
0402	01005	0.4 mm × 0.2 mm	0.03
0603	0201	0.6 mm × 0.3 mm	0.05
1005	0402	1.0 mm × 0.5 mm	0.063
1608	0603	1.6 mm × 0.8 mm	0.1
2012(2125ともいう)	0805	2.0 mm × 1.25 mm	0.125
3216	1206	3.2 mm × 1.6 mm	0.25
3225	1210	3.2 mm × 2.5 mm	0.33
5025	2010	5.0 mm × 2.5 mm	0.5
6432	2512	6.4 mm × 3.2 mm	1

表3 MELF型抵抗の呼称とサイズと定格電力

呼称の例	インチ呼称	サイズ	定格電力の目安[W]
2A	0805	2.0 mm × φ1.35	0.125
2B	1406	3.5 mm × φ1.55	0.125
2D	1206	3.2 mm × φ1.75	0.2
2ES	1406	3.5 mm × φ1.55	0.25
2E	2309	5.9 mm × φ2.4	0.25
2H	2309	5.9 mm × φ2.4	0.5
3AS	2309	5.9 mm × φ2.4	1

表4 アキシャル・リード型抵抗のサイズと定格電力

ボディ長さ	ボディ直径	定格電力の例[W]	代表的な挿入穴ピッチ
3.2 mm	φ1.7 mm	0.25	5 mm
6.1 mm	φ2.3 mm	0.25	7.5 mm
6.3 mm	φ2.85 mm	0.5	7.5 mm
9.0 mm	φ3.5 mm	0.5	10 mm
9.0 mm	φ3.0 mm	1	12.5 mm
12.0 mm	φ4.0 mm	2	15 mm
15.5 mm	φ6.0 mm	3	20 mm
24.5 mm	φ9.0 mm	5	30 mm

※定格電力の大きな抵抗は，挿入穴ピッチを大きめに，また基板から浮かして実装することが多い．

在のところ5W程度です．定格電力により，表4 に示すような，8種類ほどの選択肢が用意されています．最近はあまり言わなくなりましたが，筆者たちは以前，「何ミリ・ピッチの抵抗」という具合に，挿入穴ピッチを基準にしてサイズを考えていたことが思い出されます．

ここで紹介したもの以外にも，さまざまな形状の抵抗素子が市販されていますが，実装スペースや放熱状況，消費電力を考えながら，抵抗素子の外形寸法を注意深く確認する必要があります．

なお，抵抗素子に許される消費電力は，周囲温度も考慮する必要があります．多くの抵抗素子では，周囲温度が70℃以下の場合には，カタログ表示どおりの電力消費が可能ですが，それ以上に温度が高くなる場合には，図1 に示すように電力負荷を軽減して使用しなければなりません．

● 抵抗値と範囲

回路構成により，必要となる抵抗値のオーダもさまざまですが，汎用的な抵抗素子として，簡単に入手できる抵抗値の範囲は10Ωから1MΩぐらいまででしょう．この範囲よりも小さな抵抗値，または大きな抵抗値は，実際に入手できるかどうか，調べる必要があります．

多くの品種で，1Ωから10Ωまでや1MΩから10MΩまでの範囲が標準的に用意されています．ただし，非常に小型の抵抗や精度の高い抵抗などでは，この範囲のものを入手するのが難しいことがあるので注意が必要です．

抵抗値が1Ωを下回るような素子は，少々特殊な使い方となり，低抵抗素子として個別の品種が用意されています．通常入手できる抵抗値の下限は，0.1mΩ程度です．オーディオ・パワー・アンプの出力段エミッタ抵抗や大電流検出用には，このような低抵抗素子が必要になります．

一方，抵抗値が10MΩを上回るような場合は，ハイメグ型抵抗や高圧型抵抗と呼ばれるものから素子を選定する必要が出てきます．このような高い抵抗値の場合には，抵抗素子自身の消費電力が大きくならない代わりに，抵抗素子に印加される電圧が高くなることが多いです．従って，高耐圧用の抵抗素子には，高い値の抵抗値範囲が用意されています．

表面実装用の高抵抗素子では，50MΩを越えるような品種を探すことはなかなか難しくなります．一方，リード型の素子は，100GΩ程度までの素子が普通に市販されています．特殊な例では，100TΩという高い抵抗値の素子も存在します．

抵抗値のステップは，汎用のものではE-24シリーズ，精度の高いものではE-96シリーズが用意されていることが多いのですが，これはメーカや品種によって必ずしも同じではないので，カタログをよく調べる必要があります．

サイズが1608以上の角板型チップ抵抗では，抵抗の値を図2 に示すような3桁，または4桁の数字で示されていることが多いです．3桁表示の場合には，最初の2桁が抵抗値の仮数部を表し，最後の1桁がその後に続くゼロの数を表しています（単位はほとんどの場合はΩ）．例えば，27kΩの抵抗値を表す場合，27kΩは27000Ωであり，'27'の後にゼロが3個あるわけですから，3桁表示の場合には，"273"という表示になります．

E-96シリーズなどの有効数字が3桁の抵抗値の場合には，3桁表示の代わりに4桁表示が使用されます（図3）．例えば，66.5kΩの抵抗値を表す場合には，

図1 抵抗の負荷軽減曲線の例（KOA資料より）

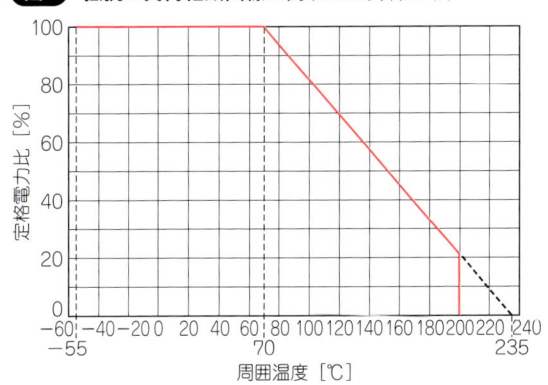

図2 抵抗値の3桁表示

273

最初の2桁は有効数字を表す／最後の1桁は後に続くゼロの数を表す

27000Ωとなり27kΩを示す

図3 抵抗値の4桁表示

6652

最初の3桁は有効数字を表す／最後の1桁は後に続くゼロの数を表す

66500Ωとなり，66.5kΩを示す

66.5 kΩは66500Ωであり，'665'の後にゼロが2個ある訳ですから，4桁表示の場合には"6652"という表示になります．

3桁表示と4桁表示の場合では，最後の数字が同じでも，指し示す抵抗値の範囲は1桁違うことになりますから注意してください．

抵抗値が10Ωを下回る場合には，小数点の位置に"R"の文字を置き，残りの2桁で抵抗数値を表します．たとえば，4.7Ωの場合には"4R7"，0.33Ωの場合には"R33"というように表示されます．

1005サイズよりも小さな角板型抵抗素子の場合は，実際の抵抗素子に数字を印刷しても，判別が難しくなるほど小さな文字になってしまうので，多くの場合は表示が省略されています．誤って抵抗値の異なる素子を混ぜてしまわないように充分な注意が必要です．

また，アキシャル・リード型の抵抗やMELF型の抵抗の場合には，表5に示すようなカラー・コードによる表示が使用されます．

E-24シリーズのように抵抗値の有効数字が2桁の場合には，3本の色帯を用いて，上記の3桁表示の場合と同様に表されます．例えば，27 kΩの場合には，3桁表示では"273"ですから，カラー・コードでは"赤紫橙"という色帯になります．また，さらにもう一つの色帯を追加し，抵抗値許容差を同時に表す場合もあります．このときは，全部で4本の色帯になります．

抵抗値が10Ωを下回る場合は，数値による3桁表示の場合と若干異なり，例えば4.7Ωの場合は，"黄紫金"というように表示されます．0.33Ωの場合には"橙橙銀"というように表示されます．

● 抵抗値許容差

現在，市販されている抵抗素子の中でもっとも多く使用されているのは，抵抗値許容差が5％と1％のものです．かつては，10％や20％の抵抗素子も市販されていましたが，特殊な低抵抗素子や超高抵抗素子を除くと，現在ではあまり見かけなくなってきました．

また，抵抗値許容差0.5％の抵抗素子は，昔は高精度抵抗の分類でしたが，現在では普通に入手できる汎用の高精度抵抗という扱いになっています．現在では，許容差0.02％の角板型のチップ抵抗素子も容易に入手が可能です．

さらに，高精度の抵抗素子が必要な場合は，少し大型の表面実装部品では0.005％のものが，またハーメチック・シールを施したリード・タイプのものでは0.001％のものが市販されています．

抵抗値許容差も，表6に示す英文字による記号やカラー・コードで表されることがあります．

● 抵抗温度係数

定格電力の説明でも触れましたが，抵抗は素子自体が電力を消費して発熱します．また，抵抗素子の近くにはパワー・トランジスタや高速で動作するICなどの発熱体があるかもしれません．もちろん，環境温度によっても抵抗素子の温度が変化します．

抵抗素子の温度が変化しても，抵抗値が安定で影響を受けなければよいのですが，実際にはそうはいきません．温度変化により，わずかですが抵抗値が変化してしまいます．高い精度の抵抗値が要求される回路では，それがしばしば問題になります．

抵抗値が温度によってどの程度変化するかを表すために抵抗温度係数と呼ばれるものがあり，ppm/℃の単位で表されます．汎用の抵抗素子では，±200 ppm/℃から400 ppm/℃くらいの値です．同じシリーズの中でも，公称抵抗値が1 MΩ以上とやや高めの場合には，抵抗温度係数が大きくなることが多いので，この項目も調べる必要があります．

抵抗温度係数が±200 ppm/℃ということは，値を100倍して考えると100℃の温度変化で20000 ppmすなわち2％の抵抗値変化があることになります．その部分の抵抗素子に必要な精度と，抵抗温度係数の値を

表5 カラー・コードの数値表示

色	数値	べき乗
黒	0	$10^0 = 1$
茶	1	$10^1 = 10$
赤	2	10^2
橙	3	10^3
黄	4	10^4
緑	5	10^5
青	6	10^6
紫	7	10^7
灰	8	10^8
白	9	10^9
金		10^{-1}
銀		10^{-2}

表6 抵抗値許容差の記号とカラー・コード

抵抗値許容差	英文字記号の例	カラー・コード
±20％	M	無色
±10％	K	銀
±5％	J	金
±2％	G	赤
±1％	F	茶
±0.5％	D	緑
±0.25％	C	青
±0.1％	B	紫
±0.05％	A（またはW）	橙
±0.02％	Q（またはP）	－
±0.01％	（T）	
±0.005％	（V）	

表7 抵抗温度係数の英文字表示例（アルファ・エレクトロニクス資料より）

抵抗温度係数	英文字表示例
0 ± 15 ppm/℃	W
0 ± 5 ppm/℃	X
0 ± 2.5 ppm/℃	Y
0 ± 1 ppm/℃	Z

表8 チップ抵抗のサイズと最高使用電圧の例

記号	サイズ	最高使用電圧 [V]
1F	0.4 mm × 0.2 mm	15
1H	0.6 mm × 0.3 mm	25
1E	1.0 mm × 0.5 mm	50
1J	1.6 mm × 0.8 mm	50
2A	2.0 mm × 1.25 mm	150
2B	3.2 mm × 1.6 mm	200
2E	3.2 mm × 2.6 mm	200
W2H	5.0 mm × 2.5 mm	200
W3A	6.3 mm × 3.1 mm	200

100倍した値を比較すると，その品種の抵抗素子が使用可能か否かを判断する大体の目安になるでしょう．

高精度抵抗の場合には，せっかく常温での抵抗値が正確であっても，温度変化により抵抗値が変化してしまうのであれば，高い精度があまり意味をなさなくなってしまいます．したがって，抵抗値許容差の小さい抵抗素子ほど，抵抗温度係数の値も小さく抑えられています．

角板型チップ抵抗素子では，許容差0.5％のものは抵抗温度係数は100 ppm/℃程度以下に抑えられています．品種によっては，0.5％精度で25 ppm/℃というものも市販されています．

さらに小さな温度係数が要求される場合には，1 ppm/℃を下回るような品種も市販されていますが，価格もそれなりに高価になります．

抵抗温度係数は，**表7**のように値を英文字の記号で表すことがあります．

● **最高使用電圧**

抵抗素子の外形がそれほど小さくなく，また抵抗値も高くない場合には，抵抗素子に印加できる電圧の上限は消費電力定格によって制限されることが多いです．

ところが，ある程度高い抵抗値の場合は，素子の消費電力が定格電力値に達する以前に，両端電圧がかなり高い値になってしまうことがあります．例えば，定格電力が0.1 Wと比較的小さい1608サイズのチップ抵抗の場合でも，定格電力どおりの電力損失を得るためには，抵抗値が1 MΩの場合は約316 Vもの電圧印加が必要になります．本当に，こんなに高い電圧をかけても大丈夫なのでしょうか．

実は，抵抗素子の品種ごとに，最高使用電圧という定格が決められています（**表8**）．この値は，最近の超小型のチップ抵抗ではかなり低く抑えられており，例えば1608サイズの角板型チップ抵抗では，50 Vまでの使用電圧しか許容されていません．さらに小さい0402サイズの抵抗素子では，何と15 Vしか許されていません．

上記の例で示した1608サイズの定格電力0.1 W，抵抗値1 MΩの素子の場合には，定格電力に達するまでの電圧印加や電流通過を許容することができません．

許される電圧値は定格により50 V，そのときの電流値は50 μA，電力消費は2.5 mWという小さい値になります．

角板型チップ抵抗素子では，5025サイズで最高使用電圧2000 V，6332サイズで3000 Vのものが，高耐圧品として市販されています．また，一部の超高抵抗リード部品では，30 kVの耐圧をもつものがあります．

● **二次加工や包装状態**

抵抗素子の形状にはいろいろな種類があるので，包装形態も非常に多くの種類が存在します．

多く使用される抵抗の素子は，角板型チップ抵抗，MELF型抵抗，アキシャル・リード型です．表面実装用の抵抗素子は形状が小さいので，バラバラの状態で市販されていることは少なく，テーピングされた状態で，直径180 mmのリールに巻かれて市販されている例をよく見かけます．包装単位は，1608サイズの場合は5,000個，1005サイズの場合は10,000個のことが多いようです．

少量生産の場合や開発・実験では，同一品種の素子を5,000個も必要としません．そこで，最近では小さめのリールに500個ないしは1,000個程度の数量を収めた，いわゆる「ミニリール」という販売形態も見られます．

アキシャル・リード型の抵抗素子の場合には，バラバラの状態で市販されていることもありますが，たいていの場合には自動挿入用に両端をテーピングした販売形態が多く見られます．

比較的外形寸法の大きな電力用アキシャル・リード抵抗の場合は，リードをストレートに伸ばしたままで市販されているものの他に，基板に挿入しやすいように，あらかじめリード・フォーミングされている場合があります．

リード・フォーミングなどの二次加工や，テーピング仕様などについては，メーカごとに記号表記方法が定められているので，この点についてもよく確かめる必要があります．

4-2 いろいろな固定抵抗素子

材質と形状によってさまざまな特徴があるので,しっかりと把握しておこう

● リード部品から表面実装部品へ

今から30年ほど前までは,小信号電子回路に用いる汎用の抵抗素子といえば,挿入ピッチ5mmから10mm程度までの大きさのアキシャル・リード型の抵抗素子が主流でした.

その後,次第に表面実装タイプの抵抗素子を使用することが多くなり,現在ではある程度以上の電力定格が必要であるとか,高耐圧が必要であるなどの特別な場合を除いては,アキシャル・リード型抵抗が使用される機会はずいぶん少なくなりました.

表面実装型の抵抗素子だけで見ても,当初は3216サイズのものが多く使われていましたが,主流のサイズがどんどん小さくなり,2012サイズ,1608サイズ,最近では1005サイズがもっとも多く使われているようです.さらに,0402サイズという超小型のものまで出てきました.

固定抵抗素子にはいろいろな種類がありますが,ここでは比較的使用頻度が高いものを取り上げて,それらの特徴を紹介したいと思います.

抵抗素子には特殊なものがたくさんあり,非常に高抵抗を得られるガラス抵抗器や液体抵抗素子などは興味深いのですが,ここでは割愛することにします.

● 厚膜チップ抵抗素子

抵抗素子の中でもっとも多く使われているのは,厚膜チップ抵抗素子でしょう.小さな角板状のセラミック基板の上に,メタル系の抵抗皮膜を印刷または塗布で付着させ,両端に電極を装着した構造をしています(図4).従って,抵抗素子の形もセラミック基板と同様に角板型になります.

厚膜と言う言葉の定義は,分野により一定していません.表面物理学の分野では,蒸着やスパッタリングなどの方法で付けられた膜を「薄膜」と呼び,それ以外の方法で生成された皮膜を「厚膜」と呼んでいるようです.また,単に1マイクロ・メートル,あるいは10マイクロ・メートルを境にして,それよりも厚いものを厚膜,薄いものを薄膜と区別する方法も見られます.

厚膜チップ抵抗は価格が安く,いろいろな特性のバランスが取れた使いやすい素子です.汎用のものでは,抵抗値許容差が2%のものや5%のものが容易に入手可能で,抵抗温度係数も200 ppm/℃内外のものが多いようです.

精密に作られたものでは,抵抗値許容差0.5%,抵抗温度係数が50 ppm/℃内外に抑えられたものが市販されています.

抵抗値範囲も広く,1Ω程度から10MΩまたは22MΩ程度のものまでがE-24シリーズやE-96シリーズで用意されています.サイズも多彩で,0402サイズの小さなものから,6432サイズの比較的大きなものまで,数多く市販されています.定格電力の上限は1W程度です.

一方,電流雑音がいくらか多いようで,低雑音が要求される回路や抵抗値精度が必要になるところでは,次に紹介する薄膜チップ抵抗素子が使われる傾向にあります.

厚膜チップ抵抗には,汎用品や高精度品の他に,高耐圧用のものや耐サージ性能を向上させたものが用意されています.

● 薄膜チップ抵抗素子

電流雑音を小さく抑えたい場合や,高い精度の抵抗値許容差が欲しい場合によく使われるのが,薄膜チップ抵抗素子です.この抵抗素子も,厚膜タイプと同じように,角板型の形状をしています.抵抗体膜はスパッタリングで生成されることがほとんどです.

薄膜チップ抵抗素子の特徴は,何といっても高い精度の抵抗値が得られることです.ごく普通の高精度チップ抵抗では,抵抗値許容差0.5%のものが容易に手に入りますし,さらに高い精度が必要な場合には,0.05%や,0.02%のものが入手可能です.

厚膜タイプに比べて抵抗体膜の均質性にすぐれているので,電流雑音が少なく,また抵抗温度係数が小さいという特徴も兼ね備えています.抵抗温度係数も±5 ppm/℃程度のものが市販されています.

一方で,厚膜チップ抵抗よりも抵抗値範囲が狭く,10Ω程度から1MΩ程度の抵抗値範囲しか用意されていないことが多いようです.また,定格電力が0.5W以上のものは,なかなか見つからないようです.

図4 厚膜チップ抵抗の構造(KOA資料より)

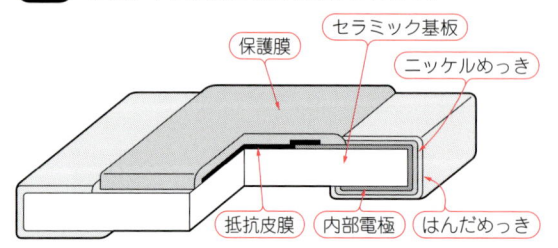

保護膜 / セラミック基板 / ニッケルめっき / 抵抗皮膜 / 内部電極 / はんだめっき

● 円筒型チップ抵抗素子

　前述しましたが，円筒型チップ抵抗素子はMELF型と呼ばれるアキシャル・リード部品と同じような形状をした表面実装タイプの素子です．ちょうど，アキシャル・リード抵抗の両端のリードを切り取り，代わりにキャップ部分の塗装を除去して電極としたような形状をしています．この構造を 図5 に示します．
　角板型のチップ抵抗素子には金属皮膜のものが多いのですが，MELF型では炭素皮膜のものが汎用品として使用されています．リード型部品と同じように，抵抗膜両端をキャップで支えるような電極構造をしているので，電極強度が強いという特徴があります．
　円筒形状をしているので，角板型と違って裏表がないというのも，手実装の場合には便利な特徴です．基板の試作時に，角板型の抵抗をピンセットで挟んで手実装しているとき，裏返しになった素子をひっくり返すのは面倒な作業ですが，MELF型の場合はそのような手間が不要です（その代わり，転がりやすいので注意しなければならないが）．
　MELF型抵抗には，汎用品としての炭素皮膜抵抗素子以外に，高精度品として金属皮膜抵抗素子などもあります．

● 炭素皮膜抵抗素子（アキシャル・リード）

　以前と比べて使用されることが少なくなりましたが，アキシャル・リード型の炭素皮膜抵抗素子もまだまだ使われています．抵抗値許容差，抵抗温度係数などの特性は，厚膜チップ抵抗素子とだいたい同様の性能をもっていますが，形状が大きいこともあり，耐パルス性が高く，また最高使用電圧も250V程度以上と，比較的高い電圧を扱う回路にも使用することができます．図6 に，炭素皮膜抵抗の構造を示します．
　現在考えられる特徴は，何といっても手実装がしやすいことです．表面実装タイプの素子を基板に手実装するとなると，ピンセットとはんだごてを両手に持って作業することになりますが，アキシャル・リード型の素子であれば，基板の挿入穴に差し込み，リードをクリンチしてから，ニッパでリードを切ることで取り付けることができます．そして，はんだ付けは，後でゆっくり行うことができます．
　手実装のしやすさから，子供たちが楽しむための電子工作キットなどにはこれからも使われていくと思います．最近の子供たちには，できるだけ自分の手を動かして工作に挑戦し，ものづくりの面白さに目覚めて欲しいと切に思います．

● 金属皮膜抵抗素子（アキシャル・リード）

　アキシャル・リード型の高精度品といえば，かつては金属皮膜抵抗素子が主流でした．構造はアキシャル・リード型炭素皮膜抵抗とだいたい同じですが，抵抗体として炭素皮膜の代わりに，金属皮膜が使用されているのでこのように呼ばれています．
　現在でも，抵抗値許容差0.5%や1%のものが市販されています．また，抵抗温度係数も50 ppm/℃と炭素皮膜抵抗素子よりも優れたものが入手可能です．ただし，高精度品では低い抵抗値のものが若干乏しく，最低抵抗値は10Ω程度です．

● 電力型抵抗素子

　リード型抵抗素子から表面実装型抵抗素子への置き

図5　MELF型抵抗の構造（KOA資料より）

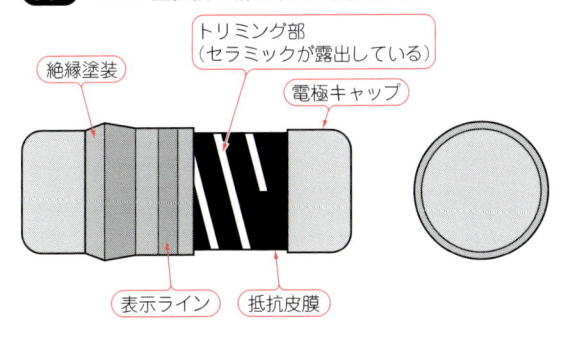

（絶縁塗装／トリミング部（セラミックが露出している）／電極キャップ／表示ライン／抵抗皮膜）

図6　炭素皮膜抵抗の構造（KOA資料より）

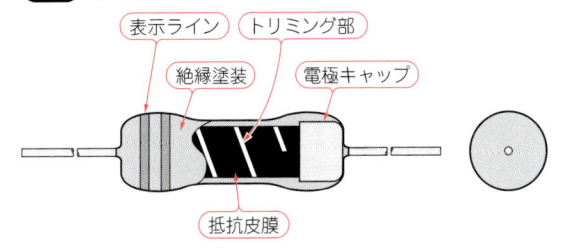

（表示ライン／トリミング部／絶縁塗装／電極キャップ／抵抗皮膜）

図7　セメント抵抗の外形（KOA資料より）

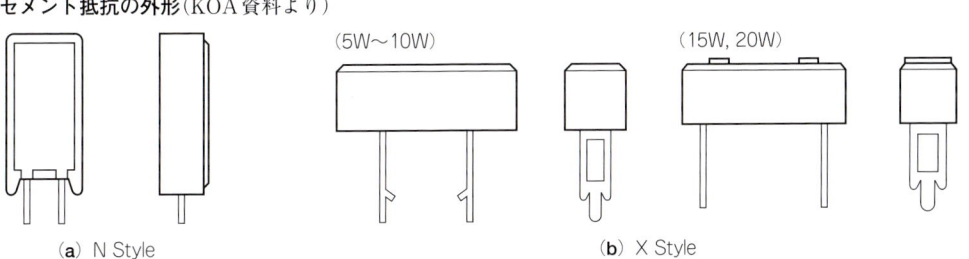

(a) N Style　　　(5W～10W)　(15W, 20W)　(b) X Style

4-2　いろいろな固定抵抗素子

写真3 メタル・クラッド抵抗（ピーシーエヌ資料より）

写真4 金属箔抵抗（アルファ・エレクトロニクス資料より）

図8 抵抗温度特性の例（アルファ・エレクトロニクス資料より）

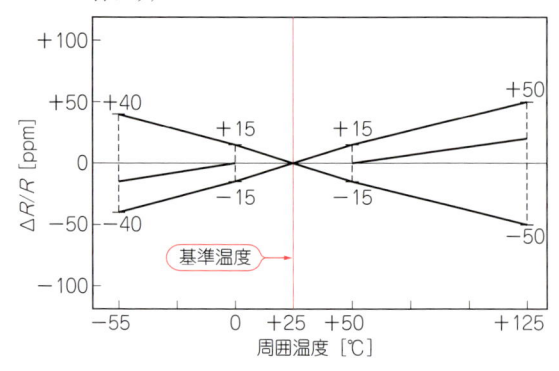

換えが進む中で，現在でもよく使用されているリード型抵抗素子は，むしろ電力型の抵抗素子かもしれません．というのも，角板型チップ抵抗では定格電力の大きなものでも1W程度なのに対し，大きな電力を扱う回路ではそれ以上の電力定格をもつ抵抗素子が必要となるからです．

電力型抵抗素子の中でも，比較的電力が小さい定格電力0.5Wから5W程度の範囲では，アキシャル・リード型の素子が数多く使用されています．定格電力が1W以下のものでは，抵抗値や精度がカラー・コードで表示されていることが多いですが，2W程度以上の比較的外形が大きいものでは，抵抗値などがそのまま文字で書かれていることが多いです．

アキシャル・リード型電力用抵抗素子のうち，抵抗値が10Ω程度以上のものは，抵抗体材質として酸化金属皮膜が主に用いられます．抵抗値が10Ωを下回るものについては，金属皮膜が用いられることが多いです．

電力型の抵抗素子なので高い温度になりやすく，発煙を防止するために，多くの場合はUL94V-0相当の難燃性の塗装が施されています．また，基板に実装する際に，基板面から抵抗素子のボディが一定間隔で離れるように，あらかじめリード・フォーミングされて市販されていることがあります．

基板の挿入穴ピッチは，0.5Wクラスのもので大体10mm，3Wクラスのものでだいたい20mmです．

アキシャル・リード型以外によく使われる電力型抵抗素子に，セメント抵抗と呼ばれるものがあります（**図7**）．このタイプでは，だいたい20Wから40W程度の定格電力のものまでが市販されています．

セメント抵抗はガラスなどの芯に抵抗巻き線を施し，外部をセメントで封止したものです．セメント抵抗には実にさまざまな形状があり，実装スペースや定格電力などから最適なものを選定します．

そのほかにも，**写真3**に示すメタル・クラッド抵抗と呼ばれるものやほうろう抵抗と呼ばれるものなど，いろいろな種類の電力型抵抗があります．

● **金属箔抵抗素子**

金属箔抵抗素子は，薄膜チップ抵抗素子よりもさらに高精度な特性や，低い抵抗温度係数が要求される場合に用いられる抵抗素子です（**写真4**）．表面実装型の素子やモールド型のリード部品，ハーメチック型の抵抗素子などが市販されています．抵抗値許容差は0.005％のものや，なかには0.001％のものが市販されています．抵抗温度係数は1ppm/℃を下回るものがあります．

特に，**図8**のように常温付近で小さな抵抗温度係数を実現するため，温度対抵抗値変化特性がS型になるように管理した品種も存在します．

（初出：トランジスタ技術2008年9月号）

徹底図解★LCR＆トランス活用 成功のかぎ

第5章
高精度なポテンショメータは位置測定用センサとして使われている

可変抵抗素子とセンサ

● 回路によっては抵抗値を変化させたい場合がある

　前章は固定抵抗素子について解説しましたが，抵抗素子は電気抵抗という非常に基本的な機能だけを実現する素子なので種類が非常に多く，すべての種類を紹介することができませんでした．

　回路で使用される抵抗素子の多くは，回路設計によって決定される抵抗値をそのまま適用すればよい場合が多いのですが，回路の機能などによっては，抵抗値を変化させる必要が出てくることがあります．

　身近な例では，オーディオ・アンプなどの音量調整ボリュームなどを想像すると分かるように，スピーカから出てくる音の大きさを，ユーザが自由に変えられる必要があります．このようなときに用いられるのが，可変抵抗素子と呼ばれる部品です．実際のところ，可変抵抗素子のことを"ボリューム"と呼んでしまう場合がかなり見受けられます．

　本章では，可変抵抗素子の構成や特性，市販の可変抵抗素子の具体例，および抵抗変化を利用した各種のセンサについて説明します．

5-1　モータ付きやスライド式，スイッチ付き，2連式なども用途によって使われる
市販の可変抵抗素子

● 回転型可変抵抗素子

　まず，市販の可変抵抗素子の種類について解説します．最もひんぱんに使われているのは，写真1 に示すような回転型の可変抵抗素子でしょう．このタイプは，軸の回転操作によって抵抗値を変化させます．ロータリ・ボリュームなどとも呼ばれます．

　外形寸法としては，実にさまざまなものが市販されています．かつては，直径16 mmから30 mm程度のものが多く使用されていましたが，最近では小型化設計の要求から直径9 mm程度のものが主に使用されるようになってきています（写真2）．

　一方で，電力型のレオスタットや高級オーディオ用の可変抵抗素子の中には，直径が50 mmを越える大きなものも使われています．また，回転ノブを直接手で操作するだけではなく，リモコンなどで遠隔操作が行えるように，写真3 に示すようなモータを装備した可変抵抗素子も市販されています．

● スライド型可変抵抗素子

　ミキシング・コンソールに装備されているフェーダなどには，写真4 に示すスライド型の可変抵抗素子が多く使用されます．このタイプは，操作ノブを直線状に動かすことによって，抵抗値を変化させます．スライド・ボリュームなどとも呼ばれます．

　操作移動量は，小さいもので6 mm程度，長いもので100 mm程度のものが普通に市販されています．操

写真1　回転型可変抵抗素子（アルプス電気，資料より）

写真2　外形の小さい可変抵抗素子（アルプス電気，資料より）

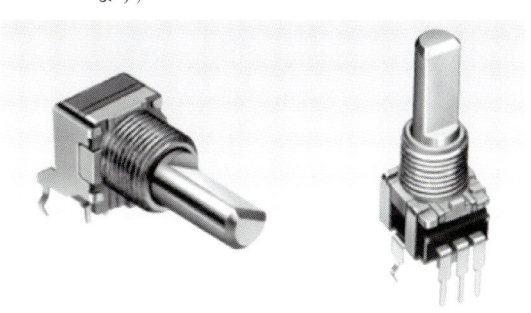

作移動量は操作性に直結するので，小型化の要求は回転型に比較するとそれほど強くないためか，バリエーションは昔からそれほど変わっていないようです．

スライド型素子も，遠隔操作が可能なようにモータを装備した製品が市販されています（写真5）．

スライド型可変抵抗素子の中には，操作部が直線運動をするもの以外に，写真6のような円弧運動をするタイプもあります．ハンディ・タイプのビデオ・カメラのズーム操作部などによく使われています．

● センサ用可変抵抗素子

手で直接操作したり，遠隔操作によって抵抗値を変化させる以外に，運動を行う機械部品に取り付けて，回転位置や直線移動距離などを検出する目的で使用される可変抵抗素子があります．このタイプのものは，センサ用可変抵抗素子とか，センサ用ポテンショメータと呼ばれます．機能は通常の可変抵抗素子と変わらないのですが，抵抗変化特性がより精密で，耐久性が高いことが特徴です．最近では，抵抗値を変化させたときの雑音が小さいコンダクティブ・プラスチックという抵抗体を使用したものが多いようです．

通常の可変抵抗素子と同じように，センサ用可変抵抗素子にも，回転型（写真7）とスライド型（写真8）が市販されています．回転型の中には，回転角度範囲が1回転だけのものもありますが，10回転を越える回転範囲をもつ可変抵抗素子が存在します．

写真3 モータ装備型可変抵抗素子（アルプス電気，資料より）

写真4 スライド型可変抵抗素子（アルプス電気，資料より）

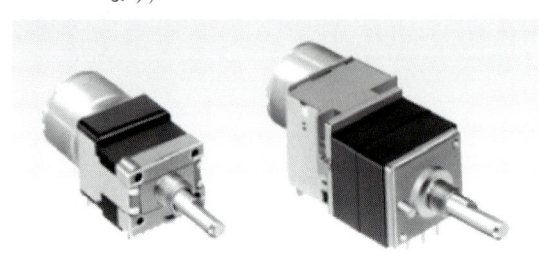

写真5 モータ付きスライド型素子（アルプス電気，資料より）

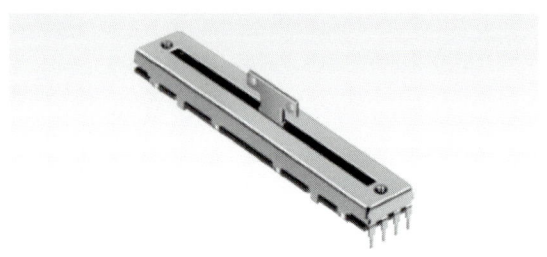

写真6 円弧運動操作タイプの素子（アルプス電気，資料より）

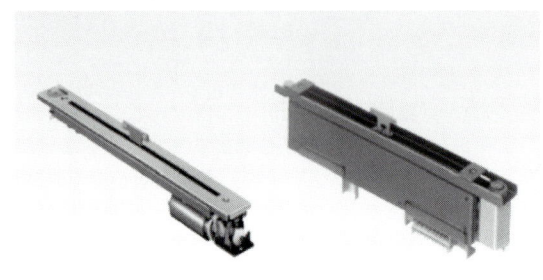

写真7 回転型ポテンショメータ（日本電産コパル電子，資料より）

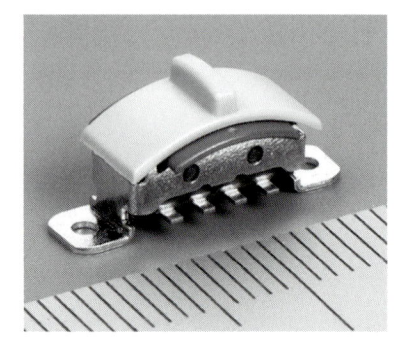

写真8 直線移動型ポテンショメータ（日本電産コパル電子，資料より）

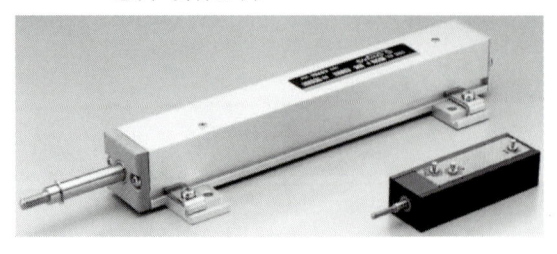

5-2 可変抵抗素子の電気的特性

固定抵抗素子の特性に加えて，最大減衰量などが加わる，さまざまな抵抗変化特性のカーブが決められている

● 可変抵抗素子の回路

図1に，可変抵抗素子の回路図シンボルを示します．この図のように，多くの可変抵抗素子は1素子あたり3端子の構成をとっており，両側に端子をもつ固定抵抗素子と，抵抗素子の一部分から摺動端子(移動端子)が出ています．

一般的に，抵抗値の基準となる端子を1番，これに対向する反対側の端子を3番，摺動端子を2番とする端子番号を付けることが多いようです．

2番端子，すなわち摺動端子が機械的に移動すると，1番-2番間の抵抗値や，2番-3番間の抵抗値が変化するように動作します．1番ピンをグラウンドと考えると，ちょうど分圧比を自由に変化させることのできる，抵抗分圧回路と見ることができます．

● 可変抵抗素子の構成

実際の可変抵抗素子では，いくつかの素子の摺動端子が同時に動くように作られているものがあります．例えば，二つの可変抵抗素子の摺動端子が同時に動くような場合は，2連ボリュームとも呼ばれます．オーディオ・アンプのボリュームは，多くの場合に左右のチャネルの音量を同時に変化させる必要があるため，このような機能を実現するために2連の可変抵抗素子が使用されます．なお，1素子の可変抵抗だけで構成される場合は，単連と呼ばれます．

回転型の可変抵抗素子の中には，二つ以上の素子がそれぞれ独立して摺動端子が動き，同軸のノブで回転する構造をもったものが存在します．このような場合は，2重ボリュームとか，2軸ボリュームと呼ばれます．

通常の可変抵抗素子は，抵抗体の両端にそれぞれ一つずつ端子を設け，摺動部に端子を一つ設けた，1素子当たり3端子のものがほとんどですが，抵抗体の途中に摺動しないタップ端子を設けたものも市販されています．また，機械的な回転中心位置でノブを固定しやすいように，センタ・クリックをもつものもあります．

その他にも，可変抵抗素子とスイッチを組み合わせ，ノブを回しきったところでスイッチ操作ができるものや，ノブを軸方向に動かす(ノブを押す)ことによりスイッチ操作ができるものなどが市販されています．

● 全抵抗値

可変抵抗素子の抵抗値は，摺動端子(2番端子)をオープンにした状態で，1番端子と3番端子の間の抵抗値で表します．この抵抗値を全抵抗値と呼びます．

全抵抗値の範囲は，可変抵抗素子の種類によって異なりますが，小さいほうでは1Ω，大きいほうで1MΩぐらいです．品種によっては，この範囲がすべてカバーされているわけではなく，例えば5kΩから200kΩまでの範囲しか用意されていないこともあるので，カタログをよく調べる必要があります．

全抵抗値のステップは，1-2-5ステップで用意されていることが多いようです．例えば，1kΩ，2kΩ，5kΩ，10kΩ…などです．このステップも品種によって異なるので注意が必要です．

全抵抗値の抵抗値許容差は，多くの場合はそれほど高精度ではなく，±20%程度で規定されていることが多いです．

● 定格電力

定格周囲温度において，1番端子と3番端子の間の抵抗全域において消費することが許される電力を定格電力と呼びます．定格周囲温度は，50℃あたりが上限とされます．周囲温度がこれを越える場合には，急速にディレーティング(定格を越えないで使用すること)する必要があります．例えば，70℃においては，多くの場合，定格電力の1/3程度の損失しか許されません．

よく用いられる小信号用の可変抵抗素子では，定格電力は50mWから100mW程度しかない場合がほとんどです．許容損失の大きなものが必要な場合は，形状の大きな電力型の可変抵抗素子を使用します．50W程度までなら入手は容易です．

● 最高使用電圧

可変抵抗素子の定格電力は比較的小さいので，端子間にかけられる電圧も自ずから決まってしまいますが，全抵抗値が大きい素子の場合には定格電力から計算される電圧値がかなり高くなる場合があります．

このような場合には，仕様によって決められた最高使用電圧に注意が必要です．ほとんどの場合，ACで

図1 可変抵抗素子の回路図記号

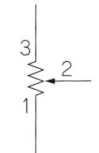

抵抗体端のうち，電圧基準とするほうを1番端子，その反対側を3番端子，摺動端子を2番端子とアサインすることが多い

50V程度に決められていることが多いようです．DCの場合は，AC定格値よりも小さくなることがあります．

● 最大減衰量

可変抵抗素子は，分圧比を変化させる分圧回路に使用されることが多いですが，もっとも利得を小さくしたときに，分圧比をどこまで小さくできるかを表す値が最大減衰量です．理想的な素子であれば，分圧比はゼロ，すなわち$-\infty$ dBですが，実際にはわずかに電圧が漏れて出力されます．

最大減衰量の値は，素子の品種や全抵抗値で異なります．ごく一般的に使用される可変抵抗素子の場合，全抵抗値が10 kΩのもので80 dB程度，100 kΩのもので100 dB程度です．

ただし，高級オーディオ用に作られた可変抵抗素子の中には，120 dBの減衰量を保証した製品もあります（写真9）．

● 抵抗変化特性

可変抵抗素子により分圧回路を構成したとき，摺動端子の機械的なポジションと電気的な分圧比との関係を表す特性が，抵抗変化特性と呼ばれるものです．これには図2に示すように，実にさまざまなタイプのものが存在します．

一番単純でわかりやすい変化特性は，Bカーブと呼ばれる，摺動端子の機械的位置と分圧比の関係が直線的に変化するタイプです．回路の調整用に使用される，半固定抵抗素子の特性は，ほとんどがこのカーブを持っています．Bカーブのバリエーションとして，機械的中心位置での分圧比変化を少し急にして，両端で変化を緩やかにしたVカーブやWカーブなどの製品も市販されています．

人間の耳が感じる音の大きさは，物理的な音声信号電圧や電力の対数にほぼ比例しています．したがって，Bカーブ特性をもつ可変抵抗素子でボリューム・コントロールを行おうとすると，ボリュームを絞った位置では操作に対して急激に音量が変化し，ボリュームを大きくした位置では操作に対して音量が追従しないような操作感となり不便です．このような目的のために用意された特性がAカーブと呼ばれるものです（図3）．バリエーションとして，カーブの曲げ方を緩くし，Bカーブの特性に近づけたKカーブや，逆に曲げ方をきつくしたDカーブの製品も市販されています．

カーブの曲げ方をAカーブやDカーブなどとは逆にしたタイプもあります．図4に示すように，CカーブやEカーブ，RDカーブと呼ばれるものも市販されています．

2連の可変抵抗素子で左右の音量バランスを調整するときは，かつてはAカーブとCカーブを組み合わせたものが使われていましたが，最近はつまみの機械的中心位置で信号の減衰が起きないようにした，MN型（MカーブとNカーブの組み合わせ）と呼ばれるものが多く使われているようです（図5）．それでも，AカーブとCカーブを組み合わせたタイプには，左右の

写真9 高級オーディオ用の回転型VR（アルプス電気，資料より）

図2 BカーブとWカーブの特性（アルプス電気，資料より）

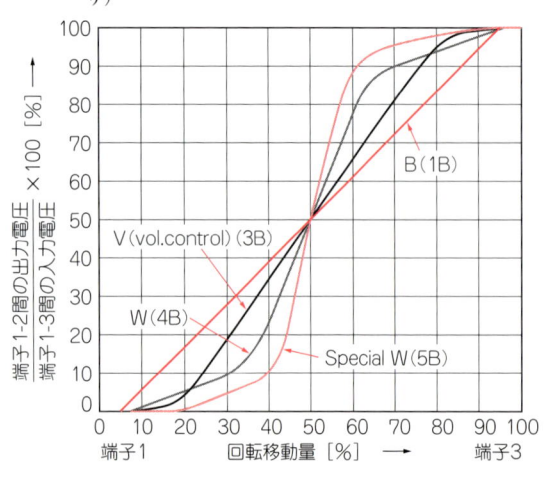

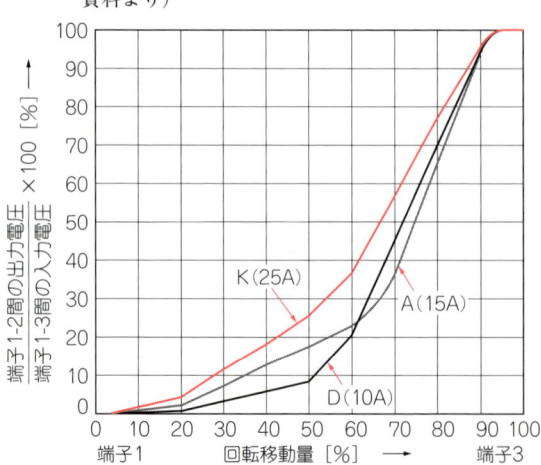

図3 Kカーブ，Aカーブ，Dカーブの特性（アルプス電気，資料より）

図4 Eカーブ，Cカーブ，RDカーブの特性（アルプス電気，資料より）

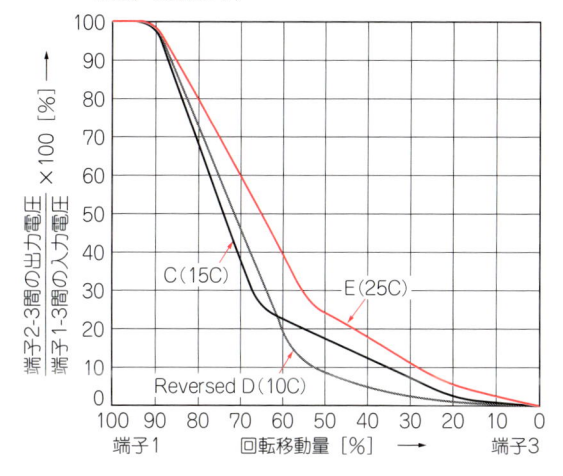

図5 MN型2連可変抵抗素子の特性（アルプス電気，資料より）

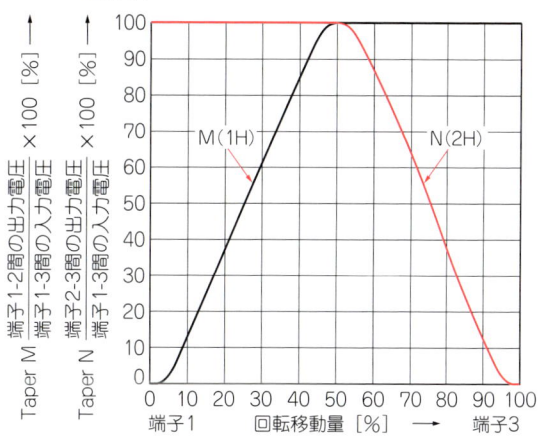

合計音量があまり変化しないという特徴があるので，今でも根強い人気があります．

相互偏差の値は，高級オーディオ用の可変抵抗素子において，±1dB以内ぐらいです．

● **相互偏差**

2連の可変抵抗素子において，二つの素子の抵抗変化特性がどれぐらい揃っているかを表す特性が，相互偏差と呼ばれるものです．Gang Error（ギャング・エラー）とも呼ばれます．例えば，オーディオ・ステレオ・アンプの音量をコントロールする場合には，多くの場合2連の可変抵抗素子が用いられますが，ボリュームがどのポジションにあっても，左右の分圧比に違いがないことが要求されます．

相互偏差は，1番端子と3番端子の間に1kHz程度の正弦波電圧を加えた状態で，二つの素子のそれぞれの2番端子に出力される電圧の比をデシベル値で測定することによって行われます．

● **絶縁抵抗，耐電圧**

可変抵抗素子は，機器外部に操作ノブなどを電気的に露出させて使用されることが多く，機器の外装全体がグラウンド電位であったとしても，操作部分に静電気やサージなどの高電圧ノイズにさらされる機会があり，絶縁抵抗や耐電圧は重要な特性になります．

絶縁抵抗は，端子と軸との間，端子と金属カバーの間，多連の部品では独立した素子間における端子の間において，250V程度の直流電圧を印加して測定します．最小でも100MΩ程度の値が確保されています．

耐電圧は，上記の部分に300V程度の交流電圧を1分間ほど印加し，絶縁破壊などが起きないことを確認します．

ダイヤル型可変抵抗器　　　　　　　　　　　　　　　column

電気を勉強する学校に入学すると，最初にキルヒホッフの法則やホイートストン・ブリッジを勉強します．

机上の勉強だけではなく，実験も行うのが普通ですが，そのような場合によく使われるのがダイヤル型可変抵抗器です．実用上の回路に使用される素子ではなく，実験などの用途に使用される，どちらかと言うと測定器のテリトリに入るものです．

写真Aは横河M&C社製の278610/278620型のダイヤル型可変抵抗器です．フロントパネルに6個のダイヤルが用意され，6桁以上の範囲でいろいろな抵抗値を実現できるように作られています．測定機器ですから，100Ωや1kΩなど，中心付近の抵抗値にセットした場合には，±0.05%以内という非常に高い確度が得られます．

写真A ダイヤル型可変抵抗器の例

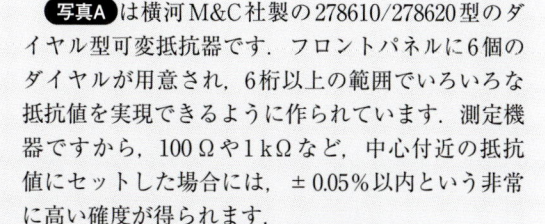

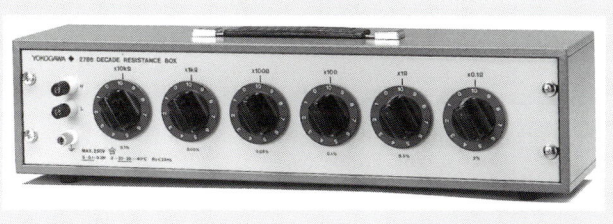

5-3 可変抵抗素子の機械的特性

全回転角度や回転トルク以外にも回転止め強度や軸押引強度など用途によって重要な機械的特性もある

● 全回転角度

回転型素子においては，軸を1番端子の終端の位置から，3番端子の終端の位置まで回したときの，操作可能な回転角度を全回転角度といいます．これは，あくまでも機械的に操作可能な回転角度を指し，電気的には両端部分にわずかながら抵抗値が変化しない範囲があるので注意が必要です．

スライド型素子においては，全回転角度に対応する特性はレバー移動距離と呼ばれます．回転型素子と同じように，レバーを1番端子終端の位置から3番端子終端の位置まで移動させたときの，機械的に操作が可能な距離をいいます．

通常の1回転型素子においては，300°程度の可動範囲としているものが多いのですが，中にはやや可動範囲の狭いものもあるので，カタログを注意して調べる必要があります．

● 回転トルク

回転型素子において，軸を操作するために必要な回転力を回転トルクといいます．通常の手動操作型の素子は，0.003 Nm（ニュートン・メートル）から0.025 Nmで作られています．

スライド型素子では，作動力と呼ばれる特性がこれに対応します．0.1 Nから0.6 Nの範囲で作られています．回転トルクや作動力の値は，軸の回転速度やレバーの移動速度に依存することがあるので，周囲温度や操作速度などの測定条件が品種ごとに決められています．

センサ用ポテンショメータでは，機械装置の中に組み込まれて使用されることが多いので，回転トルクや作動力の値はより重要な仕様になります．したがって，手動操作型のものよりも，許容範囲が厳しく規定されているものが多いです．

● 回転止め強度

回転型素子において，可動範囲を超えて軸を動かそうとすると，ストッパにぶつかってそれ以上回すことができません．しかし，無理に強い力で操作すると，ストッパや軸が壊れてしまいます．

軸やストッパが壊れたり変形したりしないようにするためには，回転止め強度で規定される値以上のトルクを軸にかけないようにします．直径9 mmの小さなタイプでは0.5 Nm以下，16 mmタイプのもので0.9 Nm程度の回転止め強度をもっています．スライド型素子の場合には20 Nないし50 N程度です．

センサ用ポテンショメータは，機械装置の中で，それ自体を含んだモーショナル・サーボ系の中に組み込まれることが多いのですが，サーボ回路などの異常動作で装置が正確な位置で止まらないような事態に陥ると，モータなどのトルクによってはポテンショメータそのものの回転止め強度を簡単に超えてしまい，ポテンショメータがあっという間に壊れてしまうことがあります．

このようなことを防ぐためには，ポテンショメータ内部のストッパとは別に，可動範囲を規制するようなメカニズムが必要になります．

● 軸押引強度

回転型素子において，軸の本来の操作方向（ラジアル方向）ではなく，軸に平行な方向（スラスト方向）に力が加わることがあります．このときの力は，あまり大きすぎると可変抵抗素子を破壊させる原因になります．

この場合に許される力の最大値は，軸押引強度として規定されています．この値は，80 Nから100 N程度に決められていますが，品種ごとに異なるので注意が必要です．

● 耐振性

可変抵抗素子は可動メカニズム部品でもあるので，固定抵抗ほどの振動を許容することは一般的にはできません．通常は，10 Hzから55 Hzぐらいの周波数で，振幅1.5 mmの振動を，XYZの3方向に対して2時間与えたとき，素子の各部に異常がないこととして規定されています．

5-4 可変抵抗素子を使用する際の注意点

負荷インピーダンスを十分に大きくとること，またオープン故障に配慮した設計が必要

● 直流で使用する場合

可変抵抗素子は，原則として交流電圧で使用されることを想定して設計されています．直流で使用した場合は，マイグレーション（劣化のため電極間の抵抗値が変化することにより生じる故障）という現象により，素子の寿命を縮める原因になることがあります．品種によっては直流電圧で使用できないものもあるので，メーカに確認する必要があります．

とはいっても，可変抵抗素子を直流電圧に対して適用したい場合もよくあると思います．このような場合には，抵抗体が陽極酸化現象による損傷を受けないように，必ず摺動端子側の電位が，抵抗体側の電位よりも高くなるようにして使用する必要があります（図6）．さらに，摺動端子に流れる電流をできるだけ小さくするため，ここに接続されるインピーダンスをなるべく高く設計することも重要です．

● 負荷インピーダンス

上記の説明とも関連しますが，摺動端子に接続される負荷インピーダンスが低いと，回路動作が抵抗体と摺動子との間の接触抵抗の影響を受けることがあります（図7）．また，抵抗変化特性が負荷インピーダンスにより影響されることも考えられるので，メーカでは負荷インピーダンスを全抵抗値の100倍程度以上にすることを推奨しています．

特に，摺動端子を1番端子や3番端子と接続して使用する，いわゆる電流調整型と呼ばれる接続方法では，摺動端子の負荷インピーダンスが低くなりやすいので，なるべく普通の抵抗分圧回路の形をした，電圧調整型の回路で使用する方が無難です（図8）．

● 摺動端子オープン時の事故防止

可変抵抗素子や半固定抵抗素子が経時変化などで劣化したとき，摺動端子の接触抵抗が増大する方向に劣化していくことが普通です．回路設計の際には，万一摺動端子がオープンしてしまった際にも，他の回路部分の故障や事故を誘発しないような配慮が必要になります．

一例として，プッシュプル・エミッタ・フォロワ型のトランジスタ・アンプ出力回路のアイドリング電流調整回路を例に取ります．図9は回路を簡素化して描いてありますが，一般的にはアイドリング電流（無負荷時または無信号時に，プラス側出力トランジスタからマイナス側出力トランジスタに直接流れる電流分）の熱的安定性を確保するため，電圧源トランジスタ Tr_1 と出力トランジスタ Tr_2 および Tr_3 は，温度補償が上手く働くように，いつも同じ温度になるように

図6 直流で使用した場合の端子極性

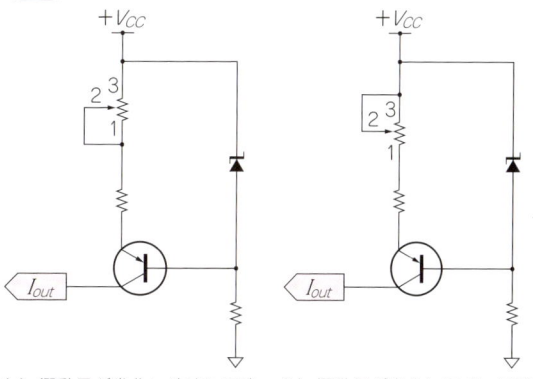

(a) 摺動子が劣化しやすい回路　(b) 摺動子が劣化しにくい回路

摺動端子は必ず抵抗体端子より高い電位とする．PNPトランジスタによる簡易定電流回路を例にとると，(a)の回路は摺動端子の電位が低く，摺動子が陽極酸化により劣化しやすい．そのため，"ガリオーム"となってしまう．
経時変化を防ぐためには(b)の回路のように，必ず抵抗体端子より摺動端子が＋電位となるように接続する

図7 負荷インピーダンスを低くしたときの影響

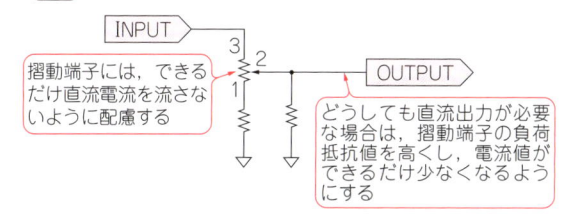

摺動端子には，できるだけ直流電流を流さないように配慮する

どうしても直流出力が必要な場合は，摺動端子の負荷抵抗値を高くし，電流値ができるだけ少なくなるようにする

摺動端子出力は，なるべく高いインピーダンスで受ける．摺動端子を低いインピーダンスで受けてしまうと，抵抗変化特性が可変抵抗素子本来の特性から逸脱してしまうので，充分な注意が必要．抵抗体全抵抗値の100倍程度以上のインピーダンスで受けることが推奨されている

図8 電圧調整型回路と電流調整型回路

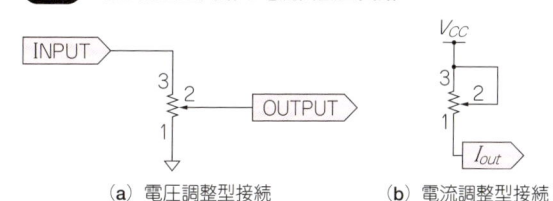

(a) 電圧調整型接続　(b) 電流調整型接続

なるべく，電圧調整型接続で使用することが推奨されている

図9 プッシュプル・エミッタ・フォロワのアイドリング調整回路

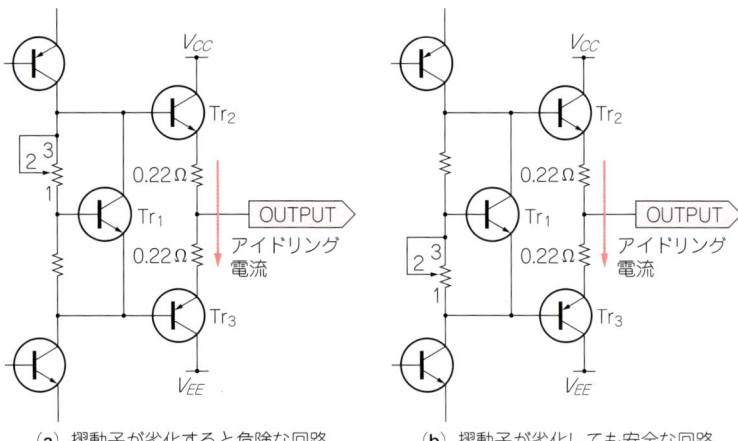

(a) 摺動子が劣化すると危険な回路　　(b) 摺動子が劣化しても安全な回路

半固定抵抗劣化時の危険回避
プッシュプル・エミッタ・フォロワ出力段のアイドリング電流調整回路を例にとると，
(a)の回路は摺動子が劣化しオープンになると，Tr_1のコレクタ-エミッタ間の電圧が高くなり，出力段のアイドリング電流値が非常に大きくなり危険
(b)の回路は劣化してオープンになっても，Tr_1のコレクタ-エミッタ間が低電圧となる．出力段のアイドリング電流は小さな値となり，正常動作ではない場合でも出力段や電源回路の破壊，火災などは回避できる

近接して取り付けられるのが普通です（いわゆる熱結合）．

この回路において，アイドリング電流の値を周辺回路の設計だけで精密に確定することは困難なので，回路ごとにアイドリング電流を測定しながら，半固定抵抗素子を用いて調整するのが普通です．このとき，半固定抵抗素子をTr_1のベース-コレクタ間に配置してしまうと，摺動端子がオープンしたときアイドリング電流が過大となり，出力トランジスタや電源回路を破壊させたり，火災の原因となって危険です．このような場合には，半固定抵抗をTr_1のベース-エミッタ間に配置するようにして，万一摺動子がオープンとなってしまった場合にも，過電流の危険を回避するようにします．

熱結合について　　　　　　　　　　　　　　　　　　　　　column

本文の**図9**の回路で，無信号時にアイドリング電流を流しておくためには，Tr_2とTr_3のベース間に直流電位差が必要です．ここでは，Tr_1を用いた直流電圧発生回路でその電圧を作り出しています．

ところがトランジスタのベース-エミッタ間電圧は，温度が高くなるほど減少します．Tr_2やTr_3の温度が上昇すると，二つのトランジスタのV_{BE}の値は小さくなりますが，ベース間電位差が一定のままでは，その分だけエミッタ抵抗電圧が大きくなり，アイドリング電流が増加してしまいます．増加した電流はさらにTr_2やTr_3の温度上昇を加速させるので，結果として電流がどんどん増え続ける，いわゆる熱暴走が起こり，パワー・トランジスタや電源回路の破壊の原因になります．

Tr_1のコレクタ-エミッタ間電圧は，Tr_1のV_{BE}に依存していますので，その性質を利用し，Tr_1をTr_2やTr_3と近接配置して各温度をなるべく等しくすることで，熱暴走を防ぎます．これは熱結合と呼ばれます．

図Aは熱結合の例です．それぞれのトランジスタを直接メインのヒートシンクに取り付けずに，いったんサブ・ヒートシンク上に近接して取り付けてから，全体をメイン・ヒートシンクに取り付け，三つのトランジスタに温度差が出ないようにします．

図A 三つのトランジスタの熱結合の方法
サブ・ヒートシンク上に取り付けてしっかり熱結合してから放熱する．

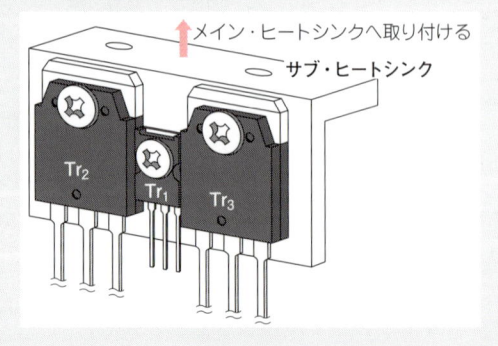

5-5 半固定抵抗素子

基板上で回路の調整に使われるが，動作寿命が少ないことに注意

● 可変素子と半固定素子の違い

可変抵抗素子には，音量ボリュームなどのように，ユーザが使用中にひんぱんに操作することを目的としたもの以外に，回路の製作時や調整時に，数回だけ動かすことが目的で作られたものがあります．このような可変抵抗素子は，半固定抵抗素子と呼ばれます．トリマ・ポテンショメータとも呼ばれます．

このような素子は，プリント基板上に搭載して使用されることがほとんどなので，なるべく小さい形状であることが要求されます．また，実際の操作回数は数回程度であることが多いので，機械的可動部分はユーザによる操作を目的とした可変素子と比較すると簡素に作られています．したがって，通常操作型の素子の動作寿命が数万回程度であるのに対し，半固定型素子では100回程度の動作寿命しか確保されていません．

● 表面実装型半固定抵抗

▶単回転型

写真10に，市販の半固定抵抗素子の外観を示します．固定抵抗素子と同様に，最近ではこのような表面実装のものが多く使用されるようになってきました．少し前までは4mm角程度の大きさが多く使われていましたが，現在よく見かけるのは写真11に示すような3mm角タイプです．

昨今の小型化の要求はどんどん厳しさを増し，最近では2.5mm角程度の大きさしかないものも見かけるようになってきました．

▶多回転型

調整作業を容易にするため，1回転型の半固定素子だけではなく，多回転型の表面実装型素子も市販されており，精密な調整が必要となる箇所に好んで使用されています．写真12は，11回転型の表面実装型半固定抵抗素子ですが，平面投影寸法は4mm角に満たない大きさです．

● リード型半固定抵抗

▶単回転型

表面実装型素子の場合，基板に垂直に調整ドライバを当てて調整するタイプのものはよいのですが，側面調整型のものは，注意しないと基板パターンのパッドに過大な力がかかり，パターンの剥離などが問題になることがあります．

このような事故を防止するため，操作上で大きな力がかかる可能性があり，実装面積に余裕がある場合には，リード型の半固定素子を使用したほうが無難です．写真13は，以前からよく使用されている6mm角タイプのリード型半固定抵抗素子です．

▶多回転型

リード型素子にも多回転型のものが存在します．表面実装タイプと比較して外形寸法がやや大きめなので，写真14に示すような14～18回転の広い操作角度が可能なものが市販されています．

写真13 リード型半固定抵抗（東京コスモス電機）

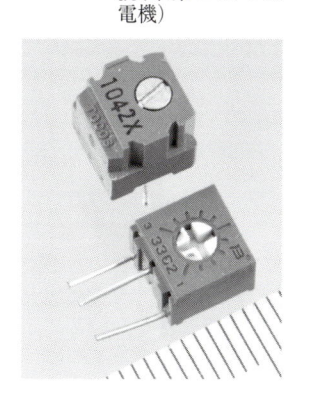

写真14 リード型多回転素子（東京コスモス電機）

写真10 表面実装型半固定抵抗（日本電産コパル電子，資料より）

写真11 形状の小さい半固定抵抗（日本電産コパル電子，資料より）

写真12 多回転型素子（日本電産コパル電子，資料より）

5-6 抵抗変化を利用したセンサ
サーミスタやストレイン・ゲージなど

写真15 CdSセルの外観（フルカワエレクトロン，資料より）

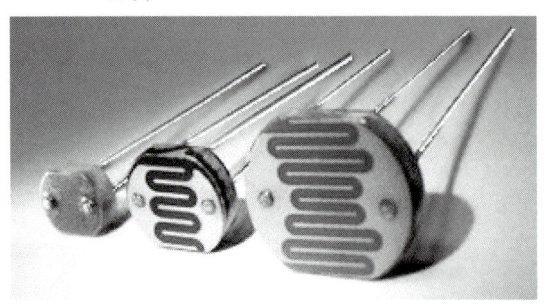

写真16 PbSセルの外観（浜松ホトニクス，資料より）

図11 ストレイン・ゲージの電極パターン例（東京測器研究所，資料より）

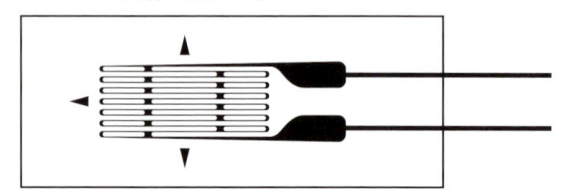

● NTCサーミスタ

通常の固定抵抗素子では，一般的に抵抗値の温度依存性が小さいことが望まれており，1 ppm/℃を下回る抵抗温度係数のものが市販されていますが，逆に抵抗値の温度変化を積極的に利用し，温度センサとして機能させようという発想の素子が存在します．

中でもポピュラなものは，NTCサーミスタと呼ばれるものです．この素子は，負の抵抗温度係数，つまり温度が上昇するほど抵抗値が下がる特性をもっており，次に示す式で抵抗値が決定されます．

$$R = R_0 \exp B \left(\frac{1}{T} - \frac{1}{T_0} \right)$$

ここで，T_0は基準となる温度[K]，R_0は基準温度における抵抗値[Ω]，Tは現在の温度[K]，Rは現在の抵抗値[Ω]，Bはサーミスタ定数[K]

外形も表面実装型のものや2端子のリード型のもの，ヒートシンク取り付け用タブが付いたものなどいろいろなものがあり，比較的安価で抵抗値変化も大きくて検出が容易なので，温度測定や温度補償用センサなどに，現在でも盛んに使われています．ただし，サーミスタ定数のばらつきが大きく，精密な温度測定の際には，個々のセンサに対してそのつど調整が必要となるなど，不便な点もあります（あらかじめ，温度と抵抗値の特性が精密に管理された品種も市販されている）．

● PTCサーミスタとリニア正温度係数抵抗素子

NTCサーミスタとは逆に，正の抵抗温度係数をもったPTCサーミスタと呼ばれる素子もあります．多く使用されるタイプは，ある一定の温度で急激に抵抗値が大きくなる素子で，過電流保護用に好んで使用されます．

最近使用されることが多くなった抵抗温度センサに，リニア正温度係数抵抗素子と呼ばれるものがあります．通常の固定抵抗素子と同じように，角板型の表面実装タイプのもの，MELF型のもの，アキシャル・リード・タイプのものが市販されています．抵抗温度係数は，5000 ppm/℃程度のものまで市販されており，サーミスタと比較すると抵抗値変化と温度変化との関係が直線であることから，徐々にサーミスタの代わりに使われることが多くなってきています．

精度の高い温度検出の目的には，白金薄膜温度センサというものが市販されています．こちらも表面実装型の素子やアキシャル・リード型の素子などがあります．抵抗温度係数の値は，3500 ppm/℃程度，温度係数の許容差は50 ppm/℃程度に抑えられています．

● 光導電素子

温度変化だけでなく，光パワーを抵抗値変化として捕えるセンサもあります．かつては，CdSセル（硫化カドミウム・セル）と呼ばれる光センサが，写真撮影用の露出計や照度計などに盛んに使用されていました（**写真15**）．ところが，最近ではRoHS指令により，Cdなどの有害元素を含む材料を差し控える傾向が強くなってきており，多くのメーカがCdSセルの生産を中止しています．

CdSの代わりに，PbS光導電素子というものも市販されています（**写真16**）．CdSは，可視光領域の波長である600 nm付近に最大感度波長をもち，人間の目の感度特性に近い光センサが作りやすかったのですが，PbSでは最大感度波長がもっと赤外線の領域にずれており，2200 nm付近で最大感度になります．カタログ

では，感度波長範囲の上限が1000 nmとなっていますので，可視光領域波長の光検出には向かないかもしれません．

● ストレイン・ゲージ（ひずみゲージ）

ストレイン・ゲージと呼ばれる，機械的なひずみを抵抗値変化として捉えるセンサもあります．ひずみゲージとも呼ばれます．材料に引張力や圧縮力が加わると，それに応じて変形しますが，長さや断面積が変化するため，わずかですが材料全体の抵抗値が変化します．この原理を用いて，外から加えられた力の測定を行うことができます．

ストレイン・ゲージの抵抗値変化は微小ですので，かつては素子をホイートストン・ブリッジの中に組み込み，電圧変化量として信号を取り出していましたが，最近では高精度の定電流源がICなどを用いて手軽に製作可能なので，素子の抵抗値変化を直接電圧信号として取り出す手法も考えられます（図11）．

まとめ

前章と本章で，市販の固定抵抗素子や可変抵抗素子などを羅列的に紹介しましたが，素子を使用する回路によってはカタログ・スペックだけからは予想しにくい性質が，動作に大きな影響を及ぼすことがあります．

実際に抵抗素子を回路に適用する場合に発生しうる問題について，実践編 第11章と第12章で実験を交えて解説します．

（初出：トランジスタ技術2008年10月号）

電子ボリュームIC   column

本文で紹介した可変抵抗素子は，いずれも機械的な可動部分をもつものでしたが，小型化への強いニーズや調整作業の自動化への対応から，可変抵抗機能そのものをIC化してしまう傾向が強くなってきました．厳密に言うと，これらは受動素子と呼ぶことはできないと思いますが，ここで紹介しておきます．

一例として，ヤマハ製電子ボリュームIC YAC526を紹介します．図Bに示すように，このICには2ch分の音量調整回路が内蔵されており，シリアル・データを入力することにより，各チャネルが独立に，＋31.5 dBから－95.0 dBまでの広い範囲を0.5 dBステップでコントロールできるICです．0.0002％とひずみ率も非常に小さい優れたものです．最近のオーディオ・プリアンプには，このような電子ボリュームICを搭載したものが増えてきました．

図B 電子ボリュームIC YAC526の内部ブロック図（ヤマハ，YAC526データシートより）

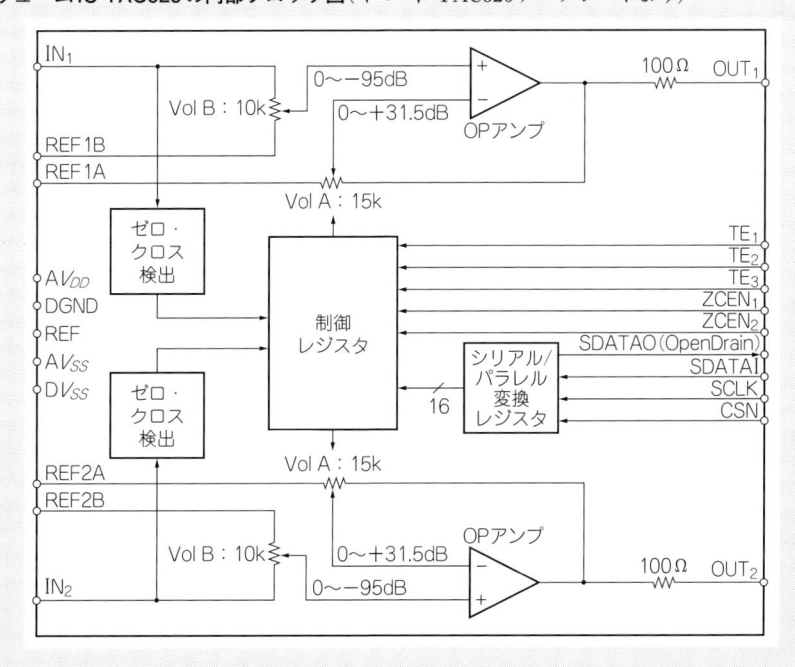

徹底図解★LCR & トランス活用 成功のかぎ

第**6**章
現実のコンデンサ素子の特性を理解しよう(1)

固定コンデンサの定格と種類

前章までは，抵抗素子について，市販されている品種や見落としがちな特性などの注意点を解説してきました．

本章からコンデンサに関する話題に移ります．抵抗素子のときと同様に，まずコンデンサ素子の定格について解説してから，実際に市販されている固定コンデンサ素子，可変コンデンサ素子，静電容量変化を用いたセンサ，コンデンサの使用上の注意について解説していきます．

抵抗素子と同様に，コンデンサもとても種類が多いので，本章ではまず定格の解説を中心にします．

6-1 コンデンサのしくみと定格
温度範囲や耐圧に注意．耐圧は意外と低いものがある

● 理想コンデンサの特性

回路動作を理論的に考えるとき，回路中にコンデンサ素子が使われる場合は，概念的に理想的な「C」を念頭においているでしょう．そのような理想コンデンサ素子に期待される性質は，だいたい次のようなものと考えられます．

(1) 電圧と電流の時間積分値をストレートに結び付ける容量誤差のない正確なコンデンサ素子であること
(2) 広い周波数領域においてインピーダンスが周波数に正確に反比例する，寄生抵抗や寄生インダクタンスのないコンデンサ素子であること
(3) どんなに大きな電流を流しても壊れない，無限大のリプル耐量をもつ丈夫なコンデンサ素子であること
(4) どんなに高い電圧を印加しても，電極間で絶縁破壊を起こさないコンデンサ素子であること
(5) 周囲温度や素子温度が変化しても，静電容量値がまったく変化しない超安定なコンデンサ素子であること
(6) 非常に小さい容量値から，非常に大きい容量値まで，いかなる範囲の値も入手できること
(7) 回路を製作するのに困らないような適度な大きさであること
(8) 値段が安いこと

もちろん，これらの条件を一度に満足できるような理想コンデンサ素子は現在のところ市販されていません．実際には，回路で扱う電圧範囲や温度範囲，許される容量値誤差や外形寸法など，さまざまなパラメータを考慮しながら，最適な素子を選定することになります．

● 定格電圧（耐圧）

コンデンサ素子は，いずれのタイプのものも，原理的には**図1**に示すように二つの電極を対向させ，静電容量を得る構造をもっています．このときに得られる静電容量 C [F] は，電極間に挟まれる誘電体の比誘電率を ε_r，真空の誘電率を ε_0 [F/m]，電極が対向する部分の表面積を S [m^2]，電極間距離（つまり誘電体の厚さ）を d [m] とすると，

$$C = \varepsilon_0 \varepsilon_r \frac{S}{d}$$

で計算することができます．真空の誘電率 ε_0 は，おおむね 8.854×10^{-12} [F/m] の値をもちます．私はさらに簡単に 8.9 [pF/m] と覚えています．

図1 コンデンサの原理的構造
誘電体をはさんだ2枚の電極が対向した構造をもつ．

電極間距離 d
電極対向面積 S
誘電体の比誘電率 ε_r

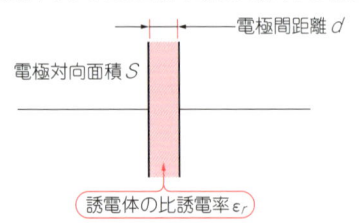

真空の誘電率を ε_0 [F/m] とすると，コンデンサの容量 C [F] は，$C = \varepsilon_0 \varepsilon_r \cdot S/d$ で計算できる．おおむね $\varepsilon_0 = 8.854$ pF/m

表1　コンデンサの耐圧記号

数字/英字	A	B	C	D	E	F	G	H	J	K
0	1 V	1.25 V	1.6 V	2 V	2.5 V	3.15 V	4 V	5 V	6.3 V	8 V
1	10 V	12.5 V	16 V	20 V	25 V	31.5 V	40 V	50 V	63 V	80 V
2	100 V	125 V	160 V	200 V	250 V	315 V	400 V	500 V	630 V	800 V
3	1000 V	1250 V	1600 V	2000 V	2500 V	3150 V	4000 V	5000 V	6300 V	8000 V

数字と英字を組み合わせて表す．例えば耐圧100 Vであれば"2 A"となる

この式からわかるとおり，大きな静電容量を得るためには，一定の誘電体の比誘電率のもとでは，電極間距離dを小さくし，対向面積Sを大きくすることが必要になります．

ところが，例えば比誘電率を1とし，電極間距離dを0.1 mm，電極対向面積Sを1 m²としても，得られる静電容量はわずか0.089 μFです．実用的な大きさでもっと大きな静電容量を得るためには，誘電率の大きな材料を電極間に配置するか，電極間距離をもっと小さくする必要のあることがわかります．

しかし，電極間の電位差を一定に保ったまま電極間距離をどんどん小さくしていくと，電極間の電界の大きさもどんどん大きくなってしまいます．大きな静電容量を得るために，電極間距離を極限まで小さくすると，印加電圧が数十Vの値であっても，電界は非常に大きな値になってしまい，電極間の絶縁を維持することが難しくなってきます．

▶使用できる電圧には上限がある

市販のコンデンサでは，上記の制約などから，使用に耐えうる最大電圧値が規定されています．この定格は定格電圧，または耐圧と呼ばれます．定格電圧は電圧値をそのまま呼称して表されることも多いのですが，表1に示すように記号も決められています．コンデンサ素子の型番から定格電圧が読み取れるように，型番の中に定格電圧記号を内包した例も多く見受けられます．

非常に容量の大きな電気二重層コンデンサや，積層セラミック・コンデンサのなかの大容量品などでは，4 Vや6.3 V程度の低い定格電圧値が規定されているものがあります．逆に，高電圧用のセラミック・コンデンサなどでは6.3 kVの高い耐圧をもつ製品があります．高圧回路用のフィルム・コンデンサのなかには，100 kV以上の耐圧をもつものも市販されています．

■ いろいろなコンデンサの特徴

● 外形寸法

電子機器の小型化の要求から，コンデンサも外形寸法の小さな品種が増えてきました．大きな静電容量を得るためには電極の対向面積を大きくしなければならず，外形寸法も大きくなりがちです．一方では，低い電圧で動作する回路が増えてきたことにより，それほど大きな耐圧を必要としない場合が増えてきたのも事実です．特に表面実装タイプの素子では，非常に外形の小さなコンデンサが市販されるようになってきました．

▶セラミック・コンデンサ

超小型のコンデンサ素子の代表選手と言えば，やはり表面実装型の積層セラミック・コンデンサ（図2）でしょう．角板型のチップ抵抗と同じように，外形の小さなセラミック・コンデンサでは0.4 mm × 0.2 mm，厚さ0.2 mmという小さな素子が市販されています．

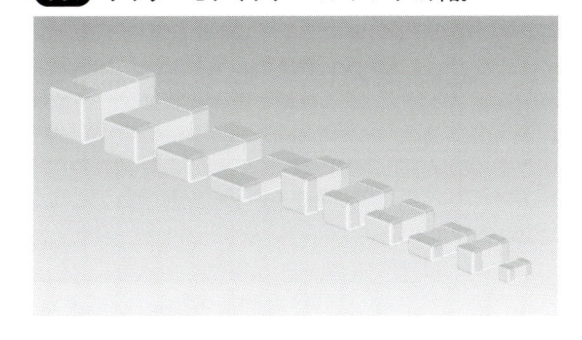

チップ・コンデンサの外形寸法の体系を表2に示します．角板型のチップ抵抗とだいたい同じようなサイズで用意されています．抵抗素子と違い，同一平面投影寸法であっても，厚さのバリエーションが豊富なのが特徴です．また，特殊な例ですが，コンデンサ素子の等価直列インダクタンス（後述）を小さくする目的で，一般のものと異なり長方形状の長手方向に電極を施したLW逆転型の素子も市販されています．

▶電解コンデンサ

チップ・セラミック・コンデンサと並んで使用頻度の高いものとしては，アルミ電解コンデンサが挙げられます．表面実装できるタイプの外観を図3に示します．アルミ電解コンデンサは0.1 μF以上の比較的静電容量の大きなコンデンサのなかでは一番よく使用されるものです．

外形寸法は直径と高さで呼称される場合が多く，だいたい表3に示すようなサイズのものが市販されています．表面実装型の素子では平面投影寸法の小型化要求もさることながら，実装高さを小さく抑える要求も大きく，なかには高さが3 mmしかない背の低い素

図2　チップ・セラミック・コンデンサの外観

表2 チップ・コンデンサの呼称とサイズ

寸法コードの例	寸法($L \times W$)
02	0.4×0.2 mm
03	0.6×0.3 mm
05	0.5×0.5 mm
08	0.8×0.8 mm
0 D	0.38×0.38 mm
0 M	0.9×0.6 mm
11	1.25×1.0 mm
15	1.0×0.5 mm
18	1.6×0.8 mm
1 D	1.4×1.4 mm
1 M	1.37×1.0 mm
21	2.0×1.25 mm
22	2.8×2.8 mm
31	3.2×1.6 mm
42	4.5×2.0 mm
43	4.5×3.2 mm
52	5.7×2.8 mm
55	5.7×5.0 mm

村田製作所資料に基づく．

図3 表面実装用アルミ電解コンデンサの外観

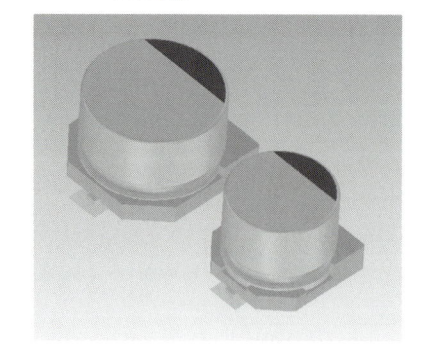

図4 リード型アルミ電解コンデンサの外観

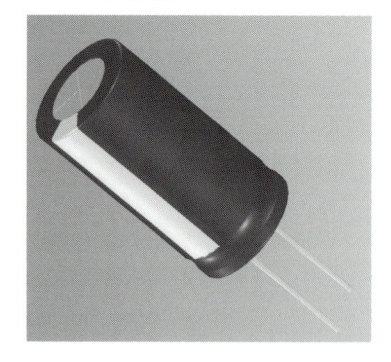

子が市販されています．

アルミ電解コンデンサの特徴は，比較的大きな静電容量を安価に実現できるところにあるので，表面実装型の素子に限らず，**図4**のようなリード型の素子，あるいはねじ端子型の素子なども盛んに使用されています．リード型素子やねじ端子型素子でもサイズ呼称は**表4**のように直径と高さが基準になっています．リード型のアルミ電解コンデンサにおいても低背型の要求は大きいので，形状の小さなものでは直径3 mm，高さ5 mm程度のサイズです．一方，耐圧が比較的高かったり，非常に大きな静電容量をもつものでは当然形状も大きくなり，直径100 mm，高さ250 mmというものが市販されています．

▶ フィルム・コンデンサやマイカ・コンデンサ

プラスチック・フィルム・コンデンサやマイカ・コンデンサも比較的多く使用される素子です．このタイプの素子にも表面実装型とリード型があります．

表面実装型のフィルム・コンデンサは，チップ・セラミック・コンデンサと比較して，私の知る限りでは若干寸法が大きくなり，小さなものでも2×1.25 mmのサイズからになるようです．

写真1のようなリード型フィルム・コンデンサにはさまざまな外形寸法のものがあります．比較的小さなものでも端子ピッチ（基板挿入穴ピッチ）が5 mm程度のものが多いようです．AC回路などの比較的電圧の高い箇所に使用されるフィルム・コンデンサは少し外形が大きくなり，端子ピッチ7.5～35 mm程度，幅40 mm程度，厚さ20 mm程度，ボディ高さ25 mm程度までのサイズが一般的です．

市販のコンデンサ素子には2端子型のもの以外に，アレイ構造をもった多端子型もあります．当然，外形バリエーションもいろいろなものが存在することになります．詳細寸法や基板の推奨パッド寸法などについてはカタログをよく確認する必要があります．

そのほか，オイル封入型の箱形紙コンデンサなどの特殊なものでは，幅や高さが1 mに達するものがありますが，ここでは割愛します．そういった品種を使用する場合には，そのつど，大きさや形などを検討する

表3 表面実装用アルミ電解コンデンサの外形寸法とCV積の目安

直径＼高さ	3 mm	4 mm	4.5 mm	5.5 mm	5.8 mm	6.2 mm	8 mm	10 mm	13.5 mm	16.5 mm	21.5 mm
4 mm	88	188	160	188							
5 mm	220	352	352	400							
6.3 mm	352	880	880	880	1500		2400				
8 mm				2200		2500		5280			
10 mm								11000			
12.5 mm									16000		
16 mm										35200	
18 mm										52800	82500
20 mm											100000

例えば220 µF/10 Vならば2200［µF・V］，外形寸法はCV積の値との相関が強い．

表4 リード型/ねじ端子型アルミ電解コンデンサの寸法とCV積の目安

直径＼高さ	5 mm	7 mm	11 mm	12.5 mm	16 mm	20 mm
3 mm	75.2					
4 mm	160	352				
5 mm	352	752	2,500			
6.3 mm	825	1,600	5,500			
8 mm	2,500	3,520	8,250			
10 mm				11,750	25,000	35,200

直径＼高さ	20 mm	25 mm	32 mm	36 mm	40 mm	50 mm
12.5 mm	35,000	55,000				
16 mm		117,500	115,500	170,000		
18 mm				170,000	250,000	
20 mm					235,000	
22 mm		140,000	170,000	250,000	352,000	375,000
25 mm		205,000	250,000	300,000	375,000	550,000
30 mm			375,000	420,000	550,000	600,000

直径＼高さ	36 mm	40 mm	50 mm	80 mm	90 mm	100 mm	120 mm	140 mm	170 mm	220 mm	230 mm
35 mm	550,000	675,000	945,000	1,155,000		1,100,000	1,645,000				
51 mm				2,380,000	2,350,000	3,400,000	3,750,000				
63.5 mm						5,250,000	5,280,000	6,300,000			
76.2 mm						7,700,000	7,500,000	11,550,000			
90 mm								11,000,000	16,500,000	23,800,000	
100 mm											35,000,000

写真1 リード型フィルム・コンデンサの外観

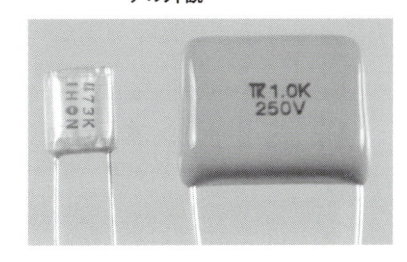

必要があるでしょう．

● 静電容量値と範囲

　回路の高速度化の要求に伴い，以前と比較して高い周波数で動作する回路が身近になってきました．それに従って，昔よりも小さな容量値のコンデンサが入手しやすくなってきたような気がします．リード部品全盛の時代では，コンデンサ素子の容量下限はだいたい1 pF程度でしたが，最近では0.1 pFの容量値の素子がカタログに見られるようになってきています．

　一方，近頃では，CPUやメモリのバックアップ用や電力貯蔵用に，非常に容量の大きなコンデンサを使用するようにもなってきています．電気二重層コンデンサや導電性高分子キャパシタなどで，これらの出現により，以前ではなかなか手にできなかったような，kF（キロ・ファラド）オーダの静電容量をもつ素子が普通に市販されるようになってきました．

　市販コンデンサの静電容量範囲は**表5**に示すようにコンデンサのタイプによりだいたい決まってしまうことが多いのですが，近年の表面実装型積層セラミック・コンデンサの大容量化には目を見張るものがあり，100 μFの容量をもつものが市販されるようになってきました．

▶ 静電容量のステップ

　静電容量のステップは抵抗素子と比較するとやや粗く，汎用のものでは**表6**のようなE-12シリーズの数値を標準にしているものが多いようです．容量値精

表5 コンデンサのタイプと容量値範囲の目安

コンデンサのタイプ	おおよその容量値範囲
表面実装型セラミック・コンデンサ	0.1 p ～ 100 μF
表面実装型マイカ・コンデンサ	0.5 p ～ 2200 pF
表面実装型フィルム・コンデンサ	100 p ～ 330 μF
表面実装型アルミ電解コンデンサ	0.1 μ ～ 10000 μF
リード型またはねじ端子型アルミ電解コンデンサ	0.1 μ ～ 2200000 μF （= 2.2 F）
リード型フィルム・コンデンサ	100 p ～ 100 μF
導電性高分子・固体電解コンデンサ	3.3 μ ～ 56000000 μF
電気二重層コンデンサ	0.047 ～ 4000 F

度が2％や5％などと比較的高い品種では，要求によりE-24シリーズへ対応しているメーカもあります．

　ただし，静電容量値が10 pFを下回る品種では，E-12シリーズやE-24シリーズを元にした数値を用いる例が少なくなります．10 pF以下の汎用品ではだいたい1 pFステップ（例外的に0.5 pFや1.5 pFが追加されていることがある），高周波用の低損失品などでは0.1 pFステップで公称容量値が用意されています．

　電解コンデンサなどでは，汎用品では容量値精度がだいたい±20％程度ですので，小容量のコンデンサほどには細かい容量値ステップは用意されていないのが普通です．だいたいE-6シリーズの数値が標準的に使用されることが多いのですが，必ずしも全部の数値が用意されているわけではないので，品種ごとにカタログをよく調べる必要があります．

表6 E系列の数列

E-12	E-6
10	10
12	15
15	22
18	33
22	47
27	68
33	
39	
47	
56	
68	
82	

図5 容量値の3桁表示

273

セラミック・コンデンサなどの場合はpF単位の容量値，アルミ電解コンデンサなどの場合はμF単位の容量値を表すことが多い

最初の2桁は有効数字を表す
最後の1桁は後に続くゼロの数を表す

27000となるので，27000pF（つまり0.027μF）または，27000μFを表す

▶容量値表示

　表面実装型の抵抗素子の場合，1608サイズ以上のものについては，実際の部品に3桁表示または4桁表示の抵抗値表示がなされていることが多いのですが，チップ・コンデンサの場合には何も書かれていないことが多いのです．同一形状で異なる容量値の素子を誤って混ぜてしまうと，再度分離するためにはたいへんな工数がかかります．取り扱いには十分な注意が必要です．

　多くのリード型フィルム・コンデンサでは，静電容量値が 図5 に示すような3桁の数字で示されていることが多いです．抵抗素子の場合と同様に，3桁表示の場合には最初の2桁が静電容量値の仮数部を表し，最後の1桁がその後に続くゼロの数を表しています．このときの単位は，フィルム・コンデンサなどではピコ・ファラドであることが多いのですが，比較的容量の大きなタイプではマイクロ・ファラドを単位としている場合もあるので注意が必要です．リード型やねじ端子型のアルミ電解コンデンサなど，形状の大きなコンデンサでは，静電容量値や定格電圧が素子ボディに直接書かれていることが多いです．電解コンデンサなどではマイクロ・ファラド単位，容量の非常に大きな電気二重層コンデンサなどではファラド単位の表記をよく見かけます．

● 静電容量値許容差

　コンデンサ素子は，抵抗素子と比べるとあまり高精度なものは市販されていません．汎用のものだと，比較的小容量のセラミック・コンデンサなどでは±10%から±5%程度のものが多用されます．アルミ電解コンデンサなどでは±20%の静電容量許容差をもつものが一般的です．

　10pFを下回るような容量の小さなコンデンサでは，容量値許容差をパーセンテージで表す場合よりも，±0.5pFとか，±0.1pFなどと言うように，容量値許容差を絶対量で表すことが多くなってきます．

　静電容量精度の高いコンデンサが必要な場合は，ポリプロピレン・フィルム・コンデンサなどを使用します．このタイプであれば，±5%の品種はもちろん，±1%の品種が普通に市販されています．さらに高精度なものが必要な場合は，マイカ・コンデンサの適用となります．静電容量値の範囲にもよりますが，±0.25%の精度を誇る品種が入手可能です．

　静電容量値許容差についても，抵抗素子などと同様に記号で表すことがあります．±1%は"F"，±2%は"G"，±5%は"J"，±10%は"K"，±20%を"M"と表記します．

　非常に誘電率の大きい誘電体を用いたセラミック・コンデンサのなかには，+80%から-20%という容量値許容差の大きい素子も存在します．この場合の表記は"Z"を使用することが多いようです．

● 使用温度範囲

　コンデンサ素子は，電極の一部が液体で構成されていたり，誘電体としてプラスチック・フィルムを使用しているものなどがあります．このような構造上の特徴から，あまり広い温度範囲で使用することができない場合が多いので，回路の置かれる環境によっては，素子のカタログを注意深く確認する必要があります．

　一般によく使われるアルミ電解コンデンサは，周囲温度の制約が大きい素子の一つです．ごく普通のアルミ電解コンデンサの汎用品では，使用温度範囲が-40℃から+85℃までの範囲で定められていることが多いです．ただし，最近では，スイッチング・レギュレータなど，高周波リプル電流がたくさん流れるような回路に使用されたり，車載用の機器に対応するため，広温度範囲品として，-55℃から+105℃の間で使用できる素子も増えてきました．

　フィルム・コンデンサでも，-40℃から+85℃まで，あるいは-55℃から+105℃までの使用温度範囲が定められている品種が多いですが，なかにはポリフェニレン・スルフィド*・フィルム・コンデンサのように，

＊：英語での発音はサルファイドに近い．

図6 コンデンサの容量値は温度で変化することが多い
（ニチコン資料より，http://www.nichicon.co.jp/lib/alminum.pdf）

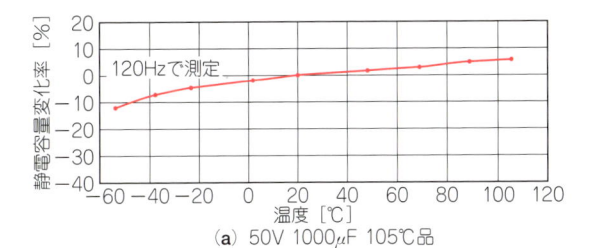

(a) 50V 1000μF 105℃品

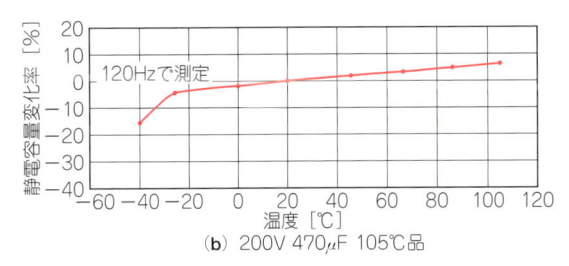

(b) 200V 470μF 105℃品

表7 セラミック・コンデンサの温度係数表示

記号	数値表示	温度係数	温度係数の色表示
C	NP0	0 ppm/℃	黒
H	N030	－30 ppm/℃	茶
L	N080	－80 ppm/℃	赤
P	N150	－150 ppm/℃	橙
R	N220	－220 ppm/℃	黄色
S	N330	－330 ppm/℃	緑
T	N470	－470 ppm/℃	青
U	N750	－750 ppm/℃	紫

村田製作所資料に基づく．

－55℃から＋125℃の範囲で使用できるものもあります．ポリエチレン・ナフタレート・フィルムを使用したものでは，＋150℃で使用できるものもあります．マイカ・コンデンサなども＋125℃で使用できる製品が多いようです．

セラミック・コンデンサも広い使用温度範囲をもつコンデンサです．誘電体のタイプによって範囲はいろいろですが，多くの品種で－55℃から＋105℃，または－55℃から＋125℃の温度範囲が許容されています．比較的低容量のタイプのなかには，＋150℃の使用温度を許容できる品種もあります．

● 温度特性

コンデンサの種類によっては，温度によって静電容量値やインピーダンス特性が大きく変化することがあるので注意が必要です．なかには温度補償用のセラミック・コンデンサのように，故意にある程度の容量温度変化をもたせた品種もあります．

アルミ電解コンデンサは，内部に電解液を使用しています．この電解液の電気伝導度や粘度などの性質は，大きな温度依存性をもっているので，これを用いたコンデンサ素子の特性も温度依存性をもつことになります．一般に静電容量値は，温度が高くなると増加し，温度が下がると減少する性質をもっています．温度が低い領域では電解液の電気伝導度が小さくなるので，それに従い等価直列抵抗が増大し，インピーダンス特性が悪化する傾向があります．このようすを **図6** に示します．

フィルム・コンデンサの容量値の温度変化特性は，誘電体として使用されている材料の性質に依存します．

ごく一般的に使用されるポリエステル・フィルム・コンデンサは正の容量温度係数をもっており，＋20℃を基準にして，－40℃で－4％，＋100℃で＋3～＋4％程度の容量変化となります．一方，ポリプロピレン・フィルム・コンデンサでは，逆に負の温度係数となり，＋20℃を基準にすると，－40℃で＋1.5％ないし＋2％程度，＋100℃においては－3％程度の容量値変化となります．なかには温度係数の極性の異なる材料を組み合わせ，容量温度係数を小さく抑えた品種も市販されています．

ポリフェニレン・スルフィド・フィルム・コンデンサは，誘電体の優れた性質により容量温度係数が小さく，－55℃から＋125℃の温度範囲でも±1％以下の容量変化しか起こさないものが入手可能です．マイカ・コンデンサでは，容量値温度係数が70 [ppm/℃] というものが市販されています．

▶温度変化が指定されている素子もある

セラミック・コンデンサの大きな特徴として，誘電体の種類により，ある程度自由に温度係数をコントロールできる点があります．比較的比誘電率の小さい材料を用いたものでは，汎用品であっても±60 [ppm/℃] など小さな温度係数の品種が市販されています．

コイルなどのインダクタンス素子は，正のインダクタンス温度係数をもつことが多いです．これらとコンデンサを組み合わせて共振回路を構成する場合，コンデンサの容量値温度係数が負であれば，*LC積*の温度係数を相殺でき，共振周波数の温度による変化を小さく抑えることが可能となります．

そのような目的のために，セラミック・コンデンサには負の容量値温度係数をもたせたものが多数用意されています．**表7** にコンデンサの容量値温度係数と表示記号，表示色の例を示します．色による温度係数表示は，リード・タイプのセラミック・コンデンサなどで，ボディの頭が少しだけ着色されている例がよく見られます．

なお，セラミック・コンデンサの容量温度係数にも誤差があり，**表8** に示すような記号で表されます．

表8 セラミック・コンデンサで温度係数の誤差を示す記号

記号	温度係数誤差
G	± 30 ppm/℃
H	± 60 ppm/℃
J	± 120 ppm/℃
K	± 250 ppm/℃
L	± 500 ppm/℃
M	± 1000 ppm/℃

村田製作所資料に基づく．

● **許容リプル電流**

　コンデンサに交流電圧を印加すると，その周波数と静電容量に応じた値の交流電流がコンデンサを流れます．コンデンサの容量が比較的大きく，電圧源インピーダンスやコンデンサそのもののインピーダンスが低く，交流電圧の周波数が高いと，比較的大きな電流がコンデンサを流れることになります．

　コンデンサが理想的なものであれば，大きな交流電流が流れてもコンデンサ自体では電力消費が起きないはずですが，実際には等価直列抵抗や誘電体の損失などが原因で，ある程度の電力損失が発生し，そのぶんコンデンサが発熱します．

　スイッチング・レギュレータの平滑回路に用いられるコンデンサなどでは，周辺回路のインピーダンスが低く，スイッチング電圧源のインピーダンスも低いことが多いので，比較的大きな交流電流がコンデンサを流れることが多く注意が必要です．

　このような回路を構成する場合，コンデンサ素子が許容できる交流電流値が規定されており，**許容リプル電流**または単に**許容電流**と呼ばれます．

　アルミ電解コンデンサでは，スイッチング・レギュレータ用に，インピーダンスを小さくし，使用温度範囲が＋105℃までと広く，標準品よりも大きめのリプル電流を許容するタイプのものが市販されています．

　許容リプル電流の値は，耐圧値や静電容量，ケース・サイズなどにより細かく規定されています．それだけでなく，**表9**のようにリプル周波数に基づき補正係数を掛けて最終的な許容リプル電流値を計算する必要があります．それぞれのメーカのカタログ内容に従って注意深く検討する必要があります．

　フィルム・コンデンサにおいても，誘電体のタイプ

表9 電解コンデンサの定格リプル電流の周波数補正係数例（ニチコン資料より）

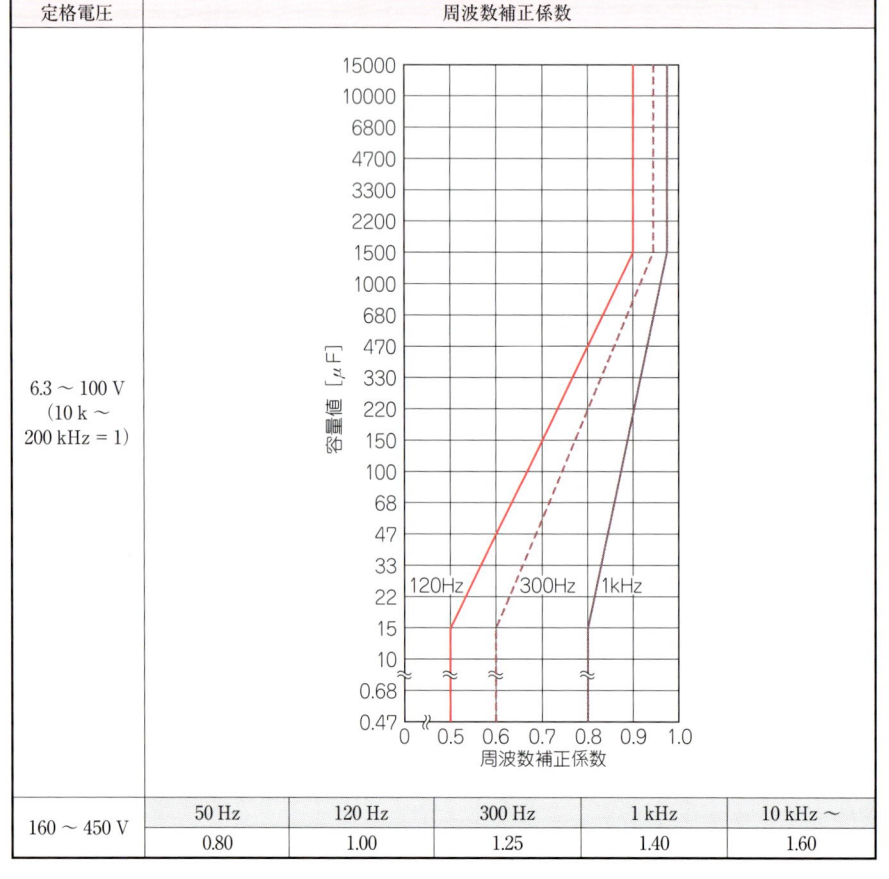

定格電圧	周波数補正係数				
6.3 ～ 100 V (10 k ～ 200 kHz = 1)	容量値 [μF] vs 周波数補正係数のグラフ（120Hz, 300Hz, 1kHz の曲線）				
160 ～ 450 V	50 Hz	120 Hz	300 Hz	1 kHz	10 kHz ～
	0.80	1.00	1.25	1.40	1.60

カタログに記載された定格リプル電流は，100 kHzの場合や120 Hzの場合など，特定の周波数における値である．

リプル周波数が異なる場合は，周波数補正係数を乗算し，使用周波数における定格リプル電流を求める．

例えば470μF/16 Vの定格リプル電流が1000 mA(100 kHz)だったとして，リプルの周波数が120 Hzならば，補正係数は0.8と読み取ることができ，定格リプル電流は800 mAとわかる．

や静電容量値，耐圧によって，許容できる電流値が細かく規定されています．必ずカタログで確認してください．単発ピーク電流の場合と，連続ピーク電流の場合とでも値が大きく異なりますので，適用する回路の動作条件を検討して確認する必要があります．

● 漏れ電流

　理想コンデンサに直流電圧を印加したとき，最初は電圧源抵抗とコンデンサの容量で決まる時定数に従い，過渡的な電流が流れます．長時間放っておくと，電流値は次第にゼロに近づいていき，しまいには測定できないような小さい電流値にまで減少するはずです．

　ところが，コンデンサのタイプによっては最終的な電流値がある程度の大きさをもつことがあります．あたかもコンデンサに並列に抵抗が接続されているような挙動を示します．つまりコンデンサの電極間で漏れる電流が存在するわけで，この値を漏れ電流値として規定しています．

　フィルム・コンデンサなどでは，漏れ電流の値は非常に小さく，実用上問題となることはあまりありませんが，アルミ電解コンデンサなどではかなり大きな値となり，回路の仕様によっては問題となることがあります．

　アルミ電解コンデンサの漏れ電流は，定格電圧を印加してから1分後または2分後に残留する電流値によって規定されます．漏れ電流値 I は，おおむね静電容量 C [F] と，印加電圧 V [V] の積に比例する傾向があり，カタログなどでは「$I = 0.01\,CV$ または 3 [μA] のいずれか大きい値以下（2分値）」などというように書かれています．たとえば，静電容量100 μFのコンデンサに，50 Vの直流電圧を印加した場合，この式に基づいて漏れ電流（2分値）を計算すると，50 μA もの漏れ電流が発生する可能性があることがわかります．

　メモリのバックアップ用など，長い時間にわたって端子電圧を維持する必要がある使い方などでは，漏れ電流をもっと小さく抑える必要があります．そのような目的のために，「低漏れ電流品」と呼ばれる品種が用意されていることがあります．漏れ電流の値は，標準的なアルミ電解コンデンサと比較して，だいたい1桁程度小さくなっています．

　アルミ電解コンデンサの漏れ電流は，温度上昇に従って大きくなる傾向があるので，高温環境下で使用する場合には十分な注意が必要です．

● 等価直列抵抗，損失

　理想コンデンサであれば，素子のインピーダンスは周波数に反比例して小さくなりますが，実際の素子ではなかなか理想的な特性とはなりません．**図7**に示すように，直列のインダクタンス成分や抵抗成分が寄

図7 コンデンサの等価回路

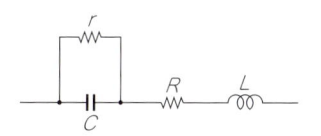

C：コンデンサ本来の静電容量
r：等価並列抵抗
R：等価直列抵抗（ESR）
L：等価直列インダクタンス（ESL）

生しています．漏れ電流の話とも関係しますが，電解コンデンサなどでは並列に寄生する抵抗成分も無視することができません．寄生インピーダンスのうち，直列抵抗成分を「等価直列抵抗（ESR）」直列インダクタンス成分を「等価直列インダクタンス（ESL）」と呼びます．

　等価直列インダクタンス成分は，電極リードのインダクタンスによるものがほとんどなので，チップ抵抗などでは比較的小さく抑えられています．チップ・セラミック・コンデンサなどでは，特に大きな静電容量をもつものを除くと，HF帯以下の周波数領域においては，多くの場合においてESL成分を無視することができます．リード型のコンデンサについては，比較的大きな寄生インダクタンスをもつことがありますので注意が必要です．

　電解コンデンサなど，電解液が電極の一部を構成している構造をもつ素子では，特に低温環境において等価直列抵抗が比較的大きな値になることがあり，交流電流を素子に流した場合に発生する電力損失の原因となります．等価直列抵抗の存在により，素子のインピーダンスの位相角が理想的なコンデンサの場合と比べてずれてきます．このずれ分は一般的にδの文字で表され，損失角と呼ばれます．またこの角度の正接（tan δ）をとり，誘電正接や損失係数と呼びます．いずれもコンデンサのインピーダンス特性を考える場合に重要な特性です．

● 寿命

　アルミ電解コンデンサを使用する場合は，印加電圧やリプル電流，環境温度などを考慮に入れながら，素子の寿命について注意する必要があります．

　特に高温環境下では寿命が短くなる傾向があり，長寿命品として市販されているものでも，+105℃において5000時間から10000時間程度の寿命しか補償されていません．特に高い信頼性が要求される回路においては他のタイプのコンデンサへの置き換えも念頭におきながら，十分に検討する必要があります．

（初出：「トランジスタ技術」2008年12月号）

徹底図解★ LCR & トランス活用 成功のかぎ

第 **7** 章
現実のコンデンサ素子の特性を理解しよう(2)

いろいろな固定コンデンサ

　抵抗素子と同様に，固定コンデンサ素子にもたくさんの種類があります．0.1 pFという小さな容量値から，1 kFを越えるような巨大な容量値まで，実に16桁以上にわたる素子が市販されています．このことからも種類が多いのは当然のことかもしれません．

　コンデンサ素子の中にも，非常にポピュラでよく使われるものもあれば，極めて特殊な用途にだけ使われる使用頻度の低いものもあります．全種類のコンデンサを紹介することはとてもできませんので，比較的よく使われるものに限定して解説します．

　図1に，主なコンデンサの電圧対静電容量の目安を示します．

図1 主なコンデンサの電圧-静電容量の目安

［グラフ：横軸 電圧[V]（1～10000），縦軸 静電容量[F]（1p～1000）に，電気二重層コンデンサ，タンタル電解コンデンサ，アルミ電解コンデンサ大型品，アルミ電解コンデンサ小型品，導電性高分子アルミ・タンタル電解コンデンサ，セラミック・コンデンサ，フィルム・コンデンサの範囲を示す楕円が描かれている．］

7-1 チップ・セラミック・コンデンサ

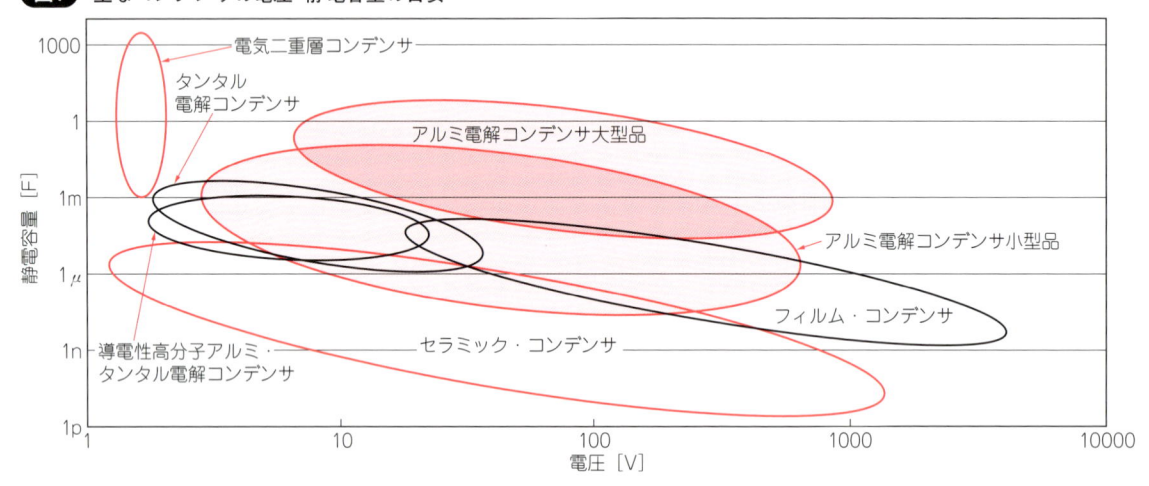

表面実装基板のバイパス・コンデンサとして非常に多く使われている．標準品のサイズや容量値精度について確認しておこう

　電子機器の小型化の要求に伴い，コンデンサも他の電子部品と同じように，表面実装型の素子が多く使われるようになってきました．現在，一番使用されているのは，表面実装型の積層セラミック・コンデンサではないでしょうか．一般には**チップ・セラミック・コンデンサ**と呼ばれることが多いです．

● 特徴は小さな形状や容量値範囲の広さなど

　このタイプのコンデンサの特徴は，**形状が小さい**，**広い温度範囲**で使用可能，入手できる**容量値範囲が広い**，**容量温度係数をコントロールした品種**が入手可能，ということにあります．**容量値も広い**範囲で入手でき，0.1 pFの小容量のものから，100 µFに達する大容量のものまでが市販されています．

　等価直列抵抗(ESR)や等価直列インダクタンス(ESL)が小さいことも，高い周波数で使用する場合に重要なメリットとなります．

　性質の問題として，容量値が加えられる電圧に依存することが挙げられます．回路の仕様によっては，この性質が大きな問題となることがあります．

● サイズのバリエーション

　サイズは，**0.4 × 0.2 mm**の超小型のものから，大きなものでは**5.7 × 5.0 mm**程度のものまでが市販されています．容量値や耐圧がそれほど大きくない場合には，なるべく小型なものを選ぶことが多いでしょう．

回路を小さく作る場合は0402（0.4×0.2 mm）や0603サイズなどの超小型のものを使用します．

現在のところ，一般的には1005サイズや1608サイズのものが多く使用されているものと思います．これらのサイズでは実現が難しい大容量のものや，耐圧が高いものについてだけ，より大きなサイズの素子を選ぶことになると思います．

最近では薄型品と呼ばれるチップ・コンデンサが市販されるようになってきました．同じ平面投影寸法で従来の厚みをもつものと比較すると，容量範囲の最大値は小さくなりますが，狭い隙間に回路基板を収納しなければならない場合には助けとなることが多いです．

● 小容量の温度補償用と大容量の高誘電率系がある

セラミック・コンデンサは，誘電体のタイプによって，温度補償用と呼ばれる容量値の比較的小さなタイプと，高誘電率系という容量値の比較的大きなタイプのものに大別されます．

温度補償用のものは，容量値精度が±10%や±5%の比較的精度の良いものが入手可能で，容量温度係数もよく管理されたものが市販されています．

一方，高誘電率系の一部は，温度によって非常に大きく容量値が変化するものがあるので，容量値の安定性が要求される回路の場合には注意が必要です．

チップ・コンデンサの選定の際に便利なように，温度補償用のうちのCH特性，高誘電率系のB特性とF特性のそれぞれについて，サイズごとに入手可能な最大容量値の目安を表1に示します．

表1 チップ・セラミック・コンデンサのサイズと最大容量値の目安

サイズ [mm]	耐圧 [V]	温度補償用（CH特性）	高誘電率系（B特性）	高誘電率系（F特性）
0.4 × 0.2	6.3	100 pF まで	0.01 μF まで	−
	10	−	470 pF まで	−
	16	47 pF まで	−	−
0.6 × 0.3	6.3	−	0.1 μF まで	−
	10	−	0.01 μF まで	−
	16	−	3300 pF まで	−
	25	−	1500 pF まで	−
	50	100 pF まで	−	−
1.0 × 0.5	6.3	−	0.033 μF まで	−
	10	−	1.0 μF まで	1.0 μF まで
	16	−	0.1 μF まで	0.47 μF まで
	25	−	0.047 μF まで	0.1 μF まで
	50	1000 pF まで	0.022 μF まで	0.01 μF まで
1.6 × 0.8	6.3	−	10 μF まで	−
	10	−	1.0 μF まで	−
	16	−	2.2 μF まで	−
	25	−	1.0 μF まで	0.47 μF まで
	50	3900 pF まで	0.1 μF まで	0.22 μF まで
	100	1500 pF まで	−	−
2.0 × 1.25	6.3	−	22 μF まで	−
	10	−	2.2 μF まで	−
	16	−	10 μF まで	−
	25	−	4.7 μF まで	−
	50	0.022 μF まで	1.0 μF まで	0.47 μF まで
	100	3300 pF まで	−	−
3.2 × 1.6	6.3	−	47 μF まで	100 μF まで
	10	−	4.7 μF まで	−
	16	−	22 μF まで	−
	25	−	10 μF まで	−
	50	0.1 μF まで	2.2 μF まで	−
	100	0.01 μF まで	−	−
3.2 × 2.5	6.3	−	100 μF まで	−
	16	−	47 μF まで	−
	25	−	22 μF まで	−
	50	−	4.7 μF まで	−
	100	−	−	0.1 μF まで

7-2 チップ・セラミック・コンデンサのバリエーション

設計に役立つ部品を覚えておこう

チップ・セラミック・コンデンサには，汎用品のほかに，特定の回路向けに性能を改善したり，使用上便利なように工夫した品種も存在します．

● 一つのパッケージに複数素子を内蔵したコンデンサ・アレイ

電源のバイパス・コンデンサや，並列ディジタル・データを用いる回路などでは，同一容量の複数のコンデンサを並べて使用することが多くあります．

このような場合に便利なのが**写真1**に示すコンデンサ・アレイと呼ばれるもので，一つのパッケージの中に2素子や4素子のコンデンサを内蔵しています．

特に電源のバイパス・コンデンサでは，電源安定性やノイズ除去のために大きな容量を使いたいところですが，0402サイズや0603サイズなどの素子では単品で十分な容量を得ることが難しいことも多く，多数のコンデンサを並列にして使います．このような場合にコンデンサ・アレイを使うと，実装工数が削減できて便利です．

● LW逆転型の低ESL品

例えば1608サイズの汎用品のチップ・セラミック・コンデンサは，短い辺すなわち0.8 mmの両辺に電極が設けられています．ところが等価直列インダクタンス（ESL）を小さくする目的で，**写真2**の外観図のように，長い辺すなわち1.6 mmの両辺に電極を設けたタイプの品種が存在します．**LW逆転型**とも呼ばれます．このような電極配置にすることにより，電極対向長が長くなり，電極間距離が短くなるので，素子の特性向上に寄与します．

一つの素子に対して多数の電極を設け，ESLを小さくした製品も市販されています（村田製作所のLLAシリーズ，LLMシリーズなど）．

● 電源回路に向けた高耐圧品や電安法準拠品

一般的に使用される汎用のチップ・セラミック・コンデンサでは，耐圧範囲はだいたい100 V程度までのものが多いのですが，中高圧品として，より耐圧の高い品種も用意されています．

一部のスイッチング・レギュレータやDC-DCコンバータ，インバータ方式の照明器具などの回路では，少なくとも250 V以上の耐圧のコンデンサが必要です．以前は耐圧が得やすいリード・タイプのフィルム・コンデンサが数多く使用されてきましたが，回路の小型化のためには，中高圧セラミック・コンデンサがとても有用です．

例えばGRMシリーズ（村田製作所）では，定格電圧として250 V品，630 V品，1000 V品が用意されているので，適用できる回路の範囲もかなり広くなります．**写真3**に外観を示します．

耐圧の比較的低い汎用品と比較すれば，耐圧が高い分，最大容量値の範囲は小さめになります．

それでもGRM55シリーズ（村田製作所）では，DC1000 Vという高い体圧をもつ品種でも，形状は5.7×5.0×2.0 mmと少し大きくなりますが，0.1 μFの容量値をもつものが入手可能です．

電源の1次側回路や，比較的高い電圧や大きな電力を扱う回路では，電気用品安全法に則した回路設計や実装技術の適用，部品の選定などが必要になりますが，こういった要求に対応するため，GAシリーズ（村田製作所）などのような，電気用品安全法準拠品と呼ばれる品種も市販されています．

写真1＊ コンデンサ・アレイの外観例
GNMシリーズ（村田製作所）．

写真2＊ LW逆転型素子LLLシリーズ（村田製作所）の外観例
例えばLLL153の場合，チップ・サイズが $L×W×T = 0.5×1.0×0.3$ mmで，電極は1.0 mmの両辺にある．

写真3 中高圧チップ・セラミック・コンデンサの外観例
GRMシリーズ（村田製作所）．

＊写真提供：㈱村田製作所

7-3 チップ・フィルム・コンデンサとチップ・マイカ・コンデンサ
容量値の精度や耐圧が必要なときに使われる

● 特徴は高精度

　チップ・セラミック・コンデンサは安価で入手しやすいものですが，容量値許容差が5％を下回るものは，なかなか見つかりません．

　このような場合は，表面実装タイプのプラスチック・フィルム・コンデンサや，マイカ・コンデンサの適用となります．表面実装プラスチック・フィルム・コンデンサでは±2％精度のものが，マイカ・コンデンサの場合には容量値にもよりますが，±0.5％という高精度なものが普通に入手可能です．

　チップ・セラミック・コンデンサと比較して，外形寸法が大きいものしか市販されていませんが，広い温度範囲においても比較的安定した特性が得られることや，漏れ電流が小さいメリットがあり，精度の要求される回路にはよく使用されています．

　形状が大きいこともあり，比較的高い耐圧でも，$0.1\,\mu\mathrm{F}$オーダの容量をもつものが入手可能です．

　表面実装用のメタライズド・ポリエステル・フィルム・コンデンサでは，250 V耐圧品で$1\,\mu\mathrm{F}$，630 V耐圧品で$0.27\,\mu\mathrm{F}$のものが見つかります．

　一方，プラスチック・フィルム・コンデンサの容量値の下限はセラミック・コンデンサほどは小さくなく，だいたい100 pF程度までのようです．

● 低容量で高精度なチップ・マイカ・コンデンサ

　小さい容量値で精度の高い品種が必要な場合は，チップ・マイカ・コンデンサが使用できます．この中には，容量値が0.5 pFで，容量値許容差が±0.1 pFのものが見つかります．容量値が25 pFを越えると±1％のものが，50 pFを越えたあたりからは±0.5％のものが市販されています．また，耐圧が1000 Vのものもあります．**表2**に，寸法と容量範囲例を示します．

　チップ・マイカ・コンデンサの容量温度係数は50 ppm/℃と非常に良好です．リードをもたない構造であることから，数GHzに達する周波数領域まで理想的なインピーダンス特性を示す品種もあります．反面，外形寸法の割には大きな容量のものがなく，5.7×5.0 mm，厚さ4 mmの比較的大きな品種でも，容量値の上限は2200 pF程度です．

● リード型フィルム・コンデンサ

　リード・タイプのフィルム・コンデンサも，高耐圧である程度大きな容量を得やすく，大きなリプル電流が許容でき，特性も安定していることから，現在でもたくさん使用されています．

　特に，スピーカのネットワーク回路や，AC電源スイッチのスパーク・キラーなどの用途では，欠かすことができません．

　金属蒸着フィルムを用いたメタライズド・ポリエステル・フィルム・コンデンサなどでは，過電圧による絶縁破壊を起こしても，電極破壊がその局部に限定され，静電容量がわずかに減少するだけで，全体としての絶縁が維持される，いわゆる自己回復作用があるために信頼性が高く，モータの進相コンデンサなどの用途にも盛んに使用されています．

表2 チップ・マイカ・コンデンサUCシリーズ（双信電機）の寸法と容量範囲例[1]

タイプ	耐圧 100 V	耐圧 500 V	耐圧 1000 V	寸法 [mm] $L \times W \times T$
UC12	0.5 〜 100 pF	0.5 〜 20 pF	−	2 × 1.25 × 1.6
UC23	43.5 〜 430 pF	0.5 〜 150 pF	0.5 〜 50 pF	3.2 × 2.5 × 2.0
UC34	241 〜 820 pF	91.5 〜 470 pF	−	4.5 × 3.2 × 2.0
UC55	821 〜 2200 pF	471 〜 1200 pF	50.5 〜 1500 pF	5.7 × 5.0 × 4.0

7.4 チップ・アルミ電解コンデンサ

極性があり，形状が大きい，ESRが比較的大きい，寿命があるなど特徴と使い方は通常のアルミ電解コンデンサと同じ

チップ・セラミック・コンデンサと同様，非常に多く使用されているコンデンサとして，チップ・アルミニウム電解コンデンサがあります．

● 特徴は大きなCV値

このコンデンサの特徴は，外形寸法に対して大きなCV値（容量耐圧積）の素子が安価に入手できることです．入手可能な容量値範囲も広く，小さなもので0.1μF程度，大きなものでは6.3V耐圧で10000μFの容量をもつものがあります．これだけ大きなCV値でも，直径18mm，高さ22mm程度の大きさです．

表面実装型のアルミ電解コンデンサは，最初の発表からすでに長い年月が経ちますが，適用範囲の広がりとともに，小型化，両極性化，広温度範囲化，低インピーダンス化，長寿命化など，いろいろな要求に対応した品種に分化を繰り返しています．その結果，それぞれの特徴をもった多くの品種が市販されています．

▶短所

あまり精度を要求しない回路には使いやすいのですが，高精度のものが入手しにくいこと，他のタイプのコンデンサと比較してインピーダンス特性がそれほど良くないこと，高温環境では寿命が短いこと，周囲温度変化による特性変化が大きいことなどが難点となります．回路の仕様にうまく合致するかどうか，注意しながら使用する必要があります．

● 正負の極性をもつ

アルミ電解コンデンサや，電気二重層コンデンサなどを使ううえで注意することは，加えてよい電圧の方向が決められていることです（これをもって「極性がある」といわれる）．これはセラミック・コンデンサやフィルム・コンデンサではあまり見られない性質です．

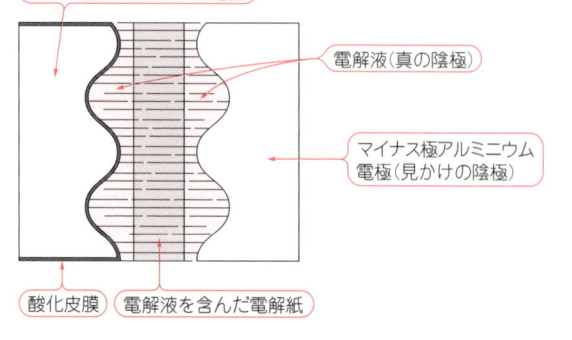

▶極板の酸化皮膜の整流作用により極性が生じる

図2に，アルミ電解コンデンサの構造を示します．プラス側電極とマイナス側電極にアルミニウム箔が使用されています．この二つの電極の間に挟まれた，電解液が含浸された電解紙により，プラス極のアルミニウム箔に接触する電解液が本当の意味でのマイナス極となります．

コンデンサの電極間を絶縁する誘電体は，プラス極アルミニウム電極表面に形成された酸化皮膜によって実現されています．酸化皮膜は数nmオーダと非常に薄く作ることが可能で，さらに電極アルミニウム箔表面のエッチング技術により，実効面積が見かけ上の値よりも数十倍も大きくできます．これにより大きな静電容量値が実現可能になるのですが，この酸化皮膜が整流性をもつため，結果としてアルミ電解コンデンサが極性をもつことになります．

▶逆向きの電圧を加えた場合の悪影響

アルミ電解コンデンサに指定されている方向と逆の電圧を加えると，本来コンデンサには流れないはずの大きな直流電流が流れてしまいます．こうなると，正常なコンデンサとしての機能を果たさないばかりか，電流による損失でコンデンサが発熱し，素子自身が膨張して小爆発を起こしたり，爆発に至らなくても液漏れの原因となり，素子の寿命を著しく悪化させます．

さらに，基板上に漏れ出した電解液は導電性をもちますので，周辺回路をショートさせることもあります．電源回路では印加電圧の方向がわりとはっきりしているため，基板のシルク印刷ミスなどがない限り極性を間違えて使用することは少ないと思います．回路間の信号伝達に使用されるDCブロック回路やカップリング回路では前後の回路の仕様により電圧の方向を決めにくいことがあるので注意が必要です．

スピーカのネットワーク回路など，正負どちらの方向にも大きな電圧がコンデンサに加わる場合があります．このような場合には，両極性の電圧印加が可能なタイプのアルミ電解コンデンサも用意されているので，必ずこのタイプのものを使います．

● 等価直列抵抗は比較的大きく温度依存性が大きい

アルミ電解コンデンサを使用するうえでさらに注意が必要なのは，他のタイプのコンデンサと比較して等価直列抵抗ESRが大きめであることです．図3に，アルミ電解コンデンサのESR温度変化例を示します．

電解液をマイナス極として働かせる構造で大きな静

図2[(2)] アルミ電解コンデンサの構造

電容量を実現させていますが，反面，電解液の導電性による制約から，数十mΩから数百mΩ程度の等価直列抵抗値が発生してしまいます．

電解液の導電性は温度依存性が大きく，特に低温で抵抗値が上昇する性質があるため，低い温度では素子自身の等価直列抵抗が上昇し，−25℃では1Ωを上回るような値になることがあります．

電解コンデンサは大きな容量値を期待して使用されることが多いので，静電容量と等価直列抵抗によって決まる時定数の値も大きくなりやすく，本来であれば周波数に反比例して減少するはずのインピーダンスが，数kHzという比較的低い周波数で底を打ち，上昇することになります．

スイッチング電源の平滑回路などのように，数十kHz以上の周波数領域において十分な低インピーダンス性能が要求される場合には，低インピーダンス仕様の電解コンデンサを用いると同時に，高周波インピーダンスを低くしやすい他のタイプのコンデンサを並列に用いることも検討対象とする必要があります．

図3 (2) アルミ電解コンデンサのESR温度変化例

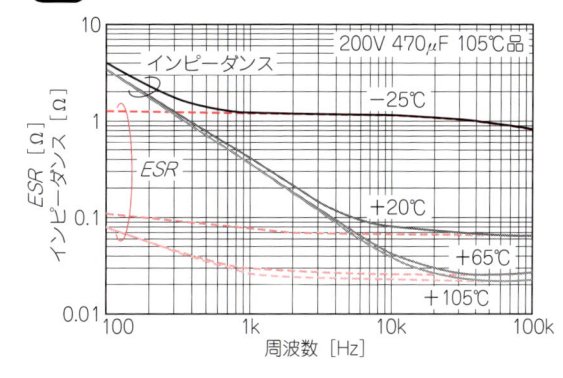

200V 470μF 105℃品

スパーク・キラー column

　純粋なコンデンサ素子ではありませんが，スパーク・キラーと呼ばれる，高耐圧のコンデンサと抵抗素子の直列回路を内蔵した部品があります（**図A**）．この部品は，ACから電源を取る機器のパワー・スイッチ周辺には，必ずといってよいほど使われるので，大変重要なものといえます．

　ACラインから電源を供給する機器の多くは電源トランスをもっていますが，そのためラインから見た機器のインピーダンスは誘導性になっていることが多いものです．このような機器の電源をパワー・スイッチでオフした瞬間には，誘導性インピーダンスの働きにより回路電流を保持しようとして，何も対策をしない場合にはスイッチ・コンタクトの両端に発生した高い電圧によりスパークが発生します．スパーク発生時にはスイッチ・コンタクトは非常に高い温度にさらされるので，コンタクトの摩耗を早め，スイッチの寿命を悪化させます．

　スパークを防止するため，ACパワー・スイッチの両端にはスパーク・キラーが接続されます．スイッチ・オフ時に急激に跳ね上がるコンタクト両端電圧を直列のCR回路で短絡し，スパークの発生を抑えるように動作します．

　写真Aは岡谷電機産業製のSBシリーズの外観です．瞬間的なサージを吸収するだけですので，それほど大きな外形ではなく，一番静電容量の大きい0.5μFのタイプのものでも，素子幅と高さはそれぞれ23mm程度，素子厚さも11mm程度の大きさです．SBシリーズはリードに被覆電線が出たタイプですが，もちろん基板に直接実装可能な，Sシリーズという製品も用意されています．

図A スパーク・キラーの内部回路
抵抗とコンデンサが直列になっている．スイッチの両端などに接続して使用する．

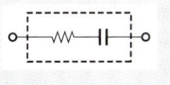

写真A スパーク・キラーの外観例
岡谷電機産業製．SBシリーズ．

7-5 リード型, ねじ端子型のアルミ電解コンデンサ

大きいアルミ電解コンデンサは実装に工夫が必要な場合もある

細かい目で見れば，いろいろ特性上の難点があるアルミ電解コンデンサですが，数十V以上の耐圧で何万μFというような，非常に大きなCV値が必要なときは，やはりアルミ電解コンデンサが使用されます．DC電源の平滑回路などでは，どうしても欠かせない存在となっています．大きなCV値の場合には外形も大きくなり，表面実装では機械的強度の面で不安が出てきます．したがって，リード・タイプやねじ端子タイプのアルミ電解コンデンサは，今でも非常によく使われています．

電解液を使用した構造による大きなCV値と引き替えに，宿命的とも言える特性上の難点がありますが，近年では部品メーカの努力により，特性や寿命の改善がめざましく，いろいろな特徴をもった品種が増えてきています．最近においても，特性の向上が精力的に続けられているので，新しいカタログを常にチェックしておく必要があります．

▶リード型

リード型のコンデンサであっても，なるべく外形を小さく作る要求が強く，以前ではラグ端子をもち，電線で配線するような大きさのCV値であっても，最近では基板上に実装することを想定した端子形状が増えてきました．図4に示すような，丈夫で短めの，少しばね性をもたせた端子をもち，基板の挿入穴にパチンとはめ込んで立たせることのできる，基板自立型と呼ばれる品種もあります．

▶ねじ端子型

さらにCV値が大きくなり，だいたい470000 μF・Vを越えるような品種では，さすがに基板上に立たせて実装しにくくなり，写真4に示す取り付けバンドのように，専用の取り付け金具を用いて筐体部材に取り付けられるのが普通です．

このような大きなものの中には，あらかじめ端子にねじ穴が設けられており，圧着端子などを併用して配線をねじ止めするようなものがあります．

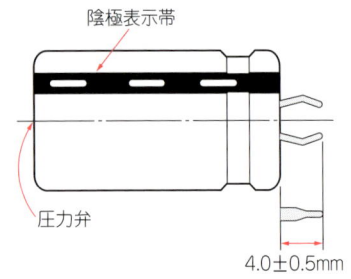

● 逆向きの電圧を加えたときの被害を防ぐ防爆弁

リード型やねじ端子型のアルミ電解では，CV値が大きくなるとともに，外形寸法も大きくなります．もしこのようなコンデンサが逆電圧などのストレスにさらされて，電解液の温度上昇により爆発に至ってしまうとたいへんです．素子自身の破壊だけでなく，周囲の回路や機器への影響も考えられます．このような2次災害を防ぐため，市販の素子では対策が施されています．

写真5は，リード型コンデンサの頭部（メーカのカタログではこちら側を底部と呼んでいることもある）に設けられた，防爆弁と呼ばれる十字型の溝を表しています．素子の温度が上昇しコンデンサ内部の圧力が高まると，この部分が花弁状に切れて開き，強い破裂や爆発が発生する前に内部圧力を解放します．表面実装タイプの素子でも，形状が少し大きめのものでは，同様に防爆構造にするなどの対策が施されています．

写真4 ねじ端子型素子の形状例

図4 (3) 基板自立型素子の端子形状の例
図はLSシリーズ（ニチコン）．
陰極表示帯
圧力弁
4.0±0.5mm

写真5 リード型コンデンサの防爆弁の例
防爆弁

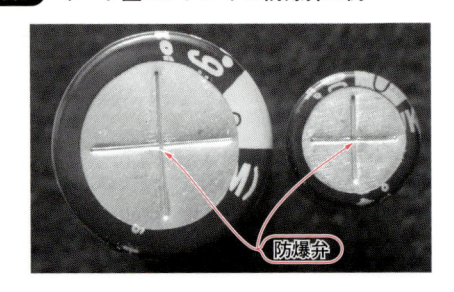

7-6 導電性高分子固体電解コンデンサ
低ESRで電源回路に使うと有効

● **特徴は大容量と低ESRの両立**

アルミ電解コンデンサの特徴である大きな単位体積当たりのCV値と同時に，小さい等価直列抵抗(ESR)を実現するための努力が続けられています．

それでも電解液の電導度をある程度以上に大きくすることが難しく，近年電解液の代わりにポリアセン(PAS)やポリエチレン・ジオキシチオフェンなどの導電性高分子を使用した素子が市販されるようになってきました．

このタイプの素子は，導電性高分子固体電解コンデンサと呼ばれます．このコンデンサでは，非常に大きな容量と，低い等価直列抵抗特性が両立できます．

例えば，太陽誘電のPASキャパシタでシリンダ型の形状をもつものでは，公称容量値56 Fで，内部抵抗値が70 mΩのものが入手可能です．耐圧は2.3 Vないし3.3 V程度までしか用意されていませんが，これだけのCV値が直径18 mm，高さ40 mmの外形寸法に凝縮されています．

導電性高分子固体電解コンデンサの中には，リード型のシリンダ形状のものだけではなく，もちろん小型の表面実装タイプのものもあります．

例えばCGシリーズ（ニチコン）では，定格電圧が2.5 V，静電容量が3300 μFのものでも，直径10 mm，高さ13 mm程度しかありません．しかも，等価直列抵抗が10 mΩという非常に小さな値です．このシリーズには耐圧が16 Vの品種までが用意されています．

● **導電性高分子タンタル固体電解コンデンサ**

単位体積当たりの容量が大きくとれ，インピーダンス周波数特性が優れています．したがって，特に高速ロジック回路の電源のデカップリングに適しており，近年需要が急速に増加しています．**写真6**にタンタル固体電解コンデンサを示します．

例えば，F11シリーズ（ニチコン）のうち，定格電圧2.5 V，静電容量1200 μFの製品では，等価直列抵抗が5 mΩ程度以下しかなく，しかも1 GHz以上の周波数まで低インピーダンスが維持されています（**図5**）．

同様の製品として，プロードライザ（NECトーキン）も有名です．

写真6 タンタル固体電解コンデンサの外観例

図5 F11シリーズ（ニチコン）のインピーダンス周波数特性の目安
ネットワーク・アナライザを使い，製品単体で測定（S_{21}特性からインピーダンスに換算）．数値は代表例．データシートより引用．

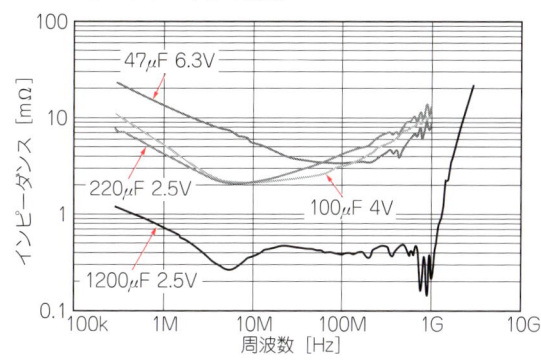

7-7 電気二重層コンデンサ
きわめて大きな静電容量をもちメモリなどのバックアップにも使われている

メモリのバックアップ用途や，電力貯蔵用途では，極めて大きな静電容量のコンデンサが必要となることがあります．このような場合によく使用されるのが，電気二重層コンデンサと呼ばれるタイプです．

一般に，定格電圧は2.5 Vないし5.5 V程度とそれほど高くありませんが，kFオーダの非常に大きな容量値が得られます．

直径64 mm，高さ150 mmほどの外形が大きなものでは，定格電圧2.5 Vで4000 Fもの容量値をもつものが市販されています．バッテリと比較して急速な充放電が可能なので，要求仕様によってはバッテリの代わりに使われることが増えていくものと思います．

◆参考・引用＊文献◆
(1)＊ チップマイカコンデンサ，UCシリーズ，http://www.soshin.co.jp/product/index.html，双信電機㈱．
(2)＊ アルミニウム電解コンデンサの概要，http://www.nichicon.co.jp/lib/aluminum.pdf，ニチコン㈱．
(3)＊ 製品情報，LLS1C103MELZ，http://products.nichiconco.jp/ja/pdf/XJA043/ls.pdf，ニチコン㈱．

（初出：トランジスタ技術2009年1月号）

徹底図解★LCR＆トランス活用 成功のかぎ

第 **8** 章
静電容量変化を利用した素子の特性と応用例

可変コンデンサ素子とセンサ

　可変抵抗素子と同じように，コンデンサにおいても静電容量を自由に変化させたい場合があります．このようなときに使用されるのが，可変コンデンサ素子（可変容量素子）と呼ばれる部品です．

　非常におおざっぱな言い方をすれば，抵抗素子は直流領域を含めた伝達ゲインや電圧，電流を決定付ける性質をもつのに対し，コイルやコンデンサなどのリアクタンス素子は，ある特定の周波数における回路の特性を決定付ける性質をもちます．従って，可変コンデンサ素子も，回路動作の周波数領域における挙動を変化させるための素子と言えるでしょう．

　例えば，フィルタ回路のカットオフ周波数を変化させたり，発振回路の発振周波数を変化させたりする動作は，回路の周波数特性を変化させることにより実現されます．このような目的のためには，可変抵抗素子を用いることもできますが，高周波増幅回路などのように，受動素子による電力損失を避けたい場合には適しません．そこで，可変コンデンサ素子の出番となるわけです．

　本章では可変コンデンサを選定するための基礎知識としていろいろな定格や，実際に市販されている可変コンデンサ素子，さらに容量変化を利用したセンサなどについて解説します．

8-1 アナログの同調回路や可変フィルタに用いられている 可変コンデンサ素子が使用される回路

● 同調回路

　可変コンデンサが使用されるもっとも身近な例としては同調回路があります．AMやFMなどのラジオ放送やテレビ放送を受信する場合に，特定の放送局を選んで受信するためには，受信回路が目的の放送局が発する電波の周波数のみに対して高い感度をもつように調整する必要があります．このような操作を一般に同調と呼びます．

　図1に示すのは，少々古典的なAMラジオの同調回路です．最近ではディジタル・チューニング・システムと呼ばれる同調方式が普及し，図のように可変コンデンサを直接使ってアンテナ直後の初段回路の共振周波数を変化させる例は少なくなってきましたが，少し前までのポータブル・ラジオなどではよく使用されていました．初段トランジスタ前後にコイルと可変コンデンサによる並列共振回路が設けられ，コンデンサの容量を変化させることによって同調周波数を変化させるように動作します．

　ディジタル・チューニング・システムなどにおいても，同調動作の際には局部発振周波数を変化させる必要があるため，可変コンデンサは欠かせないものとなっています．この場合には，可変コンデンサと言っても機械的操作によって容量を変化させる素子ではなく，バリキャップ・ダイオード（可変容量ダイオード）のような，制御電圧により容量が変化する素子を使って，同調動作を実現しています．

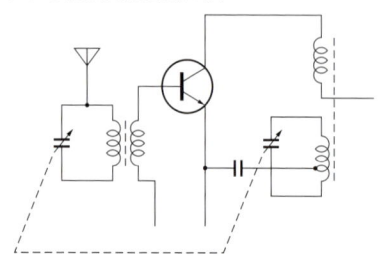

● 可変フィルタ

　オーディオ帯域やビデオ帯域などの，周波数がそれほど高くない回路での可変フィルタ回路は，OPアンプと可変抵抗素子を組み合わせて比較的簡単に構成することができますが，VHF帯を超えるような周波数領域では，OPアンプICなどを使用することがだんだん難しくなってきます．高周波用のフィルタ回路では，第3章で紹介したようなLCパッシブ・フィルタがよく用いられますが，ここで使用されるコンデンサとし

図1 ラジオ初段同調回路の例

て可変コンデンサ素子を使用し，カットオフ周波数を変化させることのできるフィルタを構成することが考えられます．

4次LCローパス・フィルタのコンデンサを，可変コンデンサ素子とした場合の回路例を**図2**に示します．この回路では，インダクタンスを固定のままで，コンデンサの値だけを変化させてカットオフ周波数を変化させているため，厳密にインピーダンスや肩特性を維持することはできませんが，変化範囲をそれほど大きく取らなければ十分実用に耐えることができます．

この場合の可変コンデンサ素子には，機械的な操作で容量を可変させる素子を使うことも考えられますが，バリキャップ・ダイオードを用いることにより，電圧制御型の可変フィルタを構成することもできます．また，特にカットオフ周波数を変化させる仕様のフィルタでなくても，LC型フィルタの特性を調整するための目的で可変コンデンサ素子を併用することももちろん行われています．

図2 可変フィルタ回路の例

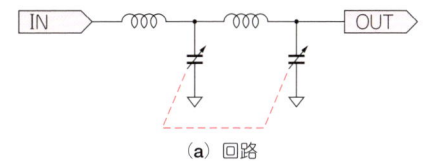

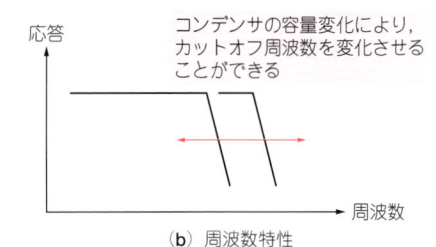

(a) 回路

(b) 周波数特性

コンデンサの容量変化により，カットオフ周波数を変化させることができる

リード線で一桁低い容量のトリマ・コンデンサを作る column

高いインピーダンスで，高周波を扱う回路の場合には，回路素子として必要な容量値は1 pFを下まわることがあります．そのような回路に限って，実装後に素子容量を変化させて最適な特性を得たい場合が多いです．

例えば高速のフォト・ディテクタ・アンプを作る場合，電流-電圧変換感度を大きくするためには，NFB抵抗の値を1 MΩ以上の大きな値にしなければならないことがあります．回路を安定に動作させるため，この抵抗に並列にコンデンサを追加する場合，1 pFのコンデンサであっても，カットオフ周波数は159 kHzという低い周波数となります．現実にはもう一桁程度以上，小さな容量のコンデンサが欲しいところです．

このような回路で，並列コンデンサの値を微調整し，最適な特性を実現したい場合は，最小容量が0.1 pF以下のトリマ・コンデンサが欲しくなりますが，そのようなものは筆者の知る限り市販されていません．市販のトリマ・コンデンサでは，最小容量が0.5 pF程度だと思います．

筆者が時々行う苦肉の策を紹介します．**図A**には高速OPアンプICとその電源バイパス・コンデンサおよびNFB抵抗が描かれています．NFB抵抗の片側のパッドに短いリード線をはんだ付けし，リード線をもう片方のパッドに向けて曲げてあります．特性を見ながら曲げ方を調節し，最適な並列容量値を実現します．リード線の形が確定したら，誘電率の小さいコート剤などで固定します．敏感な場合は，コート剤を付けておいてから，固まる間に曲げ方を調節することもあります．

図A リード線で市販品より一桁低い容量のトリマ・コンデンサを作る

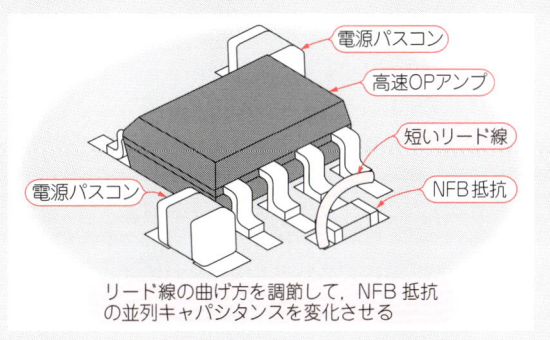

リード線の曲げ方を調節して，NFB抵抗の並列キャパシタンスを変化させる

8-2 可変コンデンサ素子の定格

静電容量の可変範囲や耐電圧,温度係数に注意が必要

● 静電容量の最小値と最大値

　一般に可変コンデンサ素子は，可変抵抗素子とは異なり，容量値を数桁にわたる広い範囲で変化させることは難しく，容量変化範囲の下限と上限の両方が仕様として表されていることがほとんどです．メーカによって異なる呼び方もありますが，「静電容量最小値」「静電容量最大値」というような呼び方がされています．また，よく使用されるセラミック・トリマ・コンデンサでは，おおまかに言えば，静電容量最大値の大きなもののほうが，静電容量最小値との比率が大きく取れています．例えば，村田製作所のTZ03シリーズでは，最大容量値120 pFのものでは，最小値が10 pF以下と，12倍の可変範囲が確保されています．一方，最大容量値が2.3 pFの製品では，最小値は1.25 pF以下と，2倍程度の可変幅しか保証されていません．

● 温度係数

　可変コンデンサでも静電容量値の温度に対する依存性が問題になることがあります．この特性を表す定格が，「温度係数」と呼ばれるものです．

　特にコイルと可変コンデンサを組み合わせて構成する共振回路では，コイルのインダクタンスが正の温度係数をもつことが多いので，コンデンサには逆に負の温度係数をもたせ，LC積すなわち共振周波数の温度依存性が小さくなるようにすることも行われています．従って可変コンデンサでは，温度係数をなるべく小さくしたタイプと，故意に温度係数をマイナスにしたタイプのものが多く市販されています．

　温度特性を重視した回路に用いる部品の品種選定の際には，温度係数のばらつきの大きさにも注意する必要があります．カタログやデータシートに，温度係数そのものの中心値とばらつき範囲が併記されていることが多いです．

● 外形寸法

　可変コンデンサも回路の小型化要求にともなって，外形寸法の小さい品種がどんどん発表されてきています．また，表面実装タイプの製品が最近特に多くなってきています．

　一方，大きな容量や高い定格電圧の品種では，どうしても形状が大きくなってしまいます．固定コンデンサと同様に，いろいろな形状や大きさのものが市販されているので，実装可能な大きさを検討のうえ，適するタイプや形状の品種を選定する必要があります．

● 定格電圧と耐電圧

　可変コンデンサも基本的には2枚の電極を近距離で向かい合わせた構造をもっているので，印加電圧の上限が決められています．この電圧値は電圧印加条件によって，「定格電圧」または「耐電圧」と呼ばれています．

　定格電圧は，そのコンデンサに長い時間連続して印加してもよい電圧の最大値を表しています．耐電圧は短時間に限り印加することが許される電圧です．ここで言う「短時間」とは，例えば商用交流(50 Hz)の半波分の時間である10 msとか，いくつかの例がありますが，メーカにより定義が異なることがあるので注意が必要です．また，可変コンデンサの場合には，定格電圧値よりもかなり大きい耐電圧値がカタログに記載されていることがありますが，回路設計や品種選定の際には実際の動作条件での印加電圧が部品の定格電圧値を超えないようにしたほうがより無難でしょう．

● 段数，または連数

　トリマ・コンデンサ(半固定コンデンサとも言う)のように，回路特性の微調整を目的として使用されるものとは異なり，AM/FMチューナのチューニングに使用されるもののように，ユーザが直接操作するタイプの可変コンデンサの場合には，複数の素子の容量を同時に変化させる必要がある場合がほとんどです．エア・バリコンやポリバリコンでは，このような目的のために，一つのボディの中に複数個の可変コンデンサ素子を内蔵し，一つの操作軸で全部を同時に動かせるようにしたものが市販されています．内蔵されている素子数を，「段数」あるいは「連数」と呼んでいます．

● 可変係数曲線

　可変抵抗素子の場合と同様に，可変コンデンサの場合にも，操作軸の回転角度に対する容量変化特性には，いくつかのタイプのものが用意されています．

　多くのポリバリコンでは，ラジオのチューニング・ノブに取り付けて使用することを想定しており，特定のタイプの同調回路向けに設計されていることが多く，可変係数曲線もそのような用途に合わせたカーブとなっています．

● 回転トルク

　可変コンデンサ素子の回転軸を回転させるのに必要な機械的な強さを回転トルクと呼び，[mNm]（ミリニュートン・メートル）や[gcm]（グラム・センチメートル）などの単位で表されています．

8-3 市販の可変コンデンサ素子

セラミック・トリマ・コンデンサとバリキャップ・ダイオードがよく使われている

● セラミック・トリマ・コンデンサ

可変コンデンサのなかでも，もっとも使用頻度の高いものの一つとして，セラミック・トリマ・コンデンサがあげられます．この素子は，もっぱら回路特性の微調整用として使用されます．

ある回路の特性が，CR素子の微妙な値によって左右される場合を考えます．高精度の部品が望まれる場合，固定抵抗素子であれば，精度の非常に高いものが比較的容易に入手できます．

ところが固定コンデンサ素子は，ある程度精度の高いものが市販されてはいるのですが，抵抗素子に見られるほど超高精度な素子を入手するのは困難です．また，回路素子の配置方法によっては，部品相互間や部品対グラウンド間などに寄生容量が発生しやすく，扱う周波数が高くなるほど，これらの要素が特性に大きく影響するようになってきます．

以上の理由から，実際の回路中での素子値の実効的な値の高精度なコントロールは，抵抗要素と比較して，静電容量要素のほうがずっと難しくなります．このため，扱う周波数の高い回路では，セラミック・トリマ・コンデンサはたいへん必要度の高い素子と言えるでしょう．

セラミック・トリマ・コンデンサも，他のCR素子と同じように，表面実装型のものと，リード型のものが市販されています．特に最近では表面実装型の使用頻度が増えてきており，形状も以前と比較して驚くほど小さいものが市販されるようになってきました．

▶ 表面実装型

非常に形状が小さいものの例として，村田製作所のTZR1シリーズを挙げます（写真1，表1）．平面投影寸法は幅1.5 mm，長さ1.7 mm，高さも0.85 mmしかありません．外形寸法が小さいことは自己共振周波数を上昇させることにも寄与し，このシリーズの最大容量1 pFのものでは6.2 GHzという高い値が得られています．

しかし，形状が小さいので，それほど大きな容量のものを作るのは難しいようで，温度係数を0 ppm/℃（± 300 ppm/℃または± 500 ppm/℃）にコントロールしたものでは，最大容量値4 pFのものが一番容量が大きい製品です．温度係数を − 750 ppm/℃（± 500 ppm/℃）としたものでは，最大容量値8 pFの製品が用意されています．ややサイズが大きめのTZY2シリーズもあります（写真2）．

一般に形状の小さいセラミック・トリマ・コンデンサは，定格電圧が25 V程度しかないものが多いのですが，表面実装タイプのものであっても，100 Vの定格電圧値をもつものがあります．例として村田製作所のTZC3シリーズを挙げます（写真3）．外形寸法は幅3.2 mm，長さ4.5 mm，高さ1.6 mmと少し大きくなりますが，温度係数が0 ppm/℃（± 300 ppm/℃）のものでは最大容量値6 pFのものまでが用意されています．温度係数の中心値を − 1200 ppm/℃としたもので

写真1 TZR1シリーズ（村田製作所）の外観

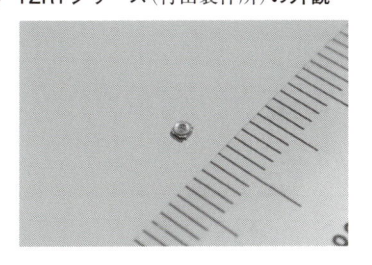

写真2 TZY2シリーズ（村田製作所）の外観

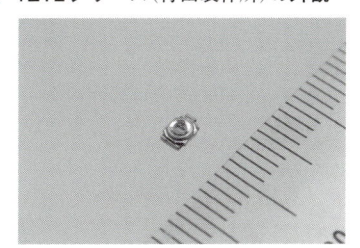

表1[(1)] TZR1シリーズ（村田製作所）の規格

型　番	静電容量最小値 （以下） [pF]	静電容量最大値 [pF]	温度係数	Q	定格電圧	耐電圧
TZR1Z010A001	0.55	1.0 + 100/ − 0 %	NP0 ± 300 ppm/℃	200 min. at 200 MHz, Cmax	25 V_{DC}	55 V_{DC}
TZR1Z1R5A001	0.7	1.5 + 100/ − 0 %	NP0 ± 300 ppm/℃	200 min. at 200 MHz, Cmax	25 V_{DC}	55 V_{DC}
TZR1Z040A001	1.5	4.0 + 100/ − 0 %	NP0 ± 500 ppm/℃	300 min. at 1 MHz, Cmax	25 V_{DC}	55 V_{DC}
TZR1R080A001	3.0	8.0 + 100/ − 0 %	N750 ± 500 ppm/℃	300 min. at 1 MHz, Cmax	25 V_{DC}	55 V_{DC}

絶縁抵抗：10000 MΩ　回転トルク：0.1 ～ 1.0 mNm　使用温度範囲：− 25 ～ + 85℃

は，最大容量値30 pFのものまでが入手可能です．

▶ リード型

もちろんリード型のセラミック・トリマ・コンデンサも市販されています．表面実装タイプのものよりも形状が大きくなりますが，その分，最大容量値の大きなものが入手できます．例として村田製作所のTZ03シリーズを挙げます（**写真4**）．外形寸法はおおむね直径6 mm程度，高さも約5 mm程度ありますが，温度係数の中心値をゼロとしたもので最大容量値10 pFの製品までが，温度係数をマイナスとしたものでは最大容量値が120 pFの製品までが用意されています．

調整ドライバの挿入方向により二つのタイプが存在し，通常のFタイプと呼ばれるものでは基板実装側からの調整に対応するのに対し，Nタイプでは基板に調整用の穴をあけ，部品実装面の反対側からドライバを挿入して調整できるようになっています．

容量の小さい素子になるほど，金属製ドライバを調整穴に接触させることによる容量変化が問題となり，調整が難しくなる傾向が出てきますが，回路図上でトリマ・コンデンサの端子の片方が高周波的にインピーダンスの低いグラウンドや基準電源などに接続されている場合には，素子のマイナス側を低インピーダンス側に接続するように実装することにより，調整ドライバによる容量変動を小さく抑えることができます．

そのため，セラミック・トリマ・コンデンサには，電気的な意味での極性は存在しませんが，カタログ上などに「＋側（またはホット側）」「－側（またはアース側）」という表示がされていることがあります．

● バリキャップ・ダイオード

バリキャップ・ダイオード（可変容量ダイオード，バラクタ・ダイオードとも呼ばれる）は半導体素子なので，厳密な意味では受動素子とは言えないかもしれません．しかし，可変コンデンサ素子として近年ひんぱんに使用されるようになってきているので，ここで説明したいと思います．

▶ 内部構造と動作

図3はバリキャップ・ダイオードの動作を模式的

写真3 TZC3シリーズ（村田製作所）の外観

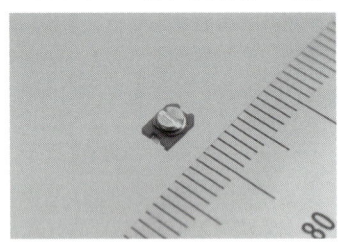

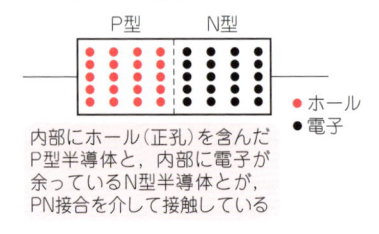

写真4 TZ03シリーズ（村田製作所）の外観

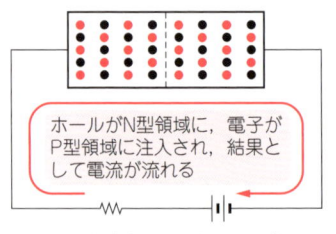

図3 バリキャップ・ダイオードの動作

（a）半導体ダイオードの模式図
内部にホール（正孔）を含んだP型半導体と，内部に電子が余っているN型半導体とが，PN接合を介して接触している

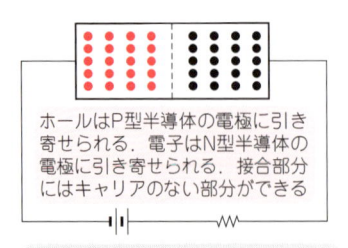

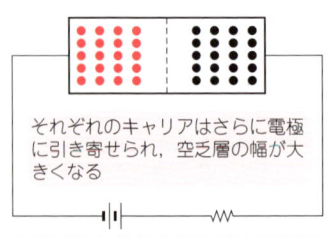

（b）順方向に電圧をかけると
ホールがN型領域に，電子がP型領域に注入され，結果として電流が流れる

（c）逆方向に電圧をかけると
ホールはP型半導体の電極に引き寄せられる．電子はN型半導体の電極に引き寄せられる．接合部分にはキャリアのない部分ができる
接合部分にできたキャリアのない部分を空乏層と言う．キャリアの分布している領域を2枚の電極，空乏層を絶縁層とみなせば，結果的にコンデンサの構造ができあがっている

（d）逆方向電圧を大きくすると
それぞれのキャリアはさらに電極に引き寄せられ，空乏層の幅が大きくなる
つまり，逆方向電圧の大きさにより空乏幅をコントロールでき，容量を電圧制御することが可能なコンデンサとして働かせることができる

に示したものです．半導体ダイオードは内部にホール（Hole，正孔）を含んだP型半導体と，内部に余剰電子を含んだN型半導体とがPN接合を介して接触している構造をしています．ダイオードに順方向電圧を印加すると，P型領域にあったホールはN型領域に注入され，またN型領域にあった電子はP型領域に注入されます．PN接合を通して双方のキャリア（ホールと電子をひっくるめてこう呼ぶ）の移動が行われるので，結果として電流が流れることになります．

今度は逆方向に電圧を印加した場合を考えます．それぞれのキャリアは順方向電圧印加の場合とは逆に，それぞれの電極に濃度分布が引き寄せられることになります．このときにはPN接合を通したキャリアの移動が起こらないので，（厳密な意味を除けば）逆方向には電流は流れません．PN接合付近のキャリア密度が小さくなり，キャリアの存在しない部分が発生しますが，この部分を空乏層と呼んでいます（実際にはバイアス電圧を印加しない場合でも，わずかな空乏層幅が存在している）．

P型領域，N型領域それぞれに存在するキャリアの分布を2枚の電極板，空乏層を間に挟まれた絶縁層とみなすと，この構造はちょうどコンデンサのものと同じようになり，実際に両電極間に静電容量をもつようになります．つまり，逆方向にバイアスしたダイオードは，コンデンサとして働かせることができるわけです．

逆方向電圧をさらに高くすると，双方のキャリア分布がさらにPN接合面から離れ，空乏層幅が大きく広がることになります．この状態は，コンデンサの電極間距離を大きくしたことと等価となり，電極間の静電容量が小さくなります．このように，逆方向バイアス電圧を変化させることで，ダイオードの両電極間の静電容量をコントロールできます．この原理を応用した素子が，バリキャップ・ダイオードと呼ばれるものです．

市販のバリキャップ・ダイオードでは，逆方向電圧に対する容量変化の依存性を大きくして，低い制御電圧範囲でも大きな静電容量変化を得るようにするため，PN接合領域付近だけ特に不純物密度を高めることが行われています．

このような不純物濃度分布をもつPN接合を，超階段接合と呼んでいます．不純物濃度分布を上手くコントロールすることにより，バリキャップ・ダイオードを使ってLC共振回路を構成したときの共振周波数変化が，制御電圧変化に比例するようにすることも可能になります．

▶ **FMチューナでの使用例**

バリキャップ・ダイオードの実例として，FMチューナ電子同調用の1SV228（東芝）を挙げます（**図4**）．このダイオードはSC59型の表面実装パッケージに2素子が内蔵されたタイプですが，もちろん1素子だけのタイプも市販されています．半導体ダイオードですから，当然印加可能な逆電圧の最大値が決められていて，この素子の最大定格逆電圧は15 Vとなっています．

1SV228は周囲温度25℃のとき，1 Vから9 Vの逆電圧によって電極間容量をだいたい45 pFから10 pF程度まで変化させることができます．ただし，制御電圧が低いときすなわち静電容量が大きいときほど，静電容量値の温度依存性が大きくなるので注意が必要です．

▶ **電圧制御発振回路での使用例**

図5は，FETソース・フォロワによる電圧バッファと，1素子型のバリキャップ・ダイオード（図中VCと表記）を用いたクラップ型電圧制御発振回路の概念図です．C_bは電源のバイパス・コンデンサ，C_{c1}はFETゲート回路のDCブロックのためのコンデンサ，C_{c2}は出力カップリング・コンデンサで，発振周波数にもよりますが，いずれもC_1やC_2などと比較して大

図4 バリキャップ・ダイオード1SV228の外形と特性

（a）内部
（b）特性

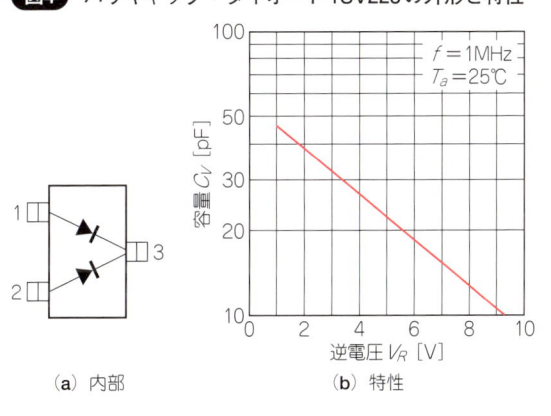

図5 クラップ型電圧制御発振回路の概念図

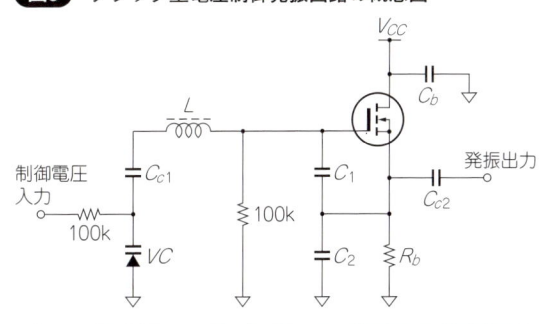

C_{c1}，C_{c2}，C_bには大きめの値を用いる．
R_bは使用するFETとドレイン電流により決定する．
発振周波数fは，おおむね次の式で計算できる

$$f = \frac{1}{2\pi}\sqrt{\frac{1}{L}\left(\frac{1}{VC} + \frac{1}{C_1} + \frac{1}{C_2}\right)}$$

制御電圧によるVCの変化で，発振周波数を変化させることができる

図6 PLL回路の構成

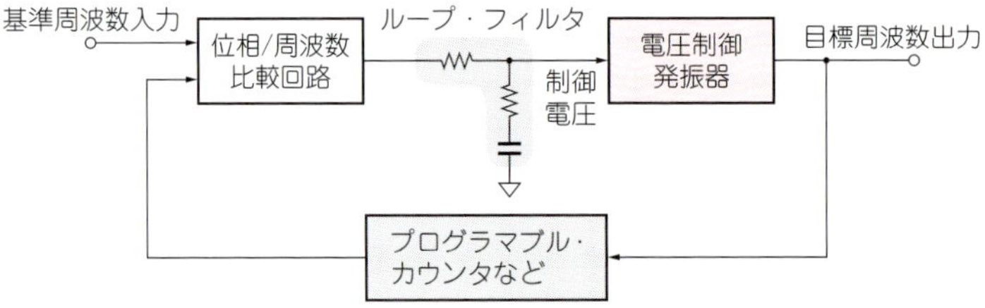

きめの容量のものを用います．また，R_b は使用するFETと，そのドレイン電流により値が決定されます．

この回路の発振周波数は，FETの電極間容量などを無視すると，図に示す式で計算できますが，この式に含まれる VC を制御電圧により変化させることにより，電圧で周波数を制御可能な発振回路を構成することができます．

▶ PLL回路での使用例

バリキャップ・ダイオードは，ある一定の制御電圧に対して，容量値のばらつきやドリフトが大きいので，多くの場合にはフィードバック・ループの構成要素として使用されます．

図6 はPLL(Phase Locked Loop)と呼ばれる回路の構成図を表します．PLL回路は周波数シンセサイザやディジタル・チューニング・システム，さらにはモータの回転数制御などに非常によく使われる回路です．

PLL回路の構成要素には，「位相/周波数比較回路」と「電圧制御発振回路」が，ほとんどの場合必要となります(位相だけを比較する場合もある)．ここで表されている電圧制御発振回路の機能を実現するために，バリキャップ・ダイオードが使用されます．PLL回路は，一種のフィードバック・ループ回路ですから，系の安定性を確保するために，多くの場合はループ・フィルタも必要となります．

出力から位相/周波数比較回路にフィードバックされる経路に，N 分周のプログラマブル・カウンタを挿入すれば，基準周波数の N 倍の周波数を出力として得ることができます．カウンタ回路には，「フラクショナル N」と呼ばれる回路を使用することで，基準周波数の整数倍に限らず，半端な数値の周波数を得る工夫もされています．

● ポリバリコン

ポータブル・ラジオなどでは，消費電力を小さく抑えるために回路規模を小さくまとめる必要があります．PLLを使用せずに，直接操作で静電容量を変化させることのできる部品をチューニング・ダイヤルとして使用すれば，同調回路の規模を小さくすることができます．

そのような目的で現在においても使用されているのが，ポリバリコンと呼ばれる部品です．ポリバリコンは，ポリエチレン・フィルムを誘電体として用いることにより小型化を図った可変コンデンサです．

ポリバリコンは，セラミック・トリマ・コンデンサと比較すると形状の大きな機械的可動部分をもっているので，ポータブル・ラジオの基板への実装の際に，スピーカと近づけすぎると，スピーカの音響振動がポリバリコンの構成部品にフィードバックされて発振現象を起こす，いわゆるハウリングが発生することがあります．

メーカの技術により，耐ハウリング性に優れた製品が市販されるようになってきていますが，スピーカとポリバリコンの距離を大きく取ったり，スピーカをラジオのケースに着実に取り付けるようにするなどの対策が必要になります．

● エア・バリコン

最近はほとんど見かけなくなりましたが，かつては高級チューナなどの同調回路には，空気コンデンサの電極板の対向面積を機械的に変化させることにより静電容量可変方式を用いた，エア・バリコンという部品が好んで使用されていました．

現在では生産しているメーカも少なくなり入手が難しくなりましたが，大きな高周波電力が扱えたり，大きな Q 値が得やすいことから，アマチュア無線家などの間では根強い人気があります．

◆引用文献◆

(1) ㈱村田製作所：セラミックトリマコンデンサ，Cat.No.T13-13.
http://www.murata.co.jp/catalog/t13j13.pdf

(初出：トランジスタ技術2009年2月号)

8-4 容量変化を利用したセンサ

コンデンサ・マイクが身近に多く使用されている

　コンデンサ素子は回路要素としての用途だけではなく，その静電容量の変化を利用して，機械振動や変位を検出するセンサとして用いられることがあります．また，電極板を固定したままでも，間に挟まれる絶縁物質の誘電率の変化を捕らえて，絶縁物質そのものの成分変化を検出するセンサを構成することも可能です．

● コンデンサ・マイクロホン

　静電容量変化により振動を検出する身近な例としては，コンデンサ・マイクロホンが挙げられます．コンデンサ・マイクロホンは，固定板と振動板のそれぞれ二つを電極とするコンデンサの構造をしています（図7）．通常のコンデンサと異なるところは，振動板電極が，音響振動を拾って容易に振動できるように，金属板を蒸着した薄いフィルムでできているところです．

　このコンデンサ（静電容量C）に高抵抗を介してバイアス電圧Vを印加すると，2枚の電極の間には$Q = CV$で決定される電荷が充電されます．このとき，振動板の負荷インピーダンスを非常に高くしておくと，Qは音声振動に対して十分大きな時定数で一定性を保つようになります．

　この状態で外部から入力された音響エネルギーにより，振動板に機械的変位が起きると，静電容量Cの値が音響波形に応じて変化します．Qがほぼ一定と見なせるので，Cの変化はすぐに電極間電圧の変化分ΔVとなって現れます．ΔVを高入力インピーダンスの電圧バッファを使って外部に取り出すことにより，音響振動の電圧信号が得られることになります．

　バイアス電圧を外部から与える代わりに，電極板のどちらかにエレクトレット素子という半永久的に帯電している材料を用いることがあります．このようなマイクロホンは，エレクトレット・コンデンサ・マイクロホンと呼ばれます．この場合にはバイアス電圧Vが不要となり，バッファ回路だけの電源で済みますから，比較的低価格で小型のマイクロホンを作ることが可能になります．特に固定板のほうにエレクトレット素子を用いたものはバック・エレクトリック型と呼ばれ，振動板材質の選択自由度が増えるので，良い音質を得るためには有利となります．

● 原油成分のモニタ

　地下から原油をくみ上げるとき，いつも純度の高い炭化水素成分や，有用な有機物成分だけが含まれていればよいのですが，水分を大量に含んでいることがしばしばあります．したがって，原油をくみ上げながら，連続的に水分含有量を監視することが必要になることがあります．

　このような場合，図8に示すように原油くみ上げパイプに電極を取り付け，複数の電極間に存在する静電容量を測定することにより，原油成分を連続的にモニタできるようになります．炭化水素成分よりも水のほうが大きな比誘電率をもちますから，静電容量の増加により，水分含有量が増えたことを知ることができるわけです．静電容量だけでなく，同時にコンダクタンスの測定を行うことで，海底油田などから採掘される原油に含まれる海水成分をモニタすることも行われています．

図7 コンデンサ・マイクロホンの原理

固定板
振動板（金属を蒸着したフィルム）
音響振動が振動板を動かす
V_{CC}
高入力インピーダンスの電圧バッファ
音響電圧信号出力
バイアス電源V

$Q = CV$で，Qが大きな時定数で一定性を保つ場合，振動板の振動でCが変化したとき，Vの変化分が現れる（$V \pm \Delta V$）．ΔVを高インピーダンス・バッファで取り出せば，音響振動の電圧信号が取り出せる

図8 原油成分の連続モニタ

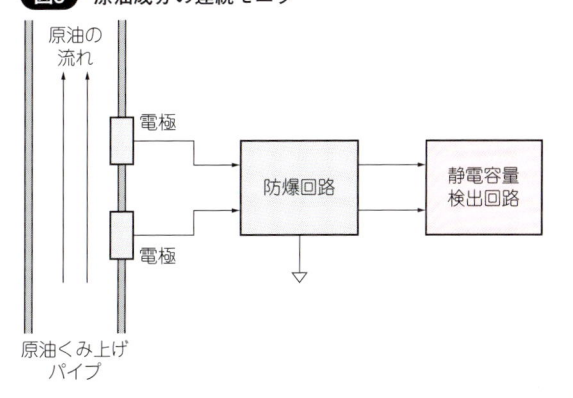

原油の流れ
電極
防爆回路
静電容量検出回路
電極
原油くみ上げパイプ

徹底図解★ LCR & トランス活用 成功のかぎ

第 **9** 章
定格，形状，種類と用途

インダクタ素子の定格と種類

　インダクタ素子を選定するために必要となるいろいろな定格や，実際に市販されている素子の特性についてお話しします．

● **インダクタンスの用途**

　オーディオ帯域などの低い周波数を扱う回路では，素子に要求されるインダクタンスの値が大きくなる傾向があります．このため，インダクタ素子の形状も大きく，価格も高価になりがちなので，CR素子と能動素子を組み合わせて，等価的にインダクタンスを実現することがあります．

　一方，VHF帯（30 M～300 MHz）またはそれ以上のような比較的高い周波数を扱う回路においては，要求されるインダクタンスもそれほど大きくならない傾向にあり，低周波回路と比べて受動インダクタ素子が使用されることが多くなってきます．

　また，スイッチング電源回路で，入力の電源電圧よりも高い電圧を発生させたい場合にも，インダクタ素子が好んで使用されます．トランスやインダクタ素子を使わずに，コンデンサとMOSFETやダイオードなどのスイッチ素子を組み合わせて高い電圧を得ることもできます．しかし，大きな電力を扱う場合は，トランスを使ったりインダクタ素子に発生するフライバック電圧を使う方が便利です．

9-1 選ぶときに知っておきたいいろいろな定格
理想のインダクタは存在しない．希望の特性に近いものを選択する

● **理想インダクタ素子**

　回路動作を理論的に考えるとき，回路中にインダクタ素子が使われる場合は，概念的に理想的な L を念頭に置いているでしょう．そのような理想インダクタ素子に期待される性質は，だいたい次のようなものと考えられます．

- 素子を流れる電流の時間変化率と，素子の両端電圧が正確に比例する→インダクタンス誤差がない
- いかなる周波数領域においても，周波数とインピーダンスがきれいに比例する→直列抵抗成分や寄生容量がない
- 大きな直流電流を重畳させても，インダクタンスが常に一定である→磁気回路の飽和などを起こさない
- 周囲温度や素子温度が変化しても，インダクタンスがまったく変化しない
- 非常に小さいインダクタンスから非常に大きいインダクタンスまで，広い範囲の素子が入手できる
- 適度なサイズで回路を製作するのに困らない
- 値段が安い

　もちろん，実際に市販されているインダクタ素子に，上記の条件を一度に満足できるものは存在しません．従って，以下に説明する素子の定格と，実際の回路での使用条件を比較しながら，適する品種を見つけ出す必要があります．

● **インダクタ素子の構造とインダクタンスの関係**

　インダクタ素子は，原理的にはループ状あるいはヘリカル状の電流経路を巻き線や印刷，あるいはスパッタリングなどの方法で作り，その周囲に発生する磁界との相互作用でインダクタンスを得るようにできています．

　ループ状に巻く回数を多くするほど，磁束との相互作用が増えるので，一般的には巻き数の2乗に比例してインダクタンスも大きくなっていきます．従って，インダクタ素子は，単にコイルと呼ばれることも多いです．

▶ **コア材を使ったコイルの形状と特徴**

　小さい体積の中に多くの巻き数のコイルを閉じこめようとすると，巻き線の線径に細いものを使わざるを得なくなります．そのため，同時に巻き線の直列抵抗成分が大きくなります．抵抗値が大きくなるのを防ぐため，コイルの巻き数を多くする代わりに巻き線の周囲の透磁率を大きくすることでインダクタンスを稼ぐ方法も考えられます．

　磁気経路の透磁率を大きくするには，コイルのルー

プの中に鉄やフェライトなどの強磁性体で作ったコアを入れる方法があります．このようにコア材を用いたインダクタ素子は「鉄芯入りコイル」または「コア入りコイル」と呼ばれます．

コアで構成される磁気回路そのものをループ状に閉じてしまえば，コイル周辺の磁気抵抗が小さくなるので，大きなインダクタンスが実現しやすくなります．このとき，ほかの特性が犠牲になるので注意が必要です．

▶空芯コイルの形状と特徴

一方，コア材に強磁性体を使用しないものは，一般に「空芯コイル」と呼ばれます．大きなインダクタンスを得ることが難しくなりますが，コアの磁気飽和の影響がなくなるので，後で説明する直流重畳特性が良いというメリットがあります．

空芯コイルでは，1 nHを下回るような小さなインダクタンスのものから，だいたい5 mH程度のインダクタンスのものまでが市販されています．写真1に示すように，空芯でmHオーダのインダクタンスをもつ素子は，直径，厚さともに数十mmと大きな外形になります．

コア入りコイルの場合には，比較的インダクタンスの小さなもので1 μH程度，大きなものでは100 mH程度以上のものが標準品として市販されています．小信号用のコア入りコイルでは，100 mHもの大きなインダクタンスをもちながら，直径10 mmほど，基板実装高さも15 mmほどと比較的小さい外形です．このようなタイプでは直流電流容量が数mA程度しか許容されていないことがほとんどです．

● 直流重畳特性と定格電流，許容電流

コア材の透磁率が高いと，比較的少ない巻き数でも大きなインダクタンスが得られます．同一体積であれば太い巻き線が使用でき，巻き線の長さは短くなるので直列抵抗成分が減少します．直列抵抗成分のことだけを考えれば，空芯コイルよりもコア入りコイルの方がずっと有利なような気がします．

ところが，今度はコアの中を通過できる磁束量の限界により，素子が許容できる電流値が制限されるようになってきます．特に磁気回路をループ状に閉じた形の素子では，磁気回路の磁気抵抗が小さくなるために大きなインダクタンスを得やすい特徴があります．反面，小さな電流でも大きな磁束量がコア内を通過することを意味します．コアの断面積が一定という条件の下ではコア内の磁束密度が，材料によって決まる限界値まですぐに達してしまいます．図1に一般信号用インダクタNLCシリーズ(TDK)の直流重畳特性を示します．

インダクタ素子の許容電流は，空芯コイルの場合は巻き線抵抗分による電力損失に，コア入りコイルの場合はコアの磁気飽和によって，おおむね制限されるといえます．インダクタ素子を選定する際，必要なインダクタンス値を選ぶことはもちろん大切ですが，常に許容電流を念頭に置く必要があります．

一般的に大きな定格電流を許容しつつ，大きなインダクタンスを得るためには，それだけ大きな外形が必要になります．非常におおざっぱですが，インダクタ素子に必要な外形を見積もるのに，インダクタンスと

写真1 数mHオーダのインダクタンスをもつ空芯コイルの外観例
スピーカ・ネットワーク用 L2.8空芯コイル（フォスター電機）．

図1 直流重畳特性の一例 [NLCシリーズ(TDK)]

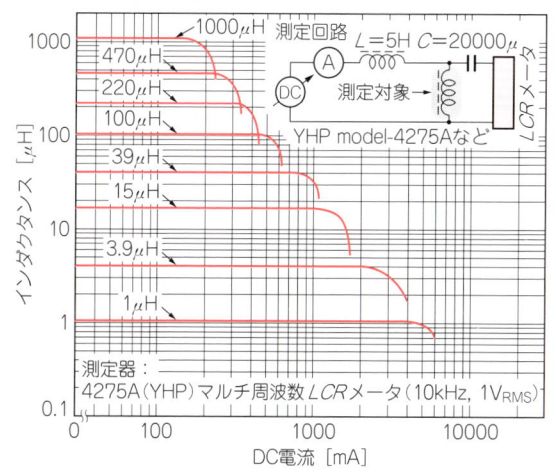

定格電流の2乗の積 $L \cdot I^2$ を計算してみる方法があります．いろいろな外形寸法のインダクタ素子について，だいたい上限と考えられる電流値を**表1**に示します．参考にしてください．

インダクタンスと定格電流の両方とも大きい値の素子が必要な場合には，市販の標準品にはないことがあります．

例えば，許容電流1Aで，100 mHのインダクタ素子が必要な場合は，メーカに特注するか，自分でコア材や線材を用意して製作する必要があります．

● インダクタンスの許容差

固定インダクタ素子では，抵抗素子に見られるような非常に高精度のものは製作が難しいようで，通常では市販されていません．比較的高精度が得られる薄膜タイプのインダクタ素子でも，市販標準品では許容差2％程度が限界のようです．空芯巻き線タイプの素子では5～20％，電流容量の大きなチョーク・コイルで

表1 いろいろなインダクタの外形寸法とインダクタンス，定格電流

型番	メーカ	タイプ	外形寸法	インダクタンス L [H]	定格電流 I [A]	$L \cdot I^2$ の値 [HA²]
LL1608-FSL1N2S		積層チップ・インダクタ（高周波用）	1.6 × 0.8 × 0.8 mm	1.20×10^{-9}	1	1.20×10^{-9}
LL1608-FSL22NJ				2.20×10^{-8}	0.6	7.92×10^{-9}
LL1608-FSLR27J				2.70×10^{-8}	0.15	6.08×10^{-10}
FSLM2520-R10		巻き線チップ・インダクタ（高周波用）	2.7 × 2.2 × 1.7 mm	1.00×10^{-7}	0.57	3.25×10^{-8}
FSLM2520-3R9				3.90×10^{-6}	0.185	1.33×10^{-7}
FSLM2520-270				2.70×10^{-5}	0.115	3.57×10^{-7}
FSLM2520-221				2.20×10^{-4}	0.044	4.26×10^{-7}
D3010FB1 μH	東光		3.2 × 3.2 × 1.0 mm	1.00×10^{-6}	1.1	1.21×10^{-6}
D3010FB10 μH				1.00×10^{-5}	0.41	1.68×10^{-6}
D3010FB47 μH				4.70×10^{-5}	0.18	1.52×10^{-6}
D52FU0.47 mH			5.7 × 5.2 × 2.2 mm	4.70×10^{-4}	0.14	9.21×10^{-6}
D52FU1.8 mH				1.80×10^{-3}	0.074	9.86×10^{-6}
D52FU6.8 mH				6.80×10^{-3}	0.037	9.31×10^{-6}
D10F10 μH		巻き線チップ・インダクタ（一般用）	11.5 × 9.7 × 5 mm	1.00×10^{-5}	2.6	6.76×10^{-5}
D10F150 μH				1.50×10^{-4}	0.8	9.60×10^{-5}
D10F1.5 mH				1.50×10^{-3}	0.25	9.38×10^{-5}
SDS090810 μH			9.5 × 10.5 × 7.5 mm	1.00×10^{-5}	3	9.00×10^{-5}
SDS0908100 μH				1.00×10^{-4}	1	1.00×10^{-4}
SDS09081000 μH				1.00×10^{-3}	0.3	9.00×10^{-5}
SDS090815000 μH	コーア（KOA）			1.50×10^{-2}	0.075	8.44×10^{-5}
SDS12082.5 μH			12.7 × 12.7 × 8.0 mm	2.50×10^{-6}	7.5	1.41×10^{-4}
SDS120827 μH				2.70×10^{-5}	3	2.43×10^{-4}
SDS1208100 μH				1.00×10^{-4}	1.5	2.25×10^{-4}
SDS12081000 μH				1.00×10^{-3}	0.5	2.50×10^{-4}
C2LB1 μH			φ 6.5 × 5.1 mm	1.00×10^{-6}	4	1.60×10^{-5}
C2LB47 μH				4.70×10^{-5}	0.68	2.17×10^{-5}
C2LB1800 μH				1.80×10^{-3}	0.08	1.15×10^{-5}
C2XA10 μH	東光	巻き線リード型インダクタ	φ 12.5 × 15 mm	1.00×10^{-5}	5.5	3.03×10^{-4}
C2XA56 μH				5.60×10^{-5}	2.8	4.39×10^{-4}
C2XA390 μH				3.90×10^{-4}	1.3	6.59×10^{-4}
C2XA2700 μH				2.70×10^{-3}	0.39	4.11×10^{-4}
C2XA8200 μH				8.20×10^{-3}	0.23	4.34×10^{-4}
SL121510 μH			φ 12 × 14.5 mm	1.00×10^{-5}	9.8	9.60×10^{-4}
SL1215100 μH				1.00×10^{-4}	3.4	1.16×10^{-3}
SL12151000 μH				1.00×10^{-3}	1.1	1.21×10^{-3}
SL12155600 μH	TDK			5.60×10^{-3}	0.47	1.24×10^{-3}
SL21251000 μH			φ 20.8 × 25.5 mm	1.00×10^{-3}	1.7	2.89×10^{-3}
SL21253300 μH				3.30×10^{-3}	0.95	2.98×10^{-3}
SL212510000 μH				1.00×10^{-2}	0.55	3.03×10^{-3}

※定格電流値は，主にインダクタンス変化率に基づく値を表す．温度上昇に基づく電流値は上記の値より小さくなる場合がある

は10～30%の許容差のものが多いです．

インダクタンス精度が必要な場合には，固定素子の代わりに可変インダクタ素子を用いて，回路動作を測定しながら調整することが考えられます．

● インダクタ素子の共振の鋭さを表すQ値

Q値が大きいほど良いインダクタンスといえます．前述のように，インダクタ素子はループ状の巻き線構造をとることから，どうしても巻き線に抵抗成分が生じてしまいます．

また，周波数の高い領域では，巻き線における表皮効果や，コア材のヒステリシス損や渦電流損により，インダクタ素子の等価的な直列抵抗成分を増やす原因となります．

Q値は$2\pi fL/R$で計算できます．ここで，Lは素子のインダクタンス，fは測定周波数，Rは素子に存在する抵抗成分を表します．

以前は，Q値を直接測定するQメータと呼ばれる計測器がよく使われていました．最近はLCRメータやインピーダンス・アナライザにQメータの機能が内蔵されていることが多いです．

● 自己共振周波数

インダクタ素子のインピーダンスがピークとなる周波数を自己共振周波数と呼び，素子を使用できる上限周波数の目安にできます．自己共振周波数は，SRF (Self Resonant Frequency)と略記されることもあります．

ヘリカル状に巻いた巻き線間では，一般的に互いの距離が近いこともあり，並列寄生容量が存在しやすいものです．並列寄生容量とインダクタ素子そのもののインダクタンスにより，図らずもLC並列共振回路が構成されてしまいます．

理想的なインダクタンスであれば，素子のインピーダンスは正確に周波数に比例するはずです．しかし，実際の素子では，ある周波数でインピーダンスがピークを示します．それ以上の周波数では寄生容量のアドミタンスが支配的になるため，逆に周波数が高くなるほどインピーダンスが低下する特性となります．このような周波数領域では，素子はもはやインダクタンスとしての機能を果たせなくなります．

● インダクタンスの温度係数

固定インダクタ素子のコア材には，低損失フェライトが使用されることがよくあります．一般的にこのタイプの材料の透磁率は，正の温度係数をもっています．従って，これをコア材として用いた素子のインダクタンスも，正の温度係数をもつことになります．

通常の高周波回路によく用いられるチップ・インダクタのインダクタンス温度係数は，＋250 ppm/℃～＋750 ppm/℃程度の値をもっています．このような素子で共振回路などを構成する場合，相手となるコンデンサ素子に，負の容量温度依存性をもつものを用いて，共振周波数がなるべく温度によって変化しないようにする手法がよく用いられています．

一方，空芯タイプのインダクタ素子では，温度係数がずっと小さい値になります．このタイプの素子では，インダクタンス許容差も2%程度と比較的精度の高いものが市販されています．安定度の高い回路動作を必要とする場合にはよく使用されます．

● 直流抵抗値

スイッチング電源回路や，電源ラインの雑音フィルタなどに使うインダクタ素子では，大きな直流電流を流しながら使用することがよくあります．直流に対する抵抗値が重要な特性となります．

直流抵抗値が大きい素子に大きな直流電流を流すと，素子両端で電圧降下が発生するばかりか，場合によっては素子の電力損失も大きくなり，素子の劣化の原因となります．実際に使用する回路における電流値と素子の直流抵抗値を見比べながら，無理な使い方にならないように，十分に注意する必要があります．

● 使用温度範囲

一般的に強磁性体は，ある温度以上になると，強磁性体から常磁性体に変化してしまう性質をもっています．インダクタ素子に使用されるコア材もご多分に漏れず，ある温度以上で急激に強磁性体としての性質を失います．透磁率が減少し，結果的にインダクタンスが急激に減少してしまいます．このときの転移点の温度はキュリー温度と呼ばれます．

フェライトをコア材として用いたものはだいたい＋85℃まで，空芯タイプのものはだいたい＋125℃まで使用可能なものが多く市販されています．回路の動作環境に合わせて，適するタイプの素子を選定します．

なお，素子に大きな電流を流して使用する場合は，周囲温度だけでなく，素子の自己発熱による温度上昇分も考慮する必要があります．

9-2 インダクタ素子の種類と特徴

リード・タイプだけでなく積層チップ・インダクタもある.定格と形状に注意して選ぶ

● 積層チップ・インダクタ

以前は,インダクタ素子といえば大きな鉄心に巻かれたコイルが連想され,抵抗素子やコンデンサと比較して「形状が大きいもの」というイメージが強かったものです.近年の電子回路の小型化要求から,インダクタ素子についても小さく作るための努力が続けられてきています.

このため,ワイヤ巻き線を使用せずに,セラミックやフェライトなどのコア材と導体材料とをミクロン・オーダで積層する技術が開発されました.これらの手法で作られた表面実装用のインダクタ素子を積層チップ・インダクタと呼んでいます.

最近では,チップ抵抗やチップ・コンデンサと同じように,小さな角板状のチップ・インダクタが市販されています.小さなものでは 写真2 に示すTDK製のMLG0402Sシリーズなどのように,0.4×0.2 mmのサイズのものが出てきています.

形状が小さくても,透磁率の高いコア材を使用した素子では,比較的大きなインダクタンスをもっています.1005サイズでだいたい 2.2 μH 程度,2012サイズではだいたい 100 μH 程度のインダクタが入手可能です.

高周波用として作られたものでは,インダクタンスの温度係数やインダクタ精度,自己共振周波数などの特性が重視され,あまり透磁率の高いコア材が用いられません.従ってインダクタンスの上限も小さめになります.1005サイズでだいたい 390 nH 程度,2012サイズで 680 nH から 1 μH 程度となっています.なお,インダクタンス値の下限は,だいたい 0.2 nHです.

● 巻き線チップ・インダクタ

▶ 高Q小型の空芯コイル

積層技術を使った,巻き線を用いた素子もかなり小さなものが市販されています.コア材に非磁性の材料を用いた空芯巻き線タイプと呼ばれるものでは,温度係数が小さくQ値が高いなど優れた性質の素子が作れるので,高性能が必要とされる回路でよく使用されます.

空芯巻き線タイプでは,小さなものでは 1005 サイズのものが市販されています.インダクタンスはだいたい 1 n～120 nH 程度が入手可能です.2012サイズになると,だいたい 2.2 n～820 nH 程度が市販されています. 図2 に内部の構造例を, 写真3 に外観例を示します.

▶ 大電流用のフェライト・コアを使ったインダクタ

スイッチング電源回路や電源ラインのチョーク・コイルに使われるインダクタでは,大きな電流容量が必要になります.直流抵抗値の上昇を抑え,電流容量を確保しつつ,必要なインダクタンスを得るために,このタイプの素子はフェライトのコア材に巻き線を施したものが多く作られています.パワー・インダクタと呼ばれることもあります.

表面実装用の素子だけでも,電流容量とインダクタンス範囲により,非常に多様な形状のものが市販されています.比較的形状が大きなもので,だいたい平面投影寸法 14 mm角,実装高さ 8 mm 程度が市販されています. 写真4 に外観例を示します.電流容量が大きいものがあり,表面実装タイプでありながら,30 A に達する定格電流値をもつものも市販されています.

大きな電流容量を要求しなければ,比較的大きなインダクタンスを実現できます.KOA(コーア)の

図2 空芯巻き線チップ素子の内部構造例
KQシリーズ(KOA).

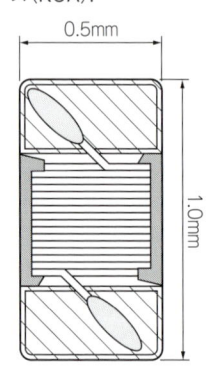

写真3 巻き線チップ素子の外観例
KQシリーズ(KOA).

写真2 角板状のチップ・インダクタの外観例
0.4×0.2 mmのMLG0402Sシリーズ(TDK).

写真4 大電流用のフェライト・コアを使ったインダクタの外観例
SPMシリーズ(TDK).

SDS0908シリーズのように，平面投影寸法約10 mm角，実装高さ8 mm程度で，電流容量75 mAを確保しつつ，15 mHのインダクタンスをもつ製品があります．

● リード型インダクタ

　リード型インダクタは表面実装用の素子と比較して形状が大きいので，大きなインダクタンスと電流容量を両立させた素子が多数市販されています．

　以前はリード型の抵抗素子と同じような形をしたアキシャル・リード型のインダクタも使われていました．最近では表面実装タイプの素子に置き換わりつつあるようで，見かける機会が少なくなってきたような気がします．それでも，小型のリード型電解コンデンサと似た形をしたラジアル・リード型のインダクタ素子はまだまだ使われています．

　形状が比較的小さいリード型インダクタの一例として，東光のC2LBシリーズがあります．**写真5**に外観イメージを示します．直径6.5 mm，高さ5.1 mmの製品で，インダクタンス範囲は1 μ～1800 μHです．1 μHのインダクタは電流容量が4 Aと大きく，100 μH品で0.44 A，1800 μH品では80 mAと，インダクタンスが大きくなるほど電流容量が小さくなるのは前述の通りです．

　同メーカでインダクタンスの大きなものを探すと10 RBシリーズが見つかります．直径10.5 mm，高さ14 mmの製品で，インダクタンス範囲は1 m～120 mHのものが用意されています．インダクタンスが大きいので電流容量は小さめになりますが，1 mH品で55 mA，120 mH品で5 mAの電流容量が確保されて

います．**写真6**に外観を示します．

　大きなインダクタンスと電流容量をある程度両立させたものを探すとC2XAシリーズがあります．直径12.5 mm，高さ15 mmの製品で，インダクタンス範囲は10 μ～8200 μHのものが用意されています．10 μH品の電流容量は5.5 A，330 μH品では1.4 A，8200 μH品でも230 mAの電流容量があります．**写真7**に外観を示します．

　海外製のラジアル・リード型のインダクタでは，直径26 mm程度，高さ14 mm程度の大きなものが市販されています．100 μH品の電流容量は5.4 A，1 mH品で1.6 A，10 mH品で0.4 Aの製品が見つかります．非常に多くのメーカが多数のシリーズを用意しているので，とても全部を紹介しきれません．

● フェライト・ビーズ

　インダクタの磁気回路にエネルギー・ロスがあると，インダクタのQ値が低下してしまいます．ロス分が大きいほど，理想的なインダクタ素子からかけ離れた特性となっていきます．このような素子をパッシブ・フィルタ構成用の素子として用いると，設計通りの周波数特性が得られません．シャープな遮断特性が得られなかったり，通過帯域の減衰量が大きくなったりして，信号回路用途としては好ましくないものとなります．

　また，昇圧型のDC-DCコンバータによく用いられるフライバック電圧発生用のインダクタとして用いると，コンバータの効率が悪化するばかりでなく，必要な電圧が得られないことも起こり得ます．

　ところが，電源ラインのノイズ除去用などに不用意にQ値の高いインダクタを使用すると，電源のバイパス・コンデンサとの間で共振を起こして広い帯域でのノイズ抑制効果が得られなくなることがあります．場合によってはその電源に接続される回路が正常に動作しません．このようなことを防ぐためには並列抵抗などで故意にQを下げるなどの対策が必要です．

　このような目的のために，インダクタに用いるコア材にわざとある程度エネルギーの損失が発生するよう

写真5 形状が比較的小さいリード型インダクタの外観イメージ
C2LBシリーズ(東光).

写真6 インダクタンスの大きいリード型インダクタの外観イメージ
10RBシリーズ(東光).

写真7 大きなインダクタンスと電流容量をある程度両立させたリード型インダクタの外観イメージ
C2XAシリーズ(東光).

に作られた素子があります．中でもフェライト・ビーズは，外形が小さく，直流抵抗成分も小さい素子です．最近の回路動作の高速化と相まって，以前より多く使われるようになってきました．図3にフェライト・ビーズの等価回路を示します．

フェライト・ビーズの特性は，ある特定の周波数におけるインピーダンスと定格電流及び直流抵抗値により表されます．

フェライト・ビーズは電流経路が巻き線構造を取らず，単一のワイヤの周辺を磁性材料で囲んだだけの単純な構造をもったものが多いです．表面実装用の素子も市販されており，0.4×0.2 mmの非常に小さいサイズのものまで入手可能です．角板型では，0603，1005，1608，2012などの各サイズが用意されています．大きな電流容量と高いインピーダンスを両立させた，形状の若干大きいものもあります．写真8に外観を示します．

写真9のように複数のフェライト・ビーズを一つのチップに内蔵させたアレイ型や，コンデンサを内蔵してノイズ減衰効果を高めたフィルタ形式のものや，リード型など多くの種類が市販されています．

● チョーク・コイル

電源ラインなどのノイズやリプル除去用に使用されるインダクタ素子を，特にチョーク・コイルと呼ぶことがあります．通常のインダクタ素子としての特性をもつものや，フェライト・ビーズと同様に，コア材にロスをもたせてノイズ吸収効果を高めたものがあります．

図4に，送受信回路を例としたコモン・モード（common mode）とノーマル・モード（normal mode）の違いを示します．

電子機器相互間や，回路ブロック間で電気信号のやりとりを行うとき，ほとんどの場合は電圧情報を用いて信号の伝送を行います．電圧はすなわち電位差ですから，2カ所の電位を用いなければ定義できません．

電圧伝送の際には，信号電圧を伝送する線（ホット側）と，基準となる電位を伝達する線（コールド側またはリターン側）の最低2本を配線する必要があります．信号を差動電圧でバランス伝送することもありますが，この場合にも互いに相手方の基準電位を伝達していると見ることができます．2本の線の電位差を用いて電圧信号を伝達することには変わりありません．

ここで，ホット側とコールド側のそれぞれにノイズ電圧が重畳される場合を考えます．フレーム・グラウンド電位を基準にして，ホットとコールドに同相で重畳する成分をコモン・モード・ノイズ，逆相で重畳する成分をノーマル・モード・ノイズと呼びます．多くの場合は，両方のタイプのノイズ電圧が入り交じった形で障害を発生させます．

情報として伝送される電圧信号に含まれる周波数成分に対して，混入するノイズの周波数成分が非常に高い場合には，受信端にロー・パス・フィルタを挿入し，ノイズだけを除去することが可能です．信号とノイズが同じような周波数成分をもっている場合には，単なる帯域別フィルタでは対策することができません．

ところが，コモン・モード・ノイズ成分を除去する上手い方法があります．ホット側配線とコールド側配線それぞれに，同じ値のインダクタンスを直列に挿入し，二つのインダクタンスをトランスのように磁気的に結合してしまう方法です．このようにすると，ノーマル・モードで伝送される信号には特に影響を与えず，コモン・モードで伝わるノイズ成分に対して高いインピーダンスとして働きます．このメカニズムでコモン・モード・ノイズを除去するためのインダクタ素子が市販されており，コモン・モード・チョークと呼ばれます．写真10に外観例を，図5に原理を示します．

● 広帯域巻き線型コイル

高速ディジタル信号の伝送ラインに，外部から電圧を印加してラインの電位をコントロールしたい場合があります．例えば，光通信用のレーザ・ドライブ回路

図3 フェライト・ビーズの等価回路

フェライト・ビーズは，損失をもったインダクタ素子のように働く．ただし直列抵抗成分はコアの損失により発生するものなので，高い周波数で初めて効いてくる．直流での抵抗値は小さい

写真8 フェライト・ビーズの外観例
BLM15Aシリーズ（村田製作所）．

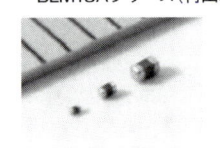

写真9 複数のフェライト・ビーズをチップに内蔵したアレイ型の外観例
BLA31A/BLA31Bシリーズ（村田製作所）．

写真10 コモン・モード・チョークの外観例
SLF0905（KOA）．

図4 送受信回路を例としたコモン・モードとノーマル・モードの違い

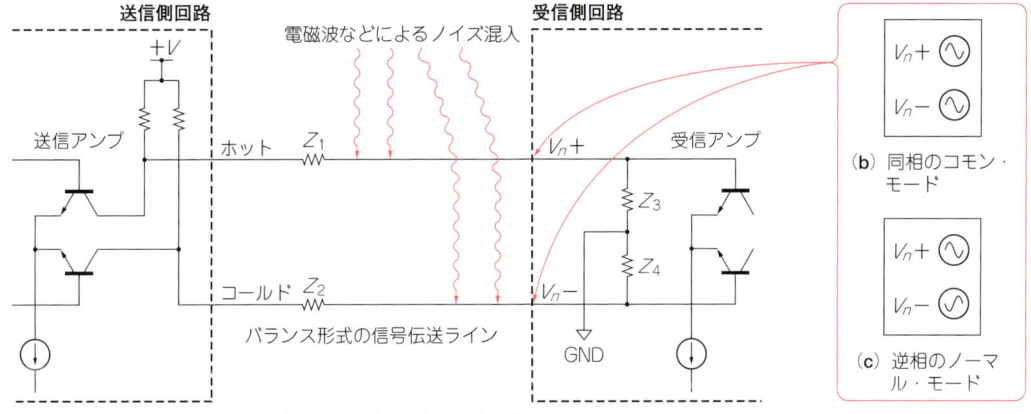

(a) 送受信回路に重畳するノイズ例

(b) 同相のコモン・モード

(c) 逆相のノーマル・モード

回路ブロック間でのバランス信号伝送線路を考える．
Z_1およびZ_2はそれぞれホット/コールドの信号源インピーダンスと線路インピーダンスの和．
Z_3およびZ_4はそれぞれホット/コールドの受信端入力インピーダンス．

+Vにノイズが重畳したり，伝送線路が電磁波などにさらされると，受信端で信号ノイズが重畳することがある．このとき，ホット側ノイズ電圧をV_n+，コールド側ノイズ電圧をV_n-で表すと，V_n+とV_n-の同相成分をコモン・モード・ノイズ，逆相の成分をノーマル・モード・ノイズと呼ぶ．図では，信号そのものはノーマル・モードで伝送されている．

各回路ブロックのGND側にノイズ電圧が発生したり，ホットとコールドの信号ラインがきれいにツイストしてある場合は，外来ノイズはコモン・モードとなりやすい．
ところが$Z_1=Z_2$および$Z_3=Z_4$の関係をベクトル的に完全に一致させることは難しいので，コモン・モード・ノイズのはずが，受信端でノーマル・モードに変換されて，受信アンプに入力されてしまう（アンバランスであればなおさら！）．
信号帯域とノイズ帯域が重なるとき，コモン・モードに対してだけ等価的に伝送線路を切り離す方法が欲しい…

では，レーザ素子に高速のディジタル信号電流を流して光変調を行うと同時に，直流電流を重畳させて，レーザ素子が発する光パワーの平均値を制御します．このような場合，広帯域信号と直流をミキシングする必要が生じます．

高速ディジタル信号ラインは，一般に特性インピーダンスを管理した伝送線路として設計します．ライン上に余計なインピーダンスが接続されることを嫌うので，直流電流をミキシングする場合は通常，インダクタ素子を用いて高い周波数領域に対して高いインピーダンスで直流電流を供給します．**図6**にレーザ・ダイオード駆動電流のミキシング回路を示します．

このような場合に使用されるディジタル信号は，非常に広い範囲の周波数成分を含んでいることが多く，直流を注入するインダクタには十分低い周波数でも高いインピーダンスが要求されます．

図5 コモン・モード・チョークの原理

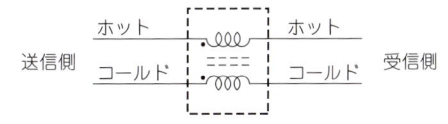

ホット側とコールド側に同じ値のインダクタンスを直列に挿入し，二つのインダクタンスを磁気的に結合させる（方向に注意）．

このようにすると，逆相信号成分（ノーマル・モード）に対しては，二つのインダクタンスが打ち消し合って，あたかも何も存在しないかのように振る舞う．大きなインダクタンスを用いても，信号に影響を与えにくい．

インダクタンスは，同相ノイズ成分（コモン・モード）に対してのみ働くので，大きなインダクタンスを用いて，低い周波数から高いインピーダンスでコモン・モード成分を回路間で切り離すことができる．

図6 大きなインダクタンス値が必要なレーザ・ダイオード駆動電流のミキシング回路

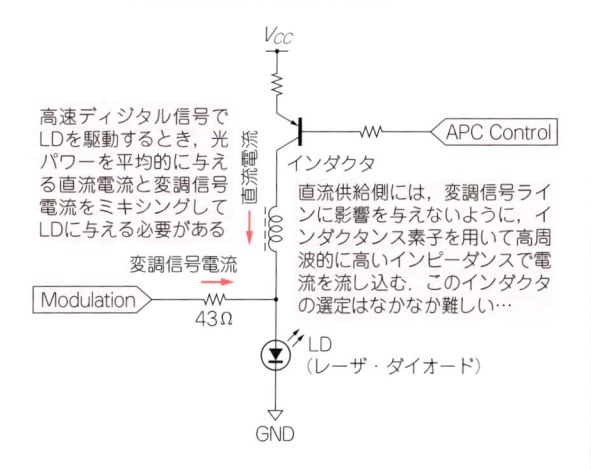

高速ディジタル信号でLDを駆動するとき，光パワーを平均的に与える直流電流と変調信号電流をミキシングしてLDに与える必要がある

直流供給側には，変調信号ラインに影響を与えないように，インダクタンス素子を用いて高周波的に高いインピーダンスで電流を流し込む．このインダクタの選定はなかなか難しい…

9-2 インダクタ素子の種類と特徴

図7 写真11の円錐型コイル（エヌ・オー・シー）の特性例

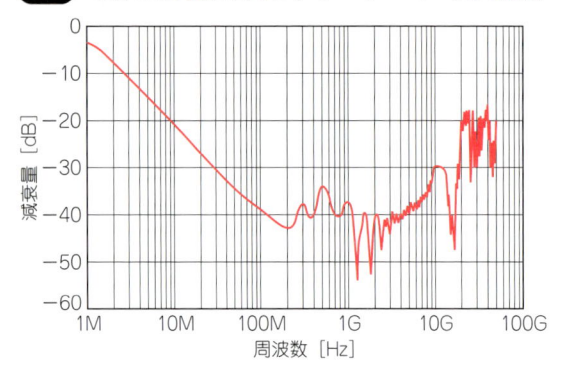

写真12 コアを斜めに切ったものに偏心させた穴を開け，そこにコイルを巻いたような広帯域巻き線コイル　スネイル型コイル（エヌ・オー・シー）．

写真11 10 M～13 GHzでおおむね500 Ω以上のインピーダンスを確保する広帯域巻き線コイルの外観例　円錐型コイル（エヌ・オー・シー）．

写真13 可変インダクタ素子の外観イメージ　5CDMシリーズ（東光）．

　従って，ある程度大きなインダクタンスが必要になります．ところが，インダクタンスが大きい素子ほど自己共振周波数が低い傾向にあるので，いくつかのインダクタを直列に接続するなど，面倒なインピーダンスの管理が必要になります．

　このような場合に便利なのが，広帯域巻き線型コイルと呼ばれるもので，非常に広い範囲の周波数領域にわたって高いインピーダンスを示します．一例としてエヌ・オー・シーの製品では，**図7**に示すように10 M～13 GHzの範囲において，おおむね500 Ω以上のインピーダンスを確保しているものが市販されています．**写真11**に示す通り，巻き線が円錐型に巻かれた特殊な形状をしています．

　そのほか，**写真12**のようにコアを斜めに切ったものに偏心させた穴を開け，そこにコイルを巻いたような面白い形の素子があります．

● **可変インダクタ素子**

　抵抗素子やコンデンサ素子と同様に，インダクタ素子にも可変素子があります．市販の素子では，コア材の抜き差しのほか，巻き数が少なくボビンも使われていないタイプの空芯コイルでは基板上に実装してから巻き線ピッチを広げたり縮めたりして，インダクタンスを変化させています．

　可変インダクタ素子にも，表面実装型とリード型があります．比較的形状の小さい例をあげると，東光の5CDMシリーズがあります．**写真13**に外観イメージを示します．インダクタンス範囲は1 μHから330 μHまで用意されており，外形寸法は5×5.8 mmで高さ2.5 mmです．インダクタンスの可変範囲は±3%程度と，あまり大きく変化させることはできません．

◆写真提供◆
㈱エヌ・オー・シー，コーア㈱，TDK㈱，東光㈱，フォスター電機㈱，㈱村田製作所．

（初出：「トランジスタ技術」2009年4月号）

徹底図解★LCR＆トランス活用 成功のかぎ

第 **10** 章
設計手法を学び，必要があれば製作する

大型チョーク・コイルとトランス

10-1 大型チョーク・コイルの種類と動作
整流回路におけるチョーク・コイルの使われ方について調べてみよう

● 大型チョーク・コイルが使われているところ

　前章で紹介したチョーク・コイルは，インダクタ素子の外形を見積もれるLI^2の値が大体3×10^{-3} HA^2程度までの，基板に搭載可能な比較的形状の小さいものでした．やや使用頻度は低くなりますが，さらに大型のチョーク・コイルが必要になることもあります．

　例えば，図1(a)に示すチョーク・インプット型の整流回路に使われるチョーク・コイルが考えられます．
　図1(b)に示す，整流ダイオードの出力を直に平滑コンデンサに接続するいわゆるコンデンサ・インプット型整流回路では，形状の大きなインダクタンスを使用しないことから，比較的回路の寸法をコンパクトにまとめられます．しかし多くの場合，平滑コンデンサに大きなパルス状のリプル電流が流れます．トランスの1次側を流れるAC電流もパルス状の波形になりやすく，電源回路の力率を低下させたり，AC電源ラインを通して周辺機器にノイズをまき散らしたりします．

　これを防止するため，システムの外形寸法やコストの制約がそれほどない場合には，整流ダイオードと平滑コンデンサの間にインダクタンスを挿入したチョーク・インプット型整流回路が用いられることがあります．

　高い周波数のスイッチング・レギュレータに使用されるチョーク・コイルは，それほど大きなインダクタ

図1 整流回路の種類と入力電流波形の違い

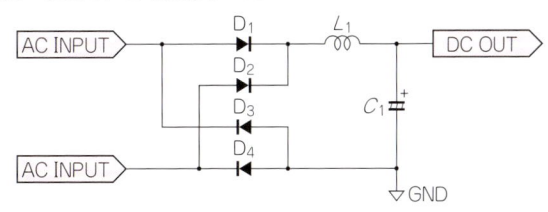

整流ダイオードと平滑コンデンサとの間にチョーク・コイルが挿入されている．正弦波の入力電圧波形に対していくぶん方形波に近い入力電流波形となり，電流ピーク値も低くなる．外部へ放出する雑音やAC電源からみた負荷の力率の点で有利となる

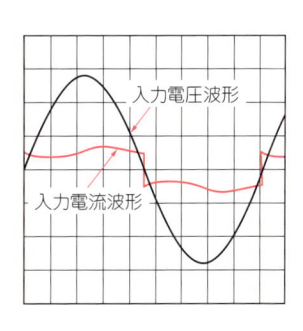

（a）チョーク・インプット型整流回路

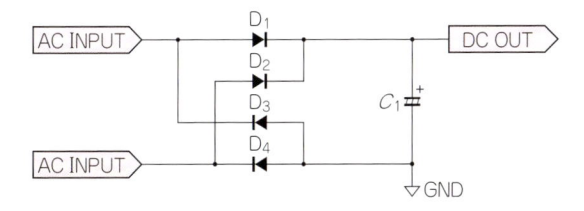

整流ダイオードに直接平滑コンデンサが接続されている．入力電圧波形が正弦波でも，入力電流波形がパルス状になりやすい

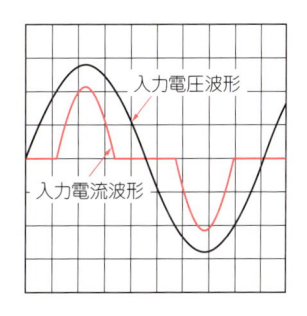

（b）コンデンサ・インプット型整流回路

ンスは必要になりません．しかし，50 Hzや60 Hzの電源周波数を扱う昔ながらの整流回路にチョーク・コイルを使用する場合は，数十mHから数Hに及ぶような大きなインダクタンスが必要になり，同時に数十mAから数Aの直流電流容量が必要になります．インダクタ素子の大きさも，場合によっては電源トランスと同じか，それ以上のサイズのものが必要になることがあります．

● 市販のチョーク・コイルの例

電灯線周波数を整流するチョーク・インプット型整流回路に用いるようなインダクタ素子も，以前と比べて少なくはなりましたが，まだまだ市販されています．一例として菅野電機研究所製のチョーク・コイルSCシリーズを**写真1**に示します．

カタログの中で，一番LI^2の値が小さいSC-2003は，インダクタンス20 mH，定格電流0.3 Aです．LI^2の値は1.8×10^{-3} HA^{2}程度で，基板に搭載可能な範囲で比較的大型の巻き線型リード・インダクタと，大体同じぐらいの定格です．一番LI^2の値が大きなSC-205は，インダクタンスは同じく20 mH，定格電流5 Aです．LI^2の値は0.5 HA^{2}と計算できます．コア部分の幅も79 mmとかなり大きく，基板上への搭載が難しくなってきます．

写真1 チョーク・インプット型整流回路に用いられるチョーク・コイルの例
SCシリーズ（菅野電機研究所）．

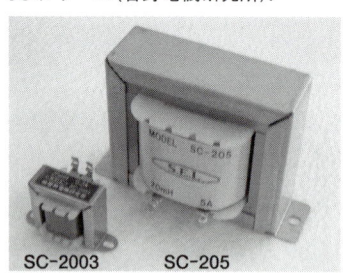

10-2 チョーク・コイルの設計手法
PQコアを用いた設計事例，巻き数やギャップ長の決め方の手順を学ぶ

大型のチョーク・コイルは，市販品の中にちょうど良い仕様のものが見つかればそれを購入して使えますが，そうでなければトランス・メーカなどに製作を依頼しなければなりません．また，素子がすぐに必要な場合は，市販のコア材などを購入し，自作しなければならないこともしばしばあります．

今回，フェライト・コアのうち，TDKオリジナル形状のPQコアを例にあげ，チョーク・コイルの設計例を紹介します．

● PQコアの特徴

写真2に示すように少し複雑な形状をしています．外形寸法がコンパクトな割には大きな磁束量を許容できます．最近では多方面で使われています．

コアのサイズによって，PQ20/16コアからPQ50/50コアまで，9種類が用意されています．また，一部のサイズでは，通常よく使われるPC44というコア材を用いたもののほかに，飽和磁束密度を高めたPC50材を使用した品種も市販されています．

巻き線を収納して基板に実装しやすいように，専用のボビンももちろん市販されています．ボビンもコアの大きさに合わせて，サイズの異なる9種類の品種が用意されています．

● 使用するPQ35/35コアの仕様

今回の例では，いろいろなサイズのPQコアのうち，PQ35/35コアを用いてチョーク・コイルを設計してみます．このコアの長手方向の寸法は約35 mmです．二つのピースを組み合わせたときのコア高さも約35 mmとなっています．PQ35/35コアを使用する場合は，ボビンにBPQ35/35-1112CPFRを使用します．**写真3**にPQボビンを示します．

写真2 TDKオリジナルPQコアの外観例
コアのサイズによって，PQ20/16コアからPQ50/50コアまで，9種類の品種が用意されている．

写真3 PQコアと使うPQボビンの外観例

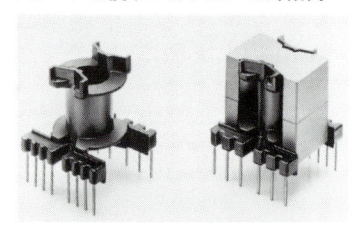

チョーク・コイルを実際に構成するためには，コアとボビンのほかに，組み合わせたコアを外側から固定するための金属製のバンドが必要で，これも市販されています．また，多くの場合には直流電流重畳時にコアの磁気飽和を防止するため，二つのコア・ピースの間に厚さ0.1 mmから1 mm程度のギャップ材を挟む必要があります．

● A_L値とエア・ギャップ長の関係

フェライト・コアの特性のうち，巻き線ターン数1回当たりに得られるインダクタンスを表す数値があります．この値を一般にA_L値と呼びます．通常nH/N²の単位で表されます．

PC44材を用いたPQ35/35コアの，1 kHz，0.5 mAで測定したときのA_L値は，4860 nH/N² ± 25%となっています．また，100 kHzにおいて，最大磁束密度200 mTの条件で測定したときのA_L値は最低で7010 nH/N²となっています．

このようにギャップを使用しない場合，A_L値は周波数や磁束密度の影響を受けやすくなります．ある程度正確なインダクタンスを得るためにはエア・ギャップを設ける必要があります．

エア・ギャップは，コアで構成される磁路の途中に非磁性体の部材を挟み，コア全体の磁気抵抗を大きくするために設けます．

多くの場合，トランスは巻き線に直流電流成分を流さないようにして使います．また，2次側をオープンしたときの1次側巻き線のインダクタンスはできるだけ大きいことが望まれるので，多くの場合トランスにはエア・ギャップを設けません．一方，インダクタ素子を構成する場合には，ほぼ必須となります．

● エア・ギャップの設け方

エア・ギャップを設ける方法には，巻き線の中心を通るコアのセンタ・ポールの長さを短くする「センタ・ポール・ギャップ」と呼ばれる方法と，二つのピースの間にギャップ材を挟む「スペーサ・ギャップ」と呼ばれる方法があります．インダクタの自作の際にはセンタ・ポールの長さを正確に短くするのはなかなか大変なので，より簡便なスペーサ・ギャップが用いられることが多いと思います．

図2にPC44材を用いたPQ35/35コアにおけるA_L値とギャップ長との関係を示します．横軸はギャップ長，縦軸はそのときに得られるA_L値を表します．スペーサ・ギャップに着目してグラフを読み取ると，ギャップ長が0.1 mmのときには，A_L値は大体910 nH/N²となります．ギャップ長が長くなるほど磁気回路の磁気抵抗が増えていきます．それに従ってA_L値は減少し，ギャップ長0.5 mmではA_L値は290 nH/N²，0.9 mmでは210 nH/N²まで低下します．

● A_L値と巻き線電流・巻き数の関係

A_L値が大きいほど，少ない巻き数で大きなインダクタンスが得られます．同じ値のインダクタンスを得る場合は，巻き線抵抗値を小さく抑えるためにギャップ長を小さく抑えたほうが有利といえます．巻き線抵抗が小さいのですから，大きな電流容量が得られるような気がします．しかし，実はそう簡単にはいきません．直流電流を巻き線に流したときのコアの磁束密度について吟味しなければなりません．

巻き線の直流電流により直流磁界が発生します．ギャップ長を小さくしてA_L値を上昇させるほど，磁気抵抗が小さくなるので，コア内の磁束密度が大きくなります．磁束密度が大きくなりすぎるとコアが飽和を起こし始め，電流値の増加に従ってインダクタンスがどんどん減少してしまいます．つまり，インダクタの直流重畳特性を悪化させることになります．

図3にPC44材を用いたPQ35/35コアにおけるA_L

図2 PC44PQ35/35コアにおけるA_L値とエア・ギャップ長の代表例
測定条件…コイル：φ0.42UEW100Ts，周波数：1 kHz，電流：0.5 mA．

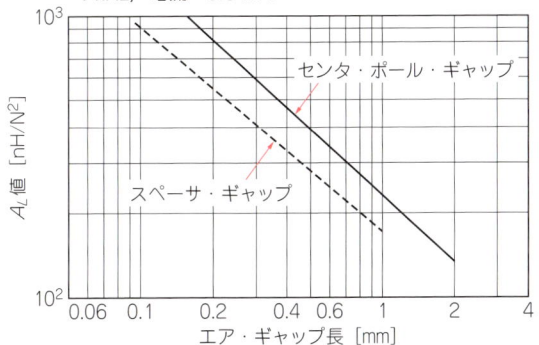

図3 PC44材を用いたPQ35/35コアにおける，A_L値とNIリミットとの関係
限界線は，磁束に対する励磁電流の変化が直線である部分を延長し，それが20%および40%外れたときの磁界の強さとA_L値の関係を表す．

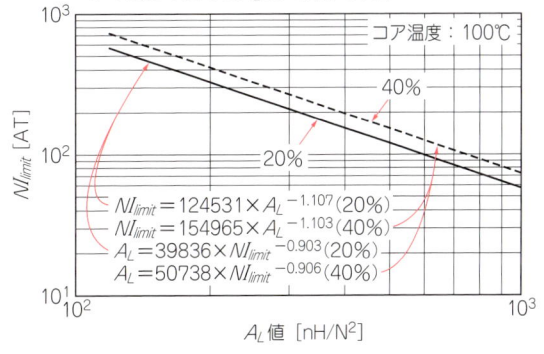

$NI_{limit} = 124531 \times A_L^{-1.107}$ (20%)
$NI_{limit} = 154965 \times A_L^{-1.103}$ (40%)
$A_L = 39836 \times NI_{limit}^{-0.903}$ (20%)
$A_L = 50738 \times NI_{limit}^{-0.906}$ (40%)

値と可能となる巻き線電流と巻き数の積の最大値NIリミットとの関係を示します．横軸はA_L値，縦軸はNIリミットを表します．

電流と発生磁束の比例関係のずれを20％以内に抑えるものとすれば，グラフの中の実線で書かれた特性を読み取ることになります．ギャップ長を大きくしてA_L値を下げたほうが，NIリミットの値が大きくなることが確認できると思います．

図4(1) BPQ35/35ボビンにおける線材の太さと最大巻き数との関係

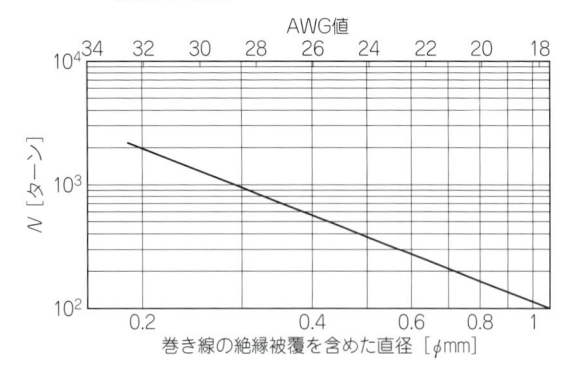

● スペーサ・ギャップ長とA_L値のトレードオフ

先ほどのA_L値対エア・ギャップ長のグラフと合わせて見比べると，スペーサ・ギャップが0.1 mmの場合にはA_L値は910 nH/N²となりますから，このときのNI_{max}の値は72 AT（アンペア・ターン）しかありません．もし巻き線のターン数が100回の場合には，720 mA以上の直流電流を流すとコアの磁気飽和が始まってしまうことを意味します．

スペーサ・ギャップを広げて0.5 mmとすれば，A_L値は290 nH/N²まで減少しますが，代わりにNI_{max}は220 ATまで上昇します．さらにスペーサ・ギャップを大きくして0.9 mmとした場合には，A_L値は210 nH/N²になりますが，NI_{max}は310 ATまで許容できることになります．

● 巻き線太さと可能な巻き数との関係

PQ35/35コアのパラメータを見ると，**巻き線断面積**の数値が220.6 mm²と書かれています．巻き線1本当たりの断面積と巻き数との積がこの面積より大きくなってしまうと，どんなに頑張っても，機械寸法の制約からコア内に巻き線を収容できません．

表1 PQ35/35コアを使用したチョーク・コイルの設計限界

巻き線の直径 d				0.2 mm	0.3 mm	0.4 mm	0.5 mm	0.6 mm	0.7 mm	0.8 mm	0.9 mm	1.0 mm
最大巻き線ターン数 N_{max}				1900	960	590	400	280	220	180	140	120
巻き線抵抗の目安(Cu)				78 Ω	18 Ω	6.1 Ω	2.6 Ω	1.3 Ω	0.74 Ω	0.46 Ω	0.29 Ω	0.20 Ω
スペーサ・ギャップ	A_L	NI_{max}										
0.1 mm	910 nH/N²	72 AT	L	3.2 H	830 mH	310 mH	140 mH	71 mH	44 mH	29 mH	17 mH	13 mH
			I_{max}	37 mA	75 mA	120 mA	180 mA	250 mA	320 mA	400 mA	510 mA	600 mA
			LI^2	0.0043	0.0046	0.0044	0.0045	0.0044	0.0045	0.0046	0.0044	0.0046
0.2 mm	550 nH/N²	120 AT	L	1.9 H	500 mH	190 mH	88 mH	43 mH	26 mH	17 mH	10 mH	7.9 mH
			I_{max}	63 mA	120 mA	200 mA	300 mA	420 mA	540 mA	660 mA	850 mA	1 A
			LI^2	0.0075	0.0072	0.0076	0.0079	0.0075	0.0075	0.0074	0.0072	0.0079
0.3 mm	420 nH/N²	160 AT	L	1.5 H	380 mH	140 mH	67 mH	32 mH	20 mH	13 mH	8.2 mH	6.0 mH
			I_{max}	84 mA	160 mA	270 mA	400 mA	570 mA	720 mA	880 mA	1.1 A	1.3 A
			LI^2	0.01	0.0097	0.01	0.01	0.01	0.01	0.01	0.0099	0.01
0.4 mm	340 nH/N²	180 AT	L	1.2 H	310 mH	110 mH	54 mH	26 mH	16 mH	11 mH	6.6 mH	4.8 mH
			I_{max}	94 mA	180 mA	300 mA	450 mA	640 mA	810 mA	1 A	1.2 A	1.5 A
			LI^2	0.011	0.01	0.0099	0.011	0.011	0.01	0.011	0.0095	0.011
0.5 mm	290 nH/N²	220 AT	L	1.0 H	260 mH	100 mH	46 mH	22 mH	14 mH	9.3 mH	5.6 mH	4.1 mH
			I_{max}	110 mA	220 mA	370 mA	550 mA	780 mA	1 A	1.2 A	1.5 A	1.8 A
			LI^2	0.012	0.013	0.013	0.014	0.013	0.014	0.013	0.012	0.013
0.6 mm	260 nH/N²	260 AT	L	930 mH	230 mH	90 mH	41 mH	20 mH	12 mH	8.4 mH	5.0 mH	3.7 mH
			I_{max}	130 mA	270 mA	440 mA	650 mA	920 mA	1.1 A	1.4 A	1.8 A	2.1 A
			LI^2	0.015	0.016	0.017	0.017	0.016	0.014	0.016	0.016	0.016
0.7 mm	230 nH/N²	280 AT	L	830 mH	210 mH	80 mH	36 mH	18 mH	11 mH	7.4 mH	4.5 mH	3.3 mH
			I_{max}	140 mA	290 mA	470 mA	700 mA	1 A	1.2 A	1.5 A	2.0 A	2.3 A
			LI^2	0.016	0.017	0.017	0.017	0.018	0.015	0.016	0.018	0.017
0.8 mm	210 nH/N²	310 AT	L	750 mH	190 mH	73 mH	33 mH	16 mH	10 mH	6.8 mH	4.1 mH	3.0 mH
			I_{max}	160 mA	320 mA	520 mA	770 mA	1.1 A	1.4 A	1.7 A	2.2 A	2.5 A
			LI^2	0.019	0.019	0.019	0.019	0.019	0.019	0.019	0.019	0.018

※LI^2 [HA²]はインダクタ素子の外形を見積るために算出した

実際に巻き線に許される合計断面積は，巻き線の断面形状が円形であることや，巻き線周囲の絶縁被覆の厚さがあることにより，理論的な値よりもずっと小さくなります．場合によってはエッジワイズ巻き線と呼ばれる，巻き線の断面形状を正方形あるいは長方形にした巻き線が採用されることもありますが，工作には独自のノウハウが必要になります．

寸法の決まったコアに巻く巻き線としては，巻き数が同じならば，機械的寸法が許すぎりぎりの太さの線材を使用したほうが，巻き線抵抗を小さくできて有利なので，なるべく太い巻き線を使用したいところです．

寸法決定に便利なように，コアの品種ごとに，巻き線太さと巻き付け可能なターン数との関係を表すグラフがメーカから発表されています．

図4にBPQ35/35ボビンにおける，線材太さと最大巻き数との関係を示します．巻き線径が0.2 mmだと1900回と大きな巻き数が可能です．線径が太くなるほど最大巻き数が小さくなり，線径1 mmの場合には120回が限界になります．

このグラフの横軸に表されている直径は，巻き線の絶縁被覆を含めた直径なので注意が必要です．

● PQ35/35コア用インダクタンス-許容電流値早見表

必要なインダクタンスと電流容量をもつチョーク・コイルを設計する場合，なるべく形状の小さなコアを使いたいとします．すると，紹介した三つのグラフを見比べながら，磁気飽和の限界や巻き線抵抗の値，ギャップの大きさなどについて検討し，たくさんのパラメータを同時に満足する必要があるので，なかなか面倒な作業になります．

PQ35/35コアを用いてチョーク・コイルを設計する際に便利なように，スペーサ・ギャップの大きさと巻き線太さに対して得られるインダクタンスと許容電流の限界値の目安を表1に示します．表に書かれているA_L値やNI_{max}，ターン数の最大値はグラフを読み取ったものです．インダクタンスや許容電流の数値は計算時に有効数字2けたで切り捨ててあります．

スペーサ・ギャップを大きくするほど，コイルのLI^2の値も大きくなる傾向があります．しかし，前述の通りインダクタンスと許容電流が許す限りは，ギャップを小さくしたほうが，巻き数を小さく，巻き線を太くできるので，巻き線抵抗の観点からは有利になります．

なお，ここで表されている許容電流はあくまでもコアの磁気飽和限界から算出した値です．巻き線抵抗による温度上昇については消費電力を計算したうえで別途検討する必要があります．

仕上がりインダクタンスを正確にコントロールするためには，早見表やグラフに基づいて設計するだけでは不十分なことが多くあります．試作と測定を何回か繰り返しながら，最終的なパラメータを決定する必要がしばしばあります．

大型のフェライト・コア

column

PQ35/35コアを用いたチョーク・コイルの場合，ギャップを大きめにしても，LI^2の値が0.02を越えるようなものを作るのは難しいです．外形が大きくても，もっと大型のチョーク・コイルが必要となることがあります．

どれぐらいの大きさのものまでが入手可能か目安を得るために，TDKのUUコアを紹介します（図A，写真A）．この形のコアは，幅120 mm，長さ310 mm，厚さ20 mmと言う非常に大きなものまでがカタログに記載されています．

このコアに5 mmのギャップを設けて500回の巻き線を施したとき，50 mHで許容電流1.8 A，LI^2 = 0.162の大きなコイルが実現できます．また，コアを厚み方向に積み重ね，さらに大きなコイルが製作可能です．

写真A UU120×310×20（TDK）の外観

図A UU120×310×20の特徴（TDK資料より）

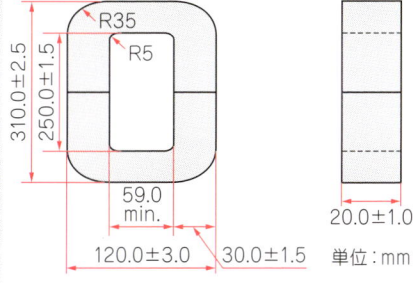

パラメータ	記号	単位	値
コア係数	C_1	mm^{-1}	1.19041
	$C_2 \times 10^{-2}$	mm^{-3}	0.1984
実効磁路長	ℓ_e	mm	714
実効断面積	A_e	mm^2	600
実効体積	V_e	mm^3	428550
最小断面積	A_{min}*	mm^2	600LB*
窓面積	A_{cw}	mm^2	15000
質量（約）		g	2110

*A min.値の後の記号は，最小断面積の位置を示す．　L：外脚部，B：背面部

10-3 トランスの種類と動作
トランスの仕組みと使用上の注意を再確認しよう

● 理想トランスの動作

　多くのインダクタ素子は，一つの巻き線と一つの磁気回路が組み合わされた構成です．一方，一つの磁気回路を共有する複数の巻き線により構成される回路素子があります．中でも代表的なものは，トランスと呼ばれる素子でしょう．

　トランスは，電源回路や信号回路などに用いられていますが，いずれも基本的な原理は同じです．電気エネルギーをいったん磁気エネルギーに変換し，それをもう一度電気エネルギーに変換して，信号や電力を伝達する機能をもっています．大きなエネルギー損失を発生させずに，入出力間の絶縁が可能です．電圧の変換も行えるので，特に電源回路などでは欠かせない素子です．

　図5に理想トランスの動作原理を示します．ここでいう理想トランスとは，巻き線抵抗が0Ω，磁気回路の磁気抵抗が0 AT/Wbと見なせるものを指します．一つの磁気回路に二つの巻き線が巻かれていますが，左側（入力側）の巻き線を1次側巻き線，右側（出力側）の巻き線を2次側巻き線と呼ぶことにします．

　巻き数N_1の1次側巻き線に電圧V_1を印加すると，1次側電流が流れようとします．理想トランスでは磁気抵抗が非常に小さいので，電流値は0 Aと見なせます．言い換えると1次側の自己インダクタンスが無限大ということになります．このとき磁気回路には$V_1 = -N_1 \cdot (d\Phi/dt)$の関係を満足するような磁束$\Phi$［Wb］（単位：ウェーバ）が発生します．

　二つの巻き線で磁気回路を共有しているので，ここで発生する磁束は，2次側巻き線とも鎖交することになります．磁束は巻き数N_2の2次側巻き線の両端に起電力V_2を発生させます．このときの起電力と磁束の関係は$V_2 = -N_2 \cdot (d\Phi/dt)$で表せます．

　二つの式を組み合わせて$-(d\Phi/dt)$を消去すると，結局$(V_1/N_1) = (V_2/N_2)$の関係となります．すなわち，理想トランスの1次側電圧V_1と2次側電圧V_2の比は，1次側巻き線の巻き数N_1と2次側巻き線の巻き数N_2の比に等しくなります．以上のメカニズムにより，エネルギーを伝達しながら電圧変換（変圧）が可能になります．

　もちろん，実際のトランスにおける磁気回路では，磁気抵抗が0 AT/Wbというわけにはいかず，インダクタンスも有限の値となるので，2次側に負荷を接続しない場合においてもある程度の1次側電流が流れてしまいます．この電流を励磁電流や無負荷電流と呼んでいます．

　また，巻き線抵抗や漏れ磁束ももちろんゼロというわけにはいきません．2次側電圧は負荷電流の増加と共に減少するのが普通です．

● コア内磁束密度の制約

　コア内の磁束Φが大きい場合には，それだけの磁束を通過させるため，磁気回路の断面積を大きくする必要が出てきます．Φ［Wb］を磁路断面積S［m²］で割った値を磁束密度B［T］（単位：テスラ）と呼びます．前述の通りコア材により，磁気飽和を発生させずに取り扱える磁束密度には限りがあるので，磁気飽和を起こさないような断面積をもつコアを採用する必要があります．

　仮に1次側印加電圧が波高値V_1の方形波である場合を考えます．この場合，磁束Φの波形は**図6**のように三角波となります．印加電圧の値は磁束波形のスロープの傾きに比例しますから，印加電圧の周期が短くなるほど…言い換えれば周波数が高くなるほど，Φの振幅が小さくなることがわかります．

　同じ変圧比を得るためには，N_1とN_2の比を一定に保てばよく，この関係を維持しながら両方の巻き数を増やすほどコア内の磁束量を減らせるので，コアの断面積を減らすことが可能となります．磁気飽和の観点

図5 巻き線抵抗を0Ω，磁気回路の磁気抵抗を0 AT/Wbと見なせる理想トランスの動作

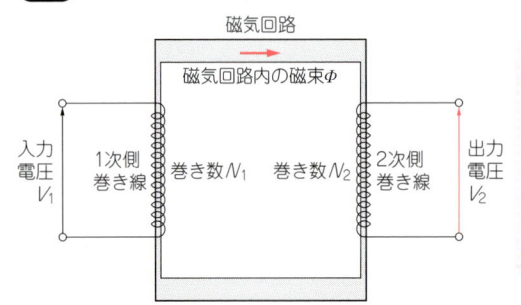

磁気回路の磁気抵抗が0AT/Wb，巻き線抵抗も0Ωと想定したトランスを理想トランスと呼ぶ．
1次側巻き線の入力電圧V_1を印加すると，反作用として磁気回路内に磁束Φが発生する．磁気抵抗が0AT/Wbなので，1次側インダクタンスが無限大，つまり1次側電流は0Aとみなせる．
入力電圧と磁束との関係は，$V_1 = -N_1(d\Phi/dt)$で表される．
磁気回路内の磁束の時間変化は，2次側巻き線に起電力V_2を発生させる．
出力電圧V_2と磁束との関係は，$V_2 = -N_2(d\Phi/dt)$で表される．
二つの式から$-(d\Phi/dt)$を消去すると，入出力電圧の関係式
$(V_1/N_1) = (V_2/N_2)$が得られる．

図6 1次側印加電圧が波高値V_1の方形波の場合磁束Φの波形は三角波となる

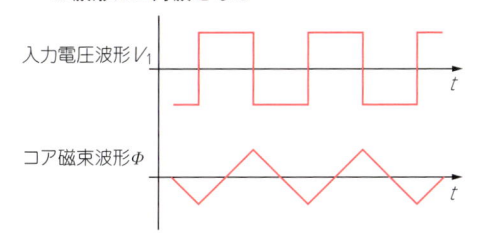

入力電圧波形V_1

コア磁束波形Φ

$V_1 = -N_1(d\Phi/dt)$の関係から，入力電圧を方形波とすると磁束波形は三角波となる．
磁束波形のスロープの傾き(Φ/t)は，入力電圧を1次側巻き数N_1で割った値(V_1/N_1)に比例する．
つまりV_1の振幅が一定であれば，1次側巻き数が多いほど，また，周波数が高いほど，磁束振幅は小さくなる

だけから考えれば，外形の小さなコアを使用できるようになります．

トランスが取り扱う周波数が電灯線周波数の50 Hz，60 Hzというように比較的低い場合，大きな印加電圧を許容するためには，巻き線のターン数を大きくする必要があります．同時に，大きな磁束振幅を許容できるように，断面積の大きなコアを採用する必要が出てきます．巻き数を稼ぐためには細い巻き線を使用しなければならないので，今度は巻き線抵抗のエネルギー・ロスが問題となってきます．

逆にトランスが取り扱う周波数が高い場合は，巻き数が少なくても磁束振幅を小さく抑えられます．結果として小さなコアでも大きな電力を伝達できるトランスを作ることが可能になります．近年，スイッチング電源回路の周波数がどんどん上昇しているのは，回路の小型化要求と，電力用半導体の速度性能の進歩が大きく関係しています．

10-4 市販のトランス
小信号からオーディオのパワー・アンプ用までさまざまなトランスを見る

● 電源トランスの例

以前と比較すると，電灯線周波数をダイレクトに変圧するトランスの使用頻度は少しずつ減ってきています．それでもスイッチング・ノイズを嫌うような回路や，小型化要求がそれほど強くない場合においては，50 Hzや60 Hzで動作する電源トランスが今でも盛んに使用されています．

量産される装置に使われる電源トランスは，回路の仕様に合わせてカスタム設計されることが多いのですが，標準品としてあらかじめ用意されている市販品を採用する例もかなり見受けられます．標準品といっても小さなものから大きなものまで，多くの品種があります．

基板上に実装できるような比較的小型の品種の例として，菅野電機研究所製のSLシリーズを**写真4**に示します．いずれも1次側定格電圧が100 Vで，2次側巻き線にはセンタ・タップがあります．この中で比較的電力定格の大きなものはSL-12250で，12 V×2の2次側巻き線から250 mAの電流を出力できます．

比較的大型のものではSP-Wシリーズがあります．**写真5**に外観を示します．このシリーズは2次側巻き線が独立して2系統用意されています．出力電圧や電流によって多くのバリエーションが存在します．

一般的に市販電源トランスの2次側電圧の値は，定格電流出力時の値が表示されています．負荷が軽く2次側電流が小さい場合においては，2次側電圧は定格の値よりも10%またはそれ以上高い値を示すことがあります．整流ダイオードや平滑コンデンサ選定の際には，このような状態においても充分な耐圧を確保できるように，1次側電圧の変動の割合も含めて注意深く検討する必要があります．

写真4 基板上に実装できる比較的小型の電源トランス例
SLシリーズ（菅野電機研究所）．

写真5 比較的大型の電源トランス例
SP-Wシリーズ（菅野電機研究所）．

写真6 電話回線の音声信号伝達用トランス例
12Tシリーズ（タムラ製作所）．

写真7 オーディオ帯域用パワー・アンプの出力トランス例
F-2010シリーズ（タムラ製作所）．

● 信号用トランスの例

電源だけに限らず，信号伝達に用いられるトランスももちろん存在します．高周波信号のバランス/アンバランス信号変換に用いられる，いわゆるバラン・トランスや，電話回線などにおいて外部との絶縁を確保しながら音声信号の伝達を行うトランス，真空管パワー・アンプの出力段に用いられるインピーダンス変換用の出力トランスなど，極めて多様な用途のトランスが市販されています．

信号用トランスのうちのほんのごく一例ですが，電話回線の音声信号伝達用のものとして，タムラ製作所の12Tシリーズを **写真6** に示します．大体150Ωから600Ω程度のインピーダンスをもつ音声回路に適用し，入出力間を絶縁しながら音声信号を伝達します．入出力インピーダンスを同じ値に維持するタイプや，1/2や1/4に変換するタイプもあります．比較的形状が小さいので，あまり低い周波数の信号は通過させることができず，周波数帯域下限は300Hz程度です．

真空管パワー・アンプの出力に用いられるトランスでは，少なくとも20Hzぐらいまでの周波数を，大きなひずみを発生させずに伝達させることが要求されます．周波数が低く，扱う電圧振幅も大きいので，巻き線ターン数を大きくしないと磁束振幅が非常に大きくなってしまい，大きな断面積をもつ磁気回路が必要になります．従って大出力を得るためにはどうしても大型のトランスとなります．

一例として，**写真7** に示すタムラ製作所のF-2010シリーズを紹介します．オーディオ帯域全体を余裕をもって伝達するため，F-2011やF-2012では周波数範囲の下限がなんと5Hzと低い値になっています．これだけ低い周波数を扱えるトランスでは，1次側インダクタンスが100H程度以上と，とても大きな値になっています．

10-5 DC-DCコンバータ用トランスの設計手法
DC-DCコンバータのしくみと使用トランス設計を行うときのテクニック

先ほど紹介したPQ35/35コアを用いて，**図7** に示すようなフォワード型プッシュプルDC-DCコンバータのトランスを設計してみます．スイッチング周波数は100kHzとし，入力される直流電圧の最大値を16Vと仮定します．

ここでは2次側巻き線以降の設計にはあまり言及せず，コア内の磁束量に着目し，1次側巻き線のターン数をどこまで減らしても大丈夫かを調べます．

● 磁束密度とコア・ロス

図8 にコア材として用いられているPC44材のB-Hカーブを示します．飽和磁束密度は，25℃において約500mT（ミリ・テスラ），120℃において約350mT程度です．

しかし，ここまで磁束密度を大きくして使用すると，大きなコア・ロスが発生します．エネルギー効率が良くないばかりか，コアの温度上昇が大きくなってしまい，とても実用に耐えないものとなります．高い温度においても磁界と磁束密度の直線性が維持される領域は，大体200mTまでと考えられるので，この値をコアの最大磁束密度として考えます．

PQ35/35コアのパラメータ表を見ると，磁気回路としての断面積は196mm^{2}とあります．最大磁束密度の200mTを掛けると，3.92×10^{-5}Wbの磁束量まではコアを通過できることがわかります．

図7 フォワード型プッシュプルDC-DCコンバータの回路例

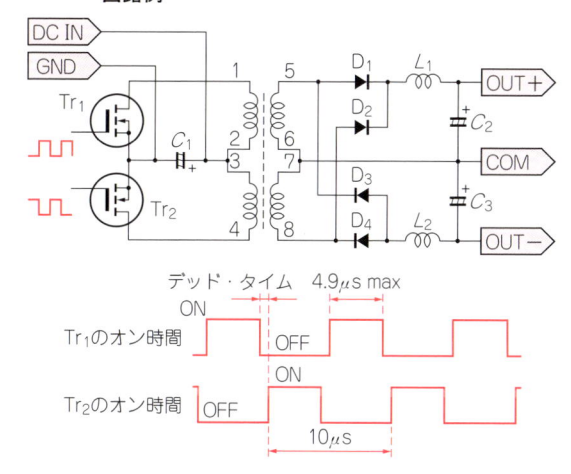

図8[(2)] コア材として用いられているPC44材のB-Hカーブ

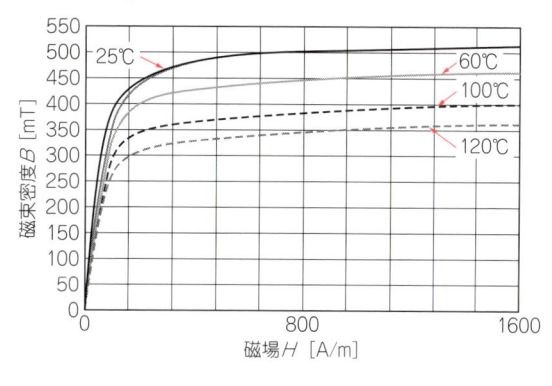

● オン時間とターン数

1次側のMOSFETは，二つの1次側巻き線に対して交互に電圧を印加させる働きをします．スイッチング周波数が100 kHzですから，一つのFETが1回にONする時間は最大5 μsとなりそうな気がします．

ところが，もし二つのFETのオン期間が重なってしまうと，その時間は巻き線がショートされたのと等価となります．非常に大きな電流がFETや1次側巻き線に流れ，簡単にFETが破壊されてしまいます．このようなことが起こらないように充分注意して回路を設計する必要があります．

一般的に，プッシュプル型レギュレータのコントロールICには双方の半導体素子が絶対に同時にONしないような回路(デッド・タイム・コントローラ)を搭載していることが多いです．デッド・タイムを考慮すると，1回のオン時間はどんなに大きく見積もっても4.9 μs程度となるでしょう．

先ほど紹介した1次側電圧と磁気回路の関係式を変形すると，

$$V_1/N_1 = -(d\Phi/dt)$$

となります．この式に最大磁束量とオン時間を代入すると，

$$V_1/N_1 = -(3.92 \times 10^{-5}/4.9 \times 10^{-6}) = -8$$

となります．つまり，1次側巻き線ターン数1回当たりにつき，8 Vまでの1次側電圧を印加しても，コアの飽和を免れることになります．1次側電圧の最大値が16 Vの場合には，1次側巻き線は2ターンもあれば十分といえます．

● 2次側巻き線のターン数

例えば2次側巻き線のターン数を8 Tとすれば，入力電圧16 V時，無負荷時に64 Vの2次側電圧が得られることが期待できます．

このように2次側巻き線のターン数は必要な出力電圧に合わせて増減し調節します．あとは外部コントロール回路でFETのオン時間を変化させ，最終的に必要な電圧にまで減少させて用いることが一般的です．

テキサス・インスツルメンツのTL494などに代表されるコントロールICでは，出力電圧を監視しながらスイッチング素子のオン時間を自動制御する回路が内蔵されています．

上記の考察でわかるように，巻き線ターン数を非常に小さくできるので，かなり太い線材を巻き線として使用でき，巻き線抵抗値を小さく抑えられます．ただし，工作上の難しさは別途考慮する必要があります．TDKのカタログによれば，PQ35/35コアを用いた100 kHzフォワード・コンバータでは450 Wを超える大きな電力が出力できると書かれています．

◆引用文献◆
(1) スイッチング電源用フェライトオリジナルコア，TDK㈱，http://www.tdk.co.jp/tjfx01/j143.pdf
(2) スイッチング電源用フェライト概要，TDK㈱，http://www.tdk.co.jp/tjfx01/j140_1.pdf

(初出:「トランジスタ技術」2009年6月号)

徹底図解★ LCR & トランス活用 成功のかぎ

第**11**章
抵抗素子を使ううえでの基本的なノウハウを具体的回路で検証

抵抗素子の定番活用法

　本章では，実際の回路設計手順の中で，抵抗素子をどのように選定するかを具体的に紹介していきたいと思います．回路例にはできるだけ一般的で，かつ応用性の高いものを選びました．

　ここでは抵抗素子そのものに関する話よりも，回路動作の説明が多くなってしまいます．これは受動素子と回路動作はそれだけ密接に関係しているためです．回路動作の十分な理解は部品の選択に必要不可欠です．

11-1 OPアンプ増幅回路のゲイン決定
周波数の高い領域でのオープン・ループ・ゲインの減少や抵抗値精度がゲイン精度に与える影響．定格の注意など

● アンプ動作の概略

　最初はアナログ・デバイセズ社のOPアンプAD8626を用いた非反転アンプ（**図1**）を紹介します．AD8626は2回路入りのFET入力型のOPアンプで，**図2**に示すように使用できる電源電圧範囲が広く，ノイズも少なめで，入力バイアス電流I_bが0.25 pAと非常に小さく，大変使いやすいOPアンプです．このシリーズには2回路入りだけではなく，1回路入りのAD8627や4回路入りのAD8625もあります．

　この非反転アンプのゲインはR_1とR_2の二つの抵抗で決定されます．また，回路入力に何も信号源が接続されなかったり，カップリング・コンデンサを介して信号が入力される場合には，OPアンプの3番ピンの電位を規定するものが何もなくなり，動作が不安定になるため，これを防止するために高抵抗R_3で入力端子を軽くグラウンドにつなぎとめておくようにします．

　もちろん，回路の入力インピーダンスが仕様で決まっている場合には，その値に合わせてR_3の抵抗値を選定することになります．

　このアンプのゲインは，次の式で計算できます．

$$Gain = \frac{V_2}{V_1} = \frac{1}{\dfrac{R_1}{R_1+R_2} + \dfrac{1}{A_v}}$$

　ここで，A_vはAD8626のオープン・ループ・ゲインを表します．オープン・ループ・ゲインは，NFBが成立している場合に，1番ピンの電圧を，3番ピンと2番ピンの電位差で割った値で，一般的に非常に大きな値になります．AD8626のデータシートによれば，直流におけるオープン・ループ・ゲインは300,000（110 dB）という大きな値です．

　R_1とR_2によりNFBをかけて決定する仕上がりのゲインに比べて，A_vが非常に大きい場合は，要求精度

図1 AD8626を用いた非反転アンプのゲイン

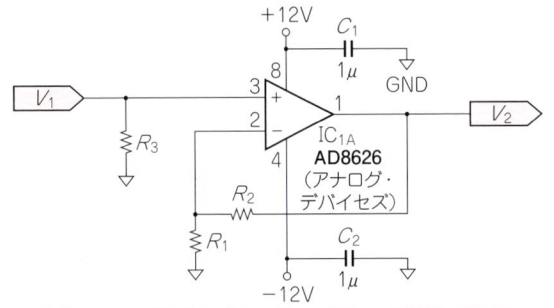

この非反転アンプのゲインの式は，

$$Gain = \frac{V_2}{V_1} = \frac{1}{\dfrac{1}{R_1+R_2} + \dfrac{1}{A_v}}$$

で表される．ここでA_vはIC$_{1A}$のオープン・ループ・ゲインを表す．A_vは大きいため，省略できるが誤差が生じる

にもよりますが，上記の式において$(1/A_v)$の部分を無視することができます．このとき，式は非常に簡単になり，

$$Gain = \frac{R_1 + R_2}{R_1} = 1 + \frac{R_2}{R_1}$$

と考えることができます．仕上がりゲインよりもA_vが100倍大きい場合は，式の簡略化による誤差は約1%，1000倍大きい場合は約0.1%となります．

ただし，周波数が高くなるとオープン・ループ・ゲインの値は次第に小さくなるので注意が必要です．AD8626のオープン・ループ・ゲインは，約20 Hz以上の周波数で下降に転じ，10 kHzでは約55 dB，100 kHzでは約35 dBと，周波数上昇に従ってどんどん小さくなるので，ある程度高い周波数で正確な仕上がりゲインが欲しい場合には，抵抗素子に精度の高いものを使用するだけではなく，上記の簡略化しないほうの式でゲインを計算する必要があります．

● 抵抗素子のサイズと耐圧

最近の電子回路設計においては，小型化の要求が著しいので，在庫の都合や，作業上の問題がなければ，なるべく外形寸法の小さい抵抗素子を選定したくなりますが，うっかり見落としがちなのが抵抗素子の耐圧です．KOAの汎用面実装抵抗，RK73Bタイプを例に取ると，1608サイズや1005サイズの最高使用電圧は50 Vありますが，形状の小さい0603サイズでは25 V，0402サイズでは15 Vの使用電圧までしか許容できません．

例示のアンプでは，±12 Vと，それほど高い電源電圧が使われているわけではありませんので，V_2がフルスイングした場合においても，各抵抗素子に12 V以上の電圧が印加されることはありません．それでも最高使用電圧15 Vの0402サイズの素子では，定格値に近い電圧が印加される可能性があり，余裕がありません．この場合は0603サイズ以上のものを使用するのが無難です．

● 抵抗素子のサイズと消費電力

同じくKOAのRK73Bタイプの場合，0402サイズの素子の許容電力は30 mW，0603サイズでは50 mW，1005サイズでは63 mW，1608サイズでは100 mWと，素子の形状が大きくなるほど許容電力も大きくなります．

抵抗素子に印加される最大電圧を12 Vとして，それぞれのサイズの素子における，消費電力を定格内に収めるために必要な最小の抵抗値を計算すると，大体次のようになります．

- 0402サイズの場合・・・4.8 kΩ
- 0603サイズの場合・・・2.88 kΩ
- 1005サイズの場合・・・2.29 kΩ
- 1608サイズの場合・・・1.44 kΩ

アンプの仕上がりゲインが大きい場合には，R_1に印加される最大電圧は小さいと考えられるので，実はそれほど問題とはなりませんが，あらかじめこのように抵抗値の目安を頭に入れておき，回路設計の過程においてこの値を下まわるような抵抗値が必要になった場合には，その素子の消費電力が定格を越えないように確認する必要があります．

● 抵抗値精度とゲイン精度

例示のアンプのゲインがR_1とR_2の抵抗値により決定されることは前述のとおりです．先ほど紹介した簡略式に基づいて，抵抗値精度がアンプ・ゲインにどのように影響するか調べたいと思います．簡略式，

$$Gain = 1 + \frac{R_2}{R_1}$$

において，R_2とR_1の比がゲイン決定要因として大きな影響力をもっていますが，仮にR_2の抵抗値が1%だ

図2 AD8626の構成と主な電気的特性（アナログ・デバイセズ社資料より）

- 静止電流：850 μA
- OPアンプ入り数：2
- 動作温度範囲：−40〜+85
- パッケージ形状：SOIC, MSOP
- −3dBバンド幅：5MHz
- スリュー・レート：5V/μs
- オフセット電圧V_{os}：50 μV
- 入力バイアス電流I_b：0.25pA
- 入力換算ノイズ：16nV/√Hz
- V_{cc}-V_{ee}電源電圧[V]：5〜26

（a）主な特徴と電気的特性

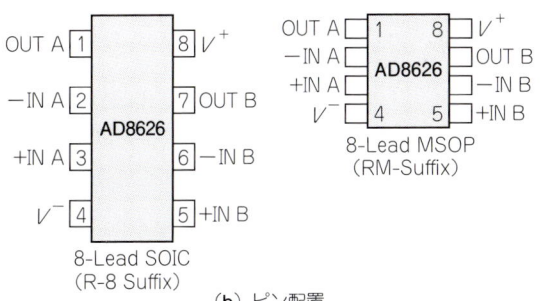

```
  OUT A  1       8  V⁺           OUT A  1       8  V⁺
  −IN A  2       7  OUT B        −IN A  2  AD8626  7  OUT B
  +IN A  3 AD8626 6  −IN B       +IN A  3       6  −IN B
  V⁻    4       5  +IN B        V⁻    4       5  +IN B

  8-Lead SOIC                   8-Lead MSOP
  （R-8 Suffix）                （RM-Suffix）
```

（b）ピン配置

図3 AD8626を用いた反転アンプ

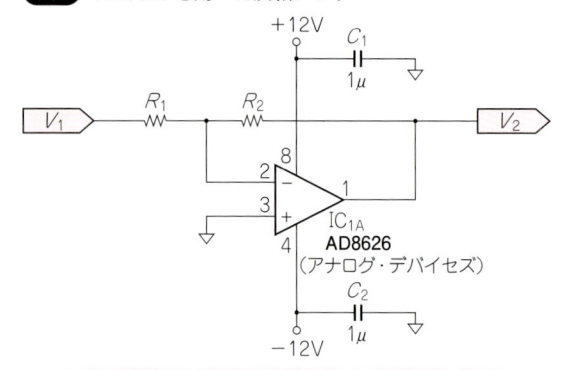

この反転アンプのゲインの式は，オープン・ループ・ゲインを無限大と見なせば，

$$Gain = -\frac{R_2}{R_1}$$

で与えられる

図4 トランスインピーダンス・アンプ

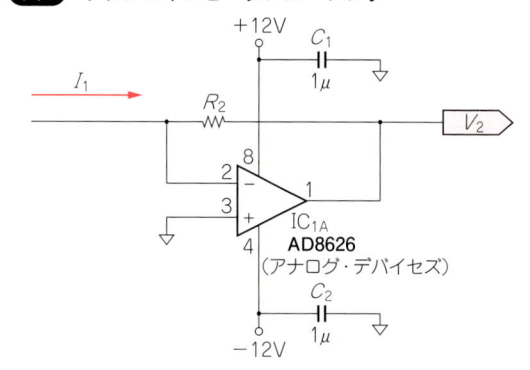

これはTIA（トランスインピーダンス・アンプ）と呼ばれる回路．入力I_1と出力V_2の関係は，

$$\frac{V_2}{I_1} = -R_2$$

となり，インピーダンスの次元をもつ

け定格値よりも大きく，R_1が1%だけ小さい場合を考えます．この場合の比を計算すると，

$$\frac{1.01 \cdot R_2}{0.99 \cdot R_1} = 1.0202\frac{R_2}{R_1}$$

となり，比は2%の誤差をもってしまいます．もちろん，R_1とR_2のばらつきの方向と大きさが等しい場合には，影響は相殺されます．仕上がりゲインの精度として±1%以内（±0.086 dB以内）が要求される場合には，誤差0.5%（記号D）の抵抗素子を使う必要が出てきます．

ただ，（R_2/R_1）の絶対値が1に比べて小さい場合，すなわち仕上がりゲインが1に近い場合には，ゲイン決定要因としては右辺第1項の1が支配的になるので，抵抗素子の誤差が仕上がりゲインに与える影響は小さくなります．

● 反転アンプ

同じくAD8626を使用して，仕上がりゲインが負の値をもつ，反転アンプを**図3**に紹介します．この回路では，OPアンプの3番ピンが直接グラウンドに接続されているので，必要な抵抗素子の数が2個に減ります．

OPアンプのオープン・ループ・ゲインが非常に大きいことと，フィードバック抵抗R_2の働きにより，NFBが成立している限りにおいては，2番ピンの電圧は常に3番ピンと非常に近い値に固定されます．例示の回路における2番ピンの電圧は動作中ほぼグラウンド電位に固定されることによります．いわゆる仮想接地と呼ばれるものです．見方を変えれば，OPアンプが自身の2番ピンの電圧が常にグラウンド電位に等しくなるように，一生懸命出力電圧を変化させて調整している状態といえます．従って，この回路の入力インピーダンスは，おおむねR_1に等しくなります．

オープン・ループ・ゲインを無限大とみなして，このアンプの仕上がりゲインを表す簡略式は，次のようになります．

$$Gain = -\frac{R_2}{R_1}$$

非反転アンプと同じように，R_1とR_2の比が，仕上がりゲインの決定要因として働きます．ただ，「プラス1」の項がないので，ゲインの絶対値が1に近い場合であっても，抵抗素子精度がゲインに影響する割合が小さくなることはありません．

反転アンプの場合は，出力電圧がフルスイングすると，そのままの電圧が直接フィードバック抵抗R_2に印加されます．抵抗素子の耐圧や消費電力の観点から，非反転アンプの場合にも増して注意が必要となります．R_1の抵抗値をゼロにした場合を考えると，回路の入力インピーダンスは非常に低くなり，電流を出力するセンサ素子に用いる増幅回路に適するようになります．すなわち，入力電流を出力電圧に変換するアンプ，I-Vアンプやトランスインピーダンス・アンプ（TIAと書かれることも多い）と呼ばれる回路になります．このようすを**図4**に示します．

電流I_1を入力すると，NFBの働きにより，OPアンプは出力電圧を変化させることにより，自身の2番ピンの電圧を3番ピンの電圧に等しく，図の場合にはグラウンド電位に保持しようとしますから，結果としてI_1が全部R_2を通って1番ピンの方向へ流れます．よって，この回路の入力電流I_1と出力電圧V_2の関係は，

$$\frac{V_2}{I_1} = -R_2$$

となります．今度は増幅度を表す値が，無名数ではなくインピーダンスの次元をもつようになります．トランスインピーダンス・アンプと呼ばれる理由です．

11-2 OPアンプを使用した電流源
トランスコンダクタンス・アンプの設計と抵抗部品の選択

● 非反転アンプを変形した電流源

図5は，前項で紹介した非反転アンプを変形した，電流出力型の回路の一例を示したものです．

OPアンプのオープン・ループ・ゲインが無限大と見なすことができる場合は，R_1を流れる電流は，V_1/R_1で計算することができます．また，AD8626のようにOPアンプの入力端子に流れ込む電流が非常に小さく，無視できるものとすれば，R_1を流れる電流と負荷インピーダンスZを流れる電流はほとんど等しくなります．つまり，負荷インピーダンスZにかかわらず，Zを流れる電流をV_1とR_1だけで決定することができるようになります．このような回路をトランスコンダクタンス・アンプと呼ぶことがあります．

もちろん，Zに流そうとする電流とZとの積が，OPアンプがスイングできる電圧を越えてしまうと，NFBは成立せず，入出力の関係は崩れてしまいます．このような電流出力型の回路がスイングできる電圧の幅は，一般にコンプライアンス電圧と呼ばれます．

出力電流精度が要求される場合には，R_1に抵抗値精度の高いものを使う必要があります．ただし，出力電流値に寄与する抵抗はR_1のみですから，OPアンプのオープン・ループ・ゲインやオフセットなどの誤差要因を除外すれば，抵抗値精度がそのまま出力電流精度となります．

大きな電流を出力できるパワーOPアンプやディスクリートOPアンプを使用して電流源を構成する場合には，R_1に電源電圧に近い電圧が印加される可能性があるので，その値がR_1の定格を越えないか確認する必要があります．R_1の値が比較的小さい場合には，消費電力の確認ももちろん必要になります．

● 負荷がフローティングできない場合の電流源

負荷インピーダンスZとなる素子の片側が，グラウンドなどの電位に固定されている場合には，OPアンプ周辺の抵抗を**図6**に示すように接続し，$(R_1:R_2)=(R_3:R_4)$の関係をもたせるようにし，R_5の値を$R_1 \sim R_4$までの抵抗値よりも非常に小さくなるようにします．このときの入力電圧V_1と，出力電流I_oとの関係は，

$$\frac{I_o}{V_1} = \frac{V_1 \cdot \frac{R_2}{R_1}}{R_5}$$

で計算できます．R_1からR_4までの抵抗をすべて等しい値とした場合はさらに簡単になり，

$$\frac{I_o}{V_1} = \frac{V_1}{R_5}$$

となります．

この回路のように，個々の抵抗値にそれほど高精度が要求されない反面，多数の抵抗値の関係が回路の性能に影響する場合には，一つのパッケージに複数個の抵抗素子が入った，マッチング抵抗素子を使用することが考えられます．$R_1=R_2$，$R_3=R_4$とした設計の場合は，R_1とR_2で一つのパッケージ，R_3とR_4で一つのパッケージの部品を使うようにすれば，出力電流精度はR_5の抵抗値精度だけで決まるようになります．

また，出力電流が大きい回路を構成する場合には，以前の章で紹介した4端子型の電流検出抵抗をR_5として使用するのが便利です．

図5 入力電圧を出力電流に変換する回路

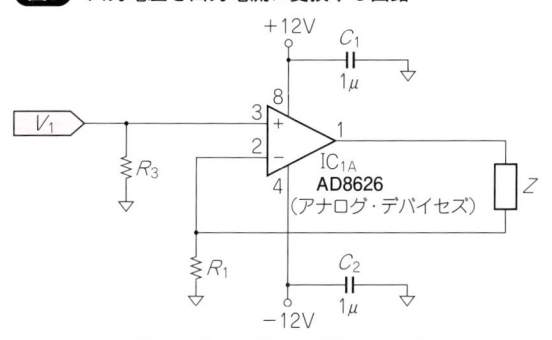

OPアンプを用いて構成する電流源，トランスコンダクタンス・アンプと呼ばれる

図6 負荷がフローティングできない場合の電流源

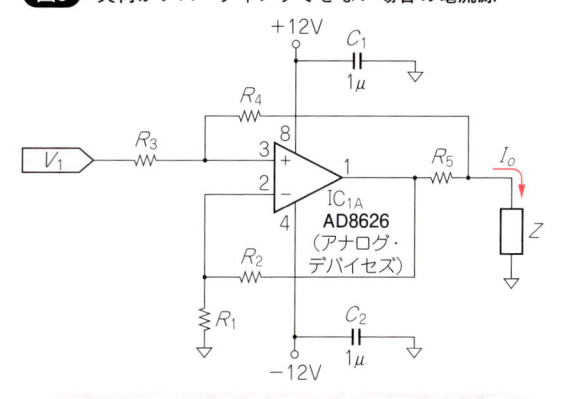

この回路は負荷Zがグラウンドに接続されているときの電流源．V_1とI_oの関係は，

$$\frac{I_o}{V_1} = \frac{V_1 \cdot \frac{R_2}{R_1}}{R_5}$$

となる

11-3 トランジスタ・アンプのゲイン決定
エミッタ・バイパス・コンデンサがゲインに影響する

● FETアンプのゲイン計算

Nchジャンクション FET の 2SK369 を使用した，図7に示すアンプ回路のゲイン計算を考えます．一般にジャンクションFETは，ゲート電位よりもソース電位をわずかに高くした状態で使用することができる，いわゆるディプレッション特性をもっているので，例示の回路のようにゲート直流電位をグラウンドと等しくできます．ソース抵抗R_2を使用するだけでドレイン電流をある程度決定することができ，前段の回路をバイパス・コンデンサなしに直結することが可能なので，設計上大変便利です．

ただ，個々のFETのI_{DSS}のバラツキが大きいので，R_2の値を決めても，それだけでドレイン電流を正確にコントロールすることは実用上困難です．図8の(a)にそのようすを示します．例えばソース抵抗R_2の値を100Ωとしたい場合には，原点を通る$R_s=100$Ωの補助線をグラフ上に引き，I_D-V_{GS}のグラフとの交点を読むことにより，そのときのV_{GS}とI_Dを求めるのが一般的です．$I_{DSS}=4.5$mAの素子の場合はソース抵抗100Ωのとき，$V_{GS}=-0.12$Vで$I_D=1.2$mAと

なります．$I_{DSS}=24$mAの素子の場合には$V_{GS}=-0.38$Vで$I_D=3.8$mAとなります．同じソース抵抗値を使用しても，動作ドレイン電流はI_{DSS}の影響を大きく受けてしまいます．

それでも，一旦動作ドレイン電流が決定されると，アンプのゲインは簡単に求まります．右側のグラフは2SK369における，ドレイン電流I_Dと順方向伝達アドミタンス$|Y_{fs}|$の関係を表したものです．順方向伝達アドミタンスとは，ゲート電圧の微小変化ΔV_Gに対する，ドレイン電流の微小変化ΔI_Dの大きさを表したもので，$|Y_{fs}|=\Delta I_D/\Delta V_G$と定義されます．グラフによれば，例えば動作ドレイン電流を5mAに調整することができたとき，$|Y_{fs}|$の値はI_{DSS}のバラツキにかかわらず，大体40mS程度であることがわかります．

従って，FETアンプのゲインは，ドレインに接続される負荷抵抗R_Lと$|Y_{fs}|$の積で計算することができます．$|Y_{fs}|=40$mS，$R_L=1$kΩのときはゲイン40倍と，非常に簡単です．

● バイパス・コンデンサなしのバイポーラ・トランジスタ・アンプ

トランジスタを用いた電流源では，エミッタ抵抗を追加したトランジスタ回路は，電圧制御電流源，すなわちトランスコンダクタンス・アンプとして動作可能です．ベース直流電圧V_1を決定してエミッタ抵抗R_eを与えると，おおむねV_1とR_eによって決まるコレクタ電流が得られることになります．従って，ここで得られるコレクタ電流をある抵抗値によってもう一度電圧に変換すると，一定の割合の入力電圧と出力電圧が得られ，アンプとして動作することになります．

図7 2SK369を使用したアンプ

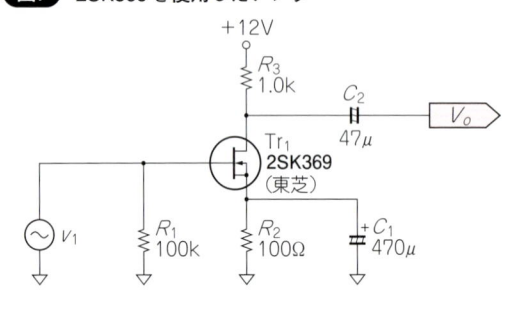

図8 2SK369のI_{DSS}のバラツキとI_D-$|Y_{fs}|$特性（東芝データシートより）

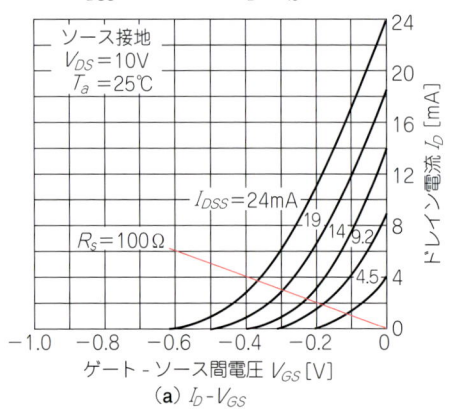

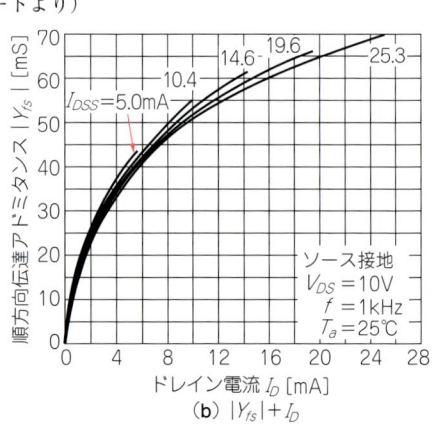

(a) I_D-V_{GS}

(b) $|Y_{fs}|$-I_D

図9に，エミッタ・バイパス・コンデンサを使用しない場合のバイポーラ・トランジスタ・アンプの例を示します．最初にコレクタ直流電流について考察します．電源電圧12 Vで，$R_{1A} = 30\,\text{k}\Omega$，$R_{1B} = 10\,\text{k}\Omega$とし，トランジスタのベース電流が十分小さいものとして無視すれば，無信号時のベース直流電圧は3 Vとなります．トランジスタのV_{BE}を0.7 Vと仮定すれば，$(3\,\text{V} - 0.7\,\text{V})/R_2$のエミッタ直流電流が流れることになり，エミッタ電流動作点が決定されます．

ここで微少な入力信号電圧v_1を，カップリング・コンデンサC_1を介してベースに接続した場合を考えます．このときベース電位は，3 Vを中心に交流電圧v_1の値だけ変化することになります．

V_{BE}が一定で，ベースの電圧変化がそのままエミッタ電圧変化として伝達されるものとすれば，エミッタ電流の変化分はv_1/R_2となります．これはおおむねそのままコレクタ電流の変化となりますから，コレクタ負荷抵抗R_3によって，$v_o = (v_1/R_2) \cdot R_3$の出力電圧に変換されます．結局，$|v_o/v_1| = (R_3/R_2)$なる電圧ゲインが得られることになります．

以上の説明では，ベース電圧変化がエミッタ電圧変化としてそのまま伝達されるものと仮定し，コレクタ電流変化分がおおむねエミッタ電流変化分として見なせるものと仮定しました．実際には，アンプのゲインの絶対値は，R_3/R_2よりもわずかに小さくなります．

● エミッタ内部に隠された抵抗分

前項の回路で，R_2に並列に大きな容量のエミッタ・バイパス・コンデンサを追加したとき，エミッタ-グラウンド間の交流インピーダンス分は非常に小さくなります．この場合エミッタ電圧変化分がエミッタ電流変化分に変換されるときの係数が非常に大きくなり，極めて高い交流電圧ゲインが得られるような気がします．ところが実際のトランジスタ・アンプでは，ここで考えられるような高いゲインにはなりません．

エミッタが交流的にグラウンドに短絡されている場合のゲインは，hパラメータによるトランジスタの等価回路を用いて計算することができますが，実際にはこれらの値がデータシートに明示されていることはまれです．また同一品種内でもh_{fe}のバラツキがかなり大きく，このような値に頼ってゲインを計算することは実用的ではありません．

ジャンクションFETアンプのところで説明した，$|Y_{fs}|$のような値がバイポーラ・トランジスタにおいても考えられるのであれば，FETの場合と計算方法を統合することができるので便利です．実際，バイポーラ・トランジスタのエミッタ端子の内部に，ある値の隠された抵抗が存在するものとみなして計算を行う方法があります．このようすを**図10**に示します．

エミッタ内部の隠された抵抗は通常"r_e"と書かれ，「スモール・アール・イー」と呼ばれます．r_eの値はトランジスタの品種にかかわらず，おおむね次の式で計算することができます．

$$r_e = \frac{kT}{qI_e}$$

ここでkはボルツマン定数(1.38×10^{-23} [J/K])，Tは絶対温度 [K]，qは電子の電荷(1.6×10^{-19} [C])，I_eはエミッタ直流電流 [A] を表します．仮に常温を300 [K] としてr_eの近似式を書き直すと，

$$r_e = 25.88\,[\text{mV}] / I_e\,[\text{A}]$$

となります．

この値を使うと，FETの場合と同じようにバイポーラ・トランジスタの順方向伝達アドミタンスを$|Y_{fs}| = (1/r_e)$として扱うことができるようになります．

r_eを導入する考え方は，エミッタ・バイパス・コンデンサを使用しないアンプのゲインをより正確に求める場合にも有効です．

● バイパス・コンデンサ付きエミッタ接地アンプの実験

2SC2712を使用して**図11**に示す回路を実際に作り，エミッタ抵抗R_2をいろいろな値に交換しながら，コレクタ抵抗R_3とr_eから求めたゲイン計算値(R_3/r_e)と，実測のゲインがどれぐらいの偏差をもつか実験しました．結果を**表1**に示します．

エミッタ抵抗R_2やコレクタ抵抗R_3の値は，実験結果に直接影響するので，実験時に実測した値を計算値

図9 エミッタ・バイパス・コンデンサを使用しない場合のバイポーラ・トランジスタ・アンプ

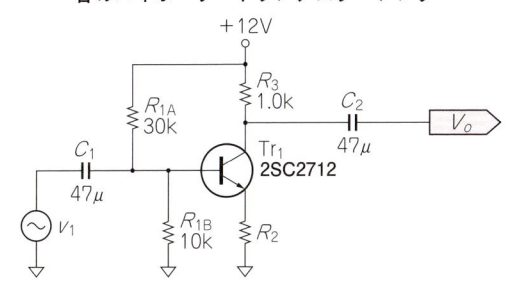

図10 エミッタ端子の内部に，ある値の隠された抵抗が存在するものとみなして計算する

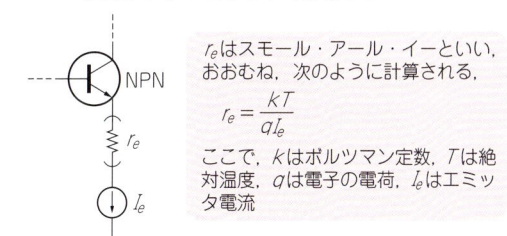

r_eはスモール・アール・イーといい，おおむね，次のように計算される．

$$r_e = \frac{kT}{qI_e}$$

ここで，kはボルツマン定数，Tは絶対温度，qは電子の電荷，I_eはエミッタ電流

表1 図11の回路で測定したゲイン誤差

エミッタ抵抗実測値[Ω]	無信号時ベース直流電圧実測値[V]	無信号時エミッタ直流電圧実測値[V]	V_{BE}実測値[V]	エミッタ電流[mA]	r_eの計算値[Ω]	r_eによるゲイン絶対値の計算値
21800	2.988	2.391	0.597	0.110	235.96	4.22
9920	2.983	2.365	0.618	0.238	108.55	9.18
4740	2.972	2.339	0.633	0.493	52.45	18.99
2190	2.948	2.298	0.650	1.049	24.66	40.38
996	2.898	2.227	0.671	2.236	11.57	86.05
470	2.800	2.113	0.687	4.496	5.76	173.02
332	2.731	2.036	0.695	6.133	4.22	236.01

にも適用しました．出力振幅をあまり大きくすると，信号波形によってI_eの変化分が大きくなり，r_eの信号電流成分による変化が無視できなくなりますので，v_1は約5 mV$_{rms}$と，比較的小さな入力電圧で実験してあります．

エミッタ抵抗の値を大体10 kΩ以上とし，エミッタ電流を0.24 mA程度以下，電圧ゲイン絶対値10倍程度以下の領域では，(R_3/r_e)によるゲイン計算値とゲイン実測値が1%程度の偏差でほぼ一致します．エミッタ電流を1 mA程度まで増やし，ゲインを40倍程度としても偏差は5%以内に入ります．

さすがに一つのトランジスタで100倍以上の電圧ゲインを稼ぐと，計算値と実測値の偏差が大きくなってきますが，それでも，大体の目安を得るのには十分な計算精度だと思います．

実験例では，コレクタ抵抗R_3として約1 kΩの小さな値を使用したため，コレクタ出力アドミタンスh_{oe}の影響がそれほど出ていませんが，定電流源を負荷として用いる場合など，もっと大きな値の負荷抵抗を使用する場合に正確な値を計算したいならば，h_{oe}の値を考慮に入れる必要が出てきます．

ちなみに，hパラメータ等価回路における重要なパラメータであるh_{ie}の値は，おおむねr_eのh_{fe}倍となります．すなわち，例示の回路のようにベースに接続される信号源インピーダンスが十分低いものとして考えられる場合には，トランジスタのh_{fe}のバラツキはゲインにはそれほど影響しない代わりに，アンプの入力インピーダンスのバラツキとなって現れます．

● トランジスタ差動増幅回路

コレクタ電流によって，トランジスタのr_eが変化する性質を利用し，可変ゲイン・アンプを構成することができます．単独のトランジスタでコレクタ電流を変化させると，特別な工夫をしない限りはコレクタ直流電圧が大きく変化し，出力オフセット電圧も同時に変化してしまい，使用上不便です．このような場合には図12に示すような差動増幅回路がよく用いられます．

例示の回路で信号の増幅を行っている素子はTr_2のHN1A01FUです．差動増幅回路の場合には，ペアになるトランジスタの特性が揃っていて，熱結合されていることが望ましいので，ここに示すように一つのパッケージに二つの素子が内蔵されているタイプのデバイスが便利です（図13）．

Tr_1の2SC2712は電圧制御電流源を構成しています．Tr_1のコレクタ電流をV_{cnt}により変化させることで，Tr_2のエミッタ電流を変化させ，Tr_2のr_eを変化させ，結果としてアンプ・ゲインを変化させるように働きます．

Tr_1のV_{BE}を0.7 Vと仮定すると，Tr_1のコレクタ電流I_{cnt}はおおむね，

$$I_{cnt} = \frac{V_{cnt} - 0.7 \,[\text{V}]}{R_1}$$

図11 エミッタ・バイパス・コンデンサを使用したバイポーラ・トランジスタ・アンプ

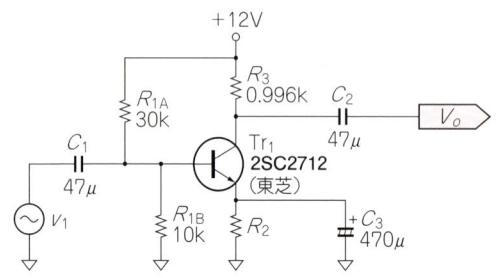

図12 トランジスタ差動増幅回路

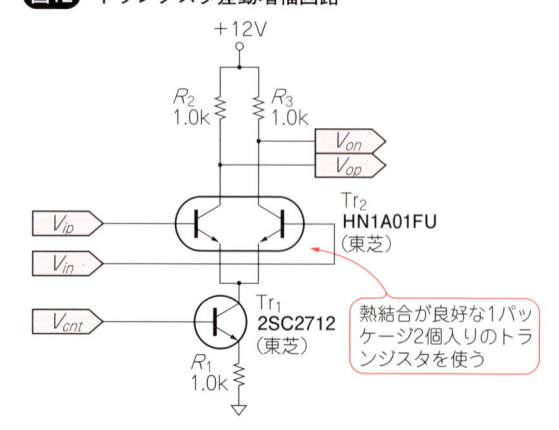

入力電圧 実測値[mV$_{rms}$]	出力電圧 実測値[V$_{rms}$]	ゲイン絶対 値の実測値	計算値ゲインに対する実 測値ゲインの偏差 [%]	ゲイン偏差のデ シベル値 [dB]
5.01	21.2	4.23	0.25	0.02
5.01	45.5	9.08	− 1.02	− 0.09
4.99	92.5	18.54	− 2.39	− 0.21
4.96	191.0	38.51	− 4.64	− 0.41
4.90	384.0	78.37	− 8.93	− 0.81
4.81	692.0	143.87	− 16.85	− 1.60
4.75	874.0	184.00	− 22.04	− 2.16

となります．また，二つの信号入力V_{in}とV_{ip}の電位が非常に近く，Tr_2のトランジスタ・ペアのそれぞれのエミッタ電流が等しいものと見なせる場合，常温における個々のr_eの値は，

$$r_e = \frac{51.76 \text{ [mV]} \cdot R_1}{V_{cnt} - 0.7 \text{ [V]}}$$

で計算できます．入力信号電圧($V_{ip} - V_{in}$)の変化によるTr_2のコレクタ電流変化分ΔI_cは，

$$\Delta I_c = \frac{V_{ip} - V_{in}}{2r_e} = \frac{(V_{ip} - V_{in})(V_{cnt} - 0.7 \text{ [V]})}{(2 \cdot 51.76 \text{ [mV]} \cdot R_1)}$$

出力電圧($V_{op} - V_{on}$)は，$\Delta I_c \cdot (R_2 + R_3)$となるので，以上をまとめると，

$$V_{op} - V_{on} = \frac{(R_2 + R_3)(V_{ip} - V_{in})(V_{cnt} - 0.7 \text{ V})}{103.52 \text{ [mV]} \cdot R_1}$$

ゲインを求める式に書き直すと，

$$\frac{V_{op} - V_{on}}{V_{ip} - V_{in}} = \frac{(R_2 + R_3)(V_{cnt} - 0.7 \text{ V})}{103.52 \text{ [mV]} \cdot R_1}$$

例示の回路の場合には，R_1, R_2, R_3ともすべて1.0 kΩですから，これを代入すると，

$$\frac{V_{op} - V_{on}}{V_{ip} - V_{in}} = \frac{V_{cnt} - 0.7 \text{ [V]}}{51.76 \text{ [mV]}} \times 1000$$

Tr_1のV_{BE}によるV_{cnt}から減算されるオフセット電圧分0.7 Vを除外して考えれば，おおむねV_{cnt}に比例した電圧ゲインが得られるようすが確認できると思います．

図13 一つのパッケージに二つのトランジスタ素子が入ったHN1 A01FU（東芝，資料より）

- ウルトラスーパーミニ（6 端子）パッケージに 2 素子を内蔵している
- 高耐圧 ：V_{CEO}＝− 50V
- コレクタ電流が大きい ：I_c＝− 150mA（最大）
- 電流増幅率h_{FE}が高い ：h_{FE}＝120〜400
- h_{FE}リニアリティが優れている
  ：h_{FE}(I_c＝−0.1mA)/h_{FE}(I_c＝−2mA)＝0.95（標準）

（a）特徴

項 目	記 号	定 格	単 位
コレクタ - ベース間電圧	V_{CBO}	−50	V
コレクタ - エミッタ間電圧	V_{CEO}	−50	V
エミッタ - ベース間電圧	V_{EBO}	−5	V
コレクタ電流	I_C	−150	mA
ベース電流	I_B	−30	mA
コレクタ損失	P_C*	200	mW
接合温度	T_j	125	℃
保存温度	T_{stg}	−55〜125	℃

＊トータル定格

（b）最大定格（T_a＝25℃）（Q_1, Q_2共通）

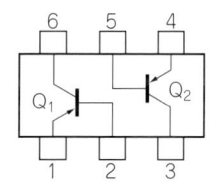

（c）内部接続（TOP VIEW）

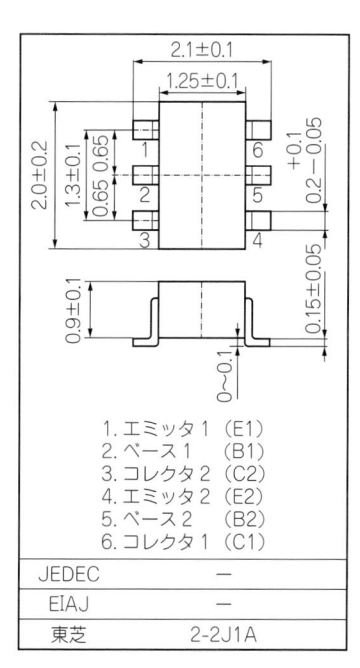

1. エミッタ1 （E1）
2. ベース1 （B1）
3. コレクタ2 （C2）
4. エミッタ2 （E2）
5. ベース2 （B2）
6. コレクタ1 （C1）

JEDEC	−
EIAJ	−
東芝	2-2J1A

（d）外形寸法（単位：mm）

徹底図解★LCR＆トランス活用 成功のかぎ

第**12**章
使い慣れた抵抗素子の特性を見直そう

抵抗素子活用のかぎ

　抵抗素子を使う際には，抵抗値の精度や抵抗値の温度による変化，抵抗素子が許容できる消費電力などに加え，回路の仕様によっては素子のカタログにあまり詳しく書かれていない性質も考慮する必要があります．

　この章では，比較的高い周波数で問題となりやすい，抵抗素子の並列寄生容量や直列寄生インダクタンスについて，また，抵抗素子に直流電流を流したときに発生する電流雑音についてお話しします．

12-1　並列容量と直列インダクタンスの影響を調べる
抵抗素子に寄生するCとL

　抵抗値にある程度の誤差が存在することや，許容される消費電力が有限の値をもつことは，見落とさないことが多いのですが，うっかりすると，インピーダンスが周波数によって変化しないような素子がそこにあるものと想像してしまいます．

■ 抵抗素子の等価回路

　抵抗素子ですから，抵抗値Rがその素子のインピーダンスとなりますが，実際の素子の場合には，**図1**に示すように寄生的なリアクタンス成分がどうしても存在してしまいます．

　抵抗素子の寄生リアクタンスを考えるときに重要となるのは，二つの電極間の，Rと並列に存在する並列容量（キャパシタンス）C_Xと，Rに直列に挿入される直列インダクタンスL_Xです．

　抵抗素子の並列容量や直列インダクタンスがどれぐらいの値なのか，実際の回路設計のどのような場合に問題となるのか，いくつかの例を紹介します．

■ 抵抗素子の並列容量を測定する実験

　実際の抵抗素子にどの程度の大きさの並列容量が寄生しているかを測定するために，**図2**に示すようなπ型のアッテネータを例にして実験してみました．

● 実験方法

　特性インピーダンスを50Ωにマッチングさせたマイクロストリップ線路基板上に**図2**の回路を構成し，直列に挿入したR_Xをいろいろなタイプの抵抗素子に交換しながら，ネットワーク・アナライザを使って周波数特性を測定しました．**図2**の定数で，減衰量40.7 dBのアッテネータが構成されます．

　R_Xに並列に存在する寄生容量が顕在化しやすいように，R_Xの値は2.7 kΩと線路インピーダンスに比べて大きめにしました．

　測定時には，入力にはネットワーク・アナライザの信号源インピーダンス50Ω，出力部には受信回路の入力インピーダンス50Ωが接続されます．これらを含めてR_Xの並列容量を考慮した等価回路と，並列容量の算出式を**図3**に示します．R_Sの値は，π型回路の並列要素の抵抗値51Ωと，ネットワーク・アナラ

図1 抵抗素子の等価回路には抵抗値Rのほかに並列容量C_Xや直列インダクタンスL_Xが存在する

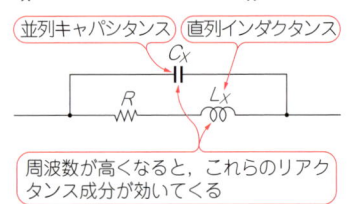

並列キャパシタンス　直列インダクタンス
周波数が高くなると，これらのリアクタンス成分が効いてくる

図2 R_Xの並列寄生容量を測定するための減衰量40.7 dBのπ型アッテネータ
R_Xをいろいろなタイプの素子に交換しながらネットワーク・アナライザで周波数特性を測定し，並列容量を算出し比較する．

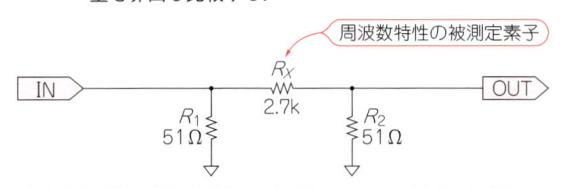

周波数特性の被測定素子

特性インピーダンスを50Ωにマッチングさせたマイクロストリップ線路基板上に，この回路を構成する（R_1やR_2よりもR_Xの値をずっと大きくするところがミソ）

図3 並列寄生容量を考慮した等価回路

R_Sは，図2のπ型回路の抵抗値51Ωと，ネットワーク・アナライザの入出力インピーダンスとの並列値

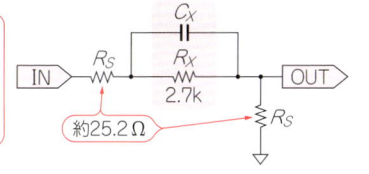

C_Xにより，アッテネータのレスポンス特性は高周波域で上昇する．平坦部から3dBレスポンスが上昇する周波数をf_C[Hz]，フィクスチャ(治具)の容量をC_0[F]とすると，抵抗素子の並列容量C_X[F]は次の式で計算できる．

$$C_X = \frac{1}{2\pi f_C R_X} - C_0 \approx \frac{0.159}{f_C R_X} - C_0$$

イザの入出力インピーダンスとの並列値となるので，だいたい25.2Ωとなります．

アッテネータの周波数特性は，低い周波数領域ではフラットですが，高周波領域では並列容量C_Xの影響により次第にレスポンスが上昇することが考えられます．

回路パターンにも寄生容量が存在するので，R_Xを実装せずにそれをあらかじめ測定し，値をC_0として記録しておきます．

● 実験結果

R_Xの素子をいろいろ変えながら，アッテネータの周波数特性を測定した結果を図4に示します．最初にR_Xを実装しない場合のフィクスチャ(治具)だけのレスポンスを測定します．この場合の特性を"Fixture"としてグラフに表示しています．レスポンスは1 GHzにおいて約−56 dB，2 GHzにおいて約−50 dBとなりました．この結果より，フィクスチャ

図4 40.7 dBアッテネータのレスポンス

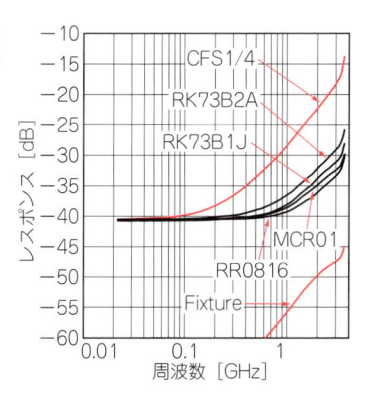

だけでの寄生容量は，だいたい0.01 pF程度と計算できます．

R_Xに次の五つのタイプの抵抗を使い，並列容量を測定しました．
- 1608タイプの薄膜チップ抵抗RR0816
- 1005タイプの厚膜チップ抵抗MCR01
- 1608タイプの厚膜チップ抵抗RK73B1J
- 2012タイプの厚膜チップ抵抗RK73B2 A
- アキシャル・リード・タイプの炭素皮膜抵抗CFS1/4

▶抵抗タイプごとの寄生容量

測定により求められた3 dB上昇点の周波数と，そこから計算した推定並列容量を表1に示します．

同じ厚膜チップ抵抗のなかでは，形状の小さいものほど並列容量が小さく，高い周波数まで適用しやすいことがわかります．

薄膜抵抗は，厚膜抵抗と比較して並列容量が小さく，より高い周波数での使用に適します．RR0816タイプは，MCR01タイプよりも形状は大きいのですが，並列容量が小さいようすが実験結果から確認できます．

アキシャル・リード・タイプの抵抗素子では，表面実装タイプの角板型抵抗と比べて，かなり大きな並列容量が存在することがわかります．抵抗素子の両側に形状の比較的大きなキャップ型電極が対向した構造をもつことや，抵抗値調整のために抵抗体に溝切りをしていることなどが原因として考えられます．

■ 並列容量が回路に影響する実例：高感度で光パワーを電圧に変換するO−Eコンバータ(光電変換)回路

● 回路の概要

図5に高感度なO−Eコンバータ回路を示します．

PINフォト・ダイオードS5973に入射される光パワーを，電圧信号として出力する回路です．

PINフォト・ダイオードから光パワーに比例した電流が出力されますが，これを低インピーダンスで受け，電圧信号に変換して出力することから，アンプ部分の回路はI-Vアンプまたはトランスインピーダンス・アンプ(TIA)と呼ばれます．

100000 V/Wという高い感度と15 MHzの周波数帯域を実現しようとしています．

表1 抵抗素子の推定並列寄生容量

シリーズ名	抵抗値 [Ω]	タイプ	形状		3 dB上昇周波数 [Hz]	推定並列容量 [F]
RR0816	2.7 k	薄膜	角板型表面実装	1.6 × 0.8 mm	1.589 G	0.027 p
MCR01		厚膜	角板型表面実装	1.0 × 0.5 mm	1.241 G	0.037 p
RK73B1J			角板型表面実装	1.6 × 0.8 mm	1.067 G	0.045 p
RK73B2A			角板型表面実装	2.0 × 1.25 mm	798 M	0.064 p
CFS1/4		炭素皮膜	アキシャル・リード	5 mmピッチ挿入品	245 M	0.230 p

図5 並列寄生容量が回路動作に影響する実例：帯域15MHzのO-Eコンバータ回路
高速OPアンプの前段に，入力電流性ノイズの低減と帯域幅増加の目的で低入力容量のFETによるアンプを追加した構成．

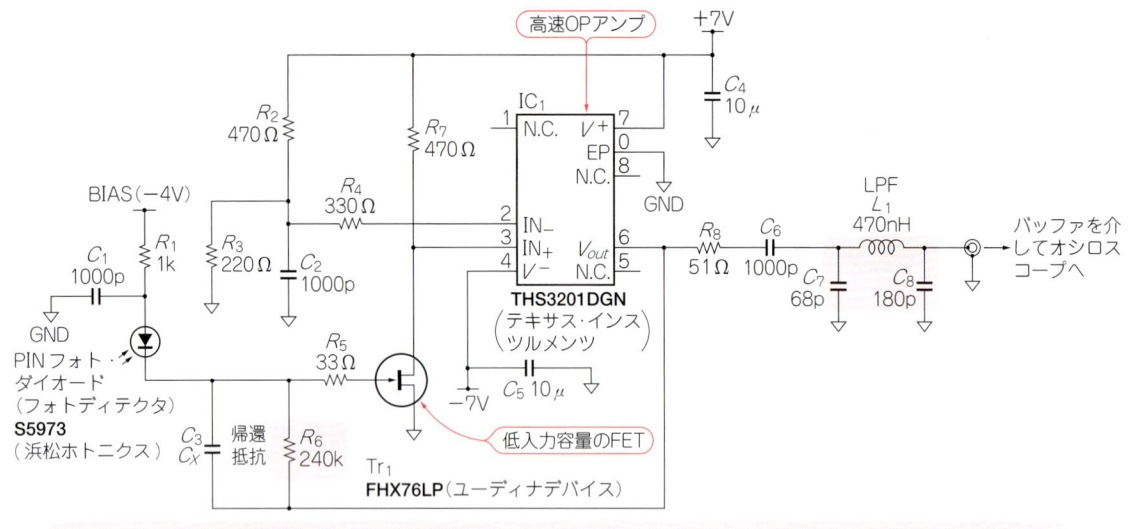

フォトディテクタ**S5973**が出力する（吸い込む）光電流を，トランスインピーダンス・ゲイン240kΩで電圧信号に変換する．このような，電流信号を電圧信号に変換する回路をトランスインピーダンス・アンプ（TIA）またはI-Vアンプと呼ぶ．大きなトランスインピーダンス・ゲインを得るためには，R_6に大きな抵抗値が必要となる．同時に帯域を得るためには，C_Xの値のコントロールが非常に重要となる．

図5の回路では光入力がない場合にも，−0.3V程度のオフセット電圧がOPアンプの出力から出てしまうので，カップリング・コンデンサC_6を介して信号を出力しています．

● 電流-電圧変換のトランスインピーダンス・ゲインはR_6で決まる

OPアンプIC THS3201DGNの入力回路にFETを追加して，入力バイアス電流と入力の電流雑音の小さいOPアンプを構成しています．Tr_1のゲートが反転入力端子，Tr_1のソースが非反転入力端子に相当します．

このOPアンプに，R_6で負帰還をかけた，電流-電圧変換回路の形式をとっています．

OPアンプが理想的で，帰還回路にも電流源にも寄生容量が存在しない場合には，反転入力に流れ込もうとした電流がすべて帰還回路に流れます．このため，出力電圧は，「入力電流×帰還インピーダンス（R_6）」によって決まります．

図5を見ると，フォト・ダイオードからの出力電流を，トランスインピーダンス・ゲイン$G_T = 240$kΩで電圧に変換しています．つまり帰還抵抗R_6の値がそのまま回路のトランスインピーダンス・ゲインとなるわけです．

仮に，S5973の光パワー対電流変換感度が0.42A/Wであったとすると，10μWの光入力で4.2μAの電流がフォト・ダイオードから出力され，I-Vアンプのトランスインピーダンス・ゲインにより，約1Vの出力電圧に変換されることになります．すなわち，このO-Eコンバータの変換感度は100000V/Wになります（出力を50Ωで終端した場合は約半分の変換感度となる）．

● 変換の感度と帰還抵抗の寄生容量

O-E変換の感度を上げるには，変換抵抗R_6の抵抗値を大きくする必要があります．

帰還抵抗の部分をT型の回路として，それほど大きくない抵抗値の素子で見かけ上大きな帰還抵抗値を実現する方法もありますが，I-Vアンプが電圧ゲインをもってしまい，低雑音特性を得るには不利になることがあります．回路図のように単一の素子で帰還抵抗値を実現したいところです．

ところが，帰還抵抗値を非常に大きくすると，それほど高い周波数領域でなくても，抵抗素子に並列に寄生する容量が無視できなくなってきます．例えば，15MHzでリアクタンスが240kΩとなる容量を計算すると，0.044pFと小さな値となります．使用する抵抗のタイプによる寄生容量の違いで，回路の特性が大きく変化することが予想されます．

● 半導体の寄生容量による周波数特性の影響

さらに，フォト・ダイオードの電極間やI-Vアンプの初段素子の入力にも寄生容量が存在します．

動作が正確に行われるためには，IC_1の6番ピンの出力情報が減衰することなくTr_1のゲートに伝達され

ることが必要ですが，ゲート入力容量やS5973の電極間容量が存在すると，「R_6の抵抗値×入力部の寄生容量」で決まる時定数相当の周波数領域以上において減衰が発生し，フィードバックが十分に行われなくなります．

R_6の抵抗値が240 kΩと大きいので，S5973の電極間容量約1.5 pFだけを考えても，約440 kHzという比較的低い周波数以上で帰還情報の減衰が発生してしまいます．結果的に，本来フラットであって欲しいトランスインピーダンス・ゲイン（出力電圧／入力電流）の周波数特性が，このあたりの周波数を境にだんだん上昇してしまいます．

トランスインピーダンス・ゲインの周波数特性をフラットにするためには，R_6の並列容量C_3が必要になります．

● 抵抗の寄生容量の積極的な活用

C_3の最適値は，おおよそで帯域上限周波数でのリアクタンスが帰還抵抗値と一致する容量となります．

この回路の場合には，たまたまR_6に使った市販のチップ抵抗の並列寄生容量と同じ約0.04 pF程度の値が最適値でした．つまり，本来は邪魔になる並列容量を，逆に積極的に利用することも考えられるわけです．

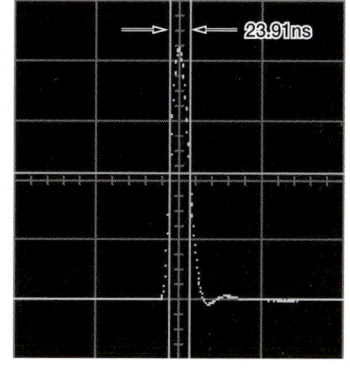

▶インパルス応答特性の確認

図6は帰還抵抗R_6にMCR01タイプの抵抗素子を使用し，C_3は何も実装せず，出力にローパス・フィルタを追加するなどして周波数特性を調整した場合のインパルス応答特性です．時間幅50 psの光を入力しました．出力電圧のパルス幅は23.91 nsにまで広がっていますが，目立ったリンギングなどはなく，素直な特性です．

発光時間幅の短い光パルス（インパルス）を入力したときの，出力電圧パルス幅や立ち上がり時間，立ち下がり時間の差，オーバシュートやリンギングのようすから，被測定系のだいたいの応答特性を予測することができます．

時間幅T_wで，正規分布関数波形のインパルスには，だいたい$0.312/T_w$ [Hz]までの周波数成分が均等（－3 dB以内）に含まれています．仮にT_w=50 psとすれば，だいたい6.24 GHzまでの成分が含まれていることになります．周波数帯域幅が3 GHz程度以下のO－Eコンバータの測定のためには，時間幅が50 psの光パルスを用いればおおむね目的を達成できます（3 GHzにおける誤差は約0.7 dB）．

▶ステップ応答特性の確認

インパルス応答波形を時間軸上で積分し，縦軸スケールを拡大すると，このO－Eコンバータのステップ応答特性を予測できます．

オシロスコープの積分演算機能を用いてステップ応答特性を表示させた例を**図7(a)**に示します（10% ～ 90%の立ち上がり時間は24.4 ns）．

▶周波数特性の確認

同様にインパルス応答特性をFFT演算すると，その結果がそのままO－Eコンバータの周波数特性を表します．

演算によって得られた周波数特性を**図7(b)**に示します．ちょうど－3 dBのポイントで15 MHzの帯域が得られているようすが確認できます．

また，低雑音性能を得るためには，帰還抵抗R_6に

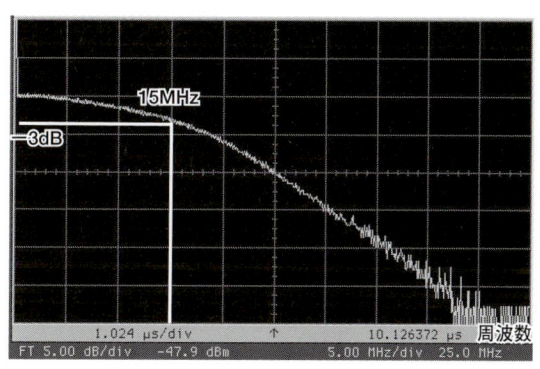

図6 O-Eコンバータのインパルス応答波形（時間幅50 psの光パルス入力時）

図7 O-Eコンバータのステップ応答と周波数特性

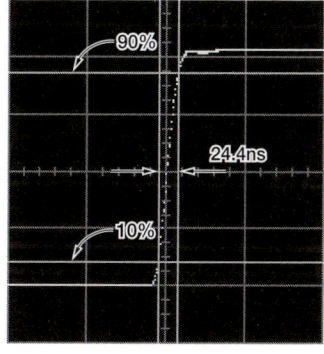

（a）ステップ応答

（b）周波数特性［横軸5MHz/div，縦軸5dB/div］

大きな値を使用するだけでなく，フォト・ダイオードや初段素子入力の寄生容量をできるだけ小さく抑えることが大切になります．12GHz帯の周波数でも使えるマイクロ波用のFET FHX76LPを使ったのは，できるだけ入力容量を小さくする必要があるためです．

R_5は，超高周波域での発振を抑えるために追加しています．結果として，周波数20kHzの低い周波数領域においては，入力換算雑音電流密度は，0.26 pA/$\sqrt{Hz}$という，R_6の熱雑音電流値と同等の値が得られています．熱雑音電流の算出式を**図8**に示します．帯域上限の15MHzにおいても0.35 pA/$\sqrt{Hz}$程度にまでしか上昇しません．

■ 抵抗素子の直列インダクタンスを測定する実験

● 実験方法

抵抗素子にどの程度の大きさの<u>直列インダクタンス</u>が寄生しているか実験するため，並列容量の測定のときと同じように，**図9**のようにπ型アッテネータを構成して実験してみました．ただし，並列容量測定の場合と異なり，R_Xは比較的小さな値とし，減衰量3.7dBのアッテネータとしました．

R_Xをいろいろなタイプの抵抗素子に交換しながら，やはりネットワーク・アナライザで周波数特性を測定してみました．R_Xの直列寄生インダクタンスL_Xの影響により，アッテネータの周波数特性は高周波域で下降することが予想されます．

図10に，ネットワーク・アナライザの入出力インピーダンスとR_Xの直列インダクタンスを考慮した**図9**の等価回路，およびL_Xの算出式を示します．

● 実験結果

図11に，R_Xを次の5種類としたときの周波数特性の測定結果を示します．

- 1608タイプの薄膜チップ抵抗RR0816
- 1005タイプの厚膜チップ抵抗MCR01
- アキシャル・リード・タイプの炭素皮膜抵抗CFS1/4（リード最短）
- CFS1/4タイプのリード長さを両端5mmずつとした場合
- 4mm角サイズの半固定抵抗GT4Aの100Ωタイプを22Ωに調整した場合

今回の結果では，どのタイプの抵抗をR_Xに使っても，3GHz付近に深さ0.8dB程度のディップが生じています．これは実装上の不備によるものと考えられます．

アキシャル・リード・タイプの炭素皮膜抵抗，CFS1/4タイプのリードを実装可能な限り短く切り詰めて測定した結果（CFS1/4）では，2GHz以上の周波数領域においてチップ抵抗などと比較してわずかにレスポンスの低下が認められます．それでも，**図10**中

図10 直列寄生インダクタンスを考慮した等価回路

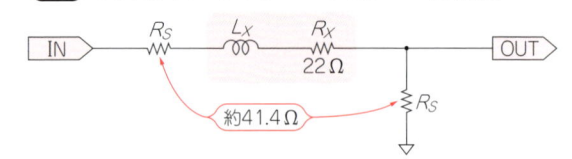

L_Xにより，アッテネータのレスポンスは高周波域で下降する．低周波域の平坦部から3dBレスポンスが下降する周波数をf_Cとすると，抵抗素子の直列インダクタンスL_Xは次式で計算できる

$$L_X = \frac{2R_S + R_X}{2\pi f_C} \approx 0.159 \frac{2R_S + R_X}{f_C}$$

ただし，R_S[Ω]はアッテネータの並列要素240Ωとネットワーク・アナライザの入出力インピーダンス50Ωの並列値

図8 熱雑音電流と熱雑音電流密度の算出

抵抗素子が発生する熱雑音電流i_N[A]は次式で計算できる．

$$i_N = \sqrt{\frac{4kTB}{R}}$$

ただし，
kはボルツマン定数 $1.38×10^{-23}$ [J/K]
Tは絶対温度，常温=300[K]の値がよく使われる．
Bは周波数帯域幅，つまり雑音電流は測定帯域幅の平方根に比例する

帯域幅1Hz当たりの熱雑音電流を表す熱雑音電流密度i_{ND} [A/$\sqrt{Hz}$]は次式で求まる．

$$i_{ND} = \sqrt{\frac{4kT}{R}}$$

図9 直列寄生インダクタンスを測定するための減衰量3.7dBのπ型アッテネータ
R_Xをいろいろなタイプの素子に交換しながらネットワーク・アナライザで周波数特性を測定し，直列インダクタンスを算出，比較する．R_Xは小さい値のものを使う．

図11 3.7dBアッテネータのレスポンス
CFS1/4の特性とCFS1/4＋10mmの特性を比較することで，リード線の長さによって直列インダクタンスが大きく変わることがわかる．

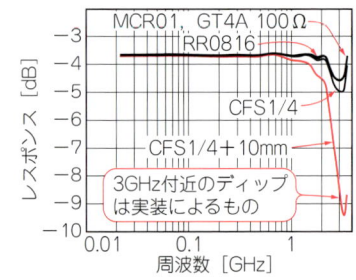

の式で推定できるインダクタンスほどはレスポンスが悪化していません．

同じCFS1/4でも，抵抗素子のボディ両端のリード長さを5 mmずつとして，合計10 mmのリード長さにして実装した場合（CFS1/4+10 mm）では，1 GHz以上において大きな特性変化が確認できました．3 dB低下ポイントの周波数を測定すると2.682 GHzとなり，図10中の式から，直列インダクタンスはだいたい6.2 nHと推定できます．

今回測定した抵抗素子は，いずれも形状が小さいものでしたが，形状が大きな電力型抵抗では，さらに大きな直列インダクタンスの存在が予想されます．また，巻き線抵抗では，その名のとおりコイル状の電流経路となるので，直列インダクタンスも大きな値となることが考えられます．

■ 直列インダクタンスが回路に影響する実例：変調帯域300 MHzのレーザ・ドライバ

抵抗の直列インダクタンスが影響する例として，高速変調が可能なレーザ・ドライブ回路を示します．

半導体レーザ素子は，電流によって出力光パワーを変化させることができますが，レーザ発振が開始する電流値（しきい値電流）と，最大定格の光パワーが得られる電流値が近接していることが多いうえ，これらの電流値は温度依存性をもちます．

このため，電流値を一定の値に制御するだけでは，安定な光パワーが得られないばかりか，レーザ素子を破損してしまうこともあります．

安定な光パワーを得るため，通常は光出力パワー・モニタ用のフォト・ダイオードを使って，フィードバック制御を行う回路を使います．このような回路を一般にAPC（Auto Power Control）回路と呼びます．

● 回路の動作

図12の回路では，平均値パワーを得るための直流電圧に，光強度変調を行わせたい波形と同一の電圧信号を重畳させた電圧を入力信号に使うことで，APC動作を行わせつつ高速変調を可能にしています．

実際に回路を組んできれいな変調特性を得るには，位相補正回路や周波数特性補正回路の追加が必要になり，かなり難しいのですが，うまくやれば，1 nsを下回るような立ち上がり時間を得ることができます．

短波長で数十mWの光出力を得られるレーザ素子は50 mA以上の駆動電流を必要とするものが多く，低い電源電圧で十分な駆動電流を得るためには，レーザ素子の直列抵抗R_{12}の値をあまり大きくできません．

仮に300 MHzまでの変調帯域をもたせることを考え，300 MHzにおいて図に示す22 Ωと同等のリアクタンスを与えるインダクタンスを計算すると，約11.7 nHという小さな値になります．

先ほど紹介した直列インダクタンスの測定結果では，チップ抵抗を使う場合，これだけの直列インダクタンスは存在しないと言えますが，配線が少し長くなると，インダクタンスは容易に追加されてしまうため，抵抗素子の選定や回路のレイアウトなどには細心の注意が必要となります．

この回路で使っているトランジスタはいずれもGHz領域までの増幅帯域をもっています．このような高速のトランジスタでエミッタ・フォロワを構成する場合は，ベースに接続されるインダクタンスによって非常に発振しやすく，安定に動作させることが難しくなります．

発振を防ぐために，回路例に示すようにベースに小さな抵抗素子を直列に挿入することが多く，高速回路を安定に動作させるための大事なかぎといえます（ただし高周波特性や雑音特性が犠牲となりやすい）．

図12 直列寄生インダクタンスが回路動作に影響する実例：300 MHzまで変調できるレーザ・ドライブ回路

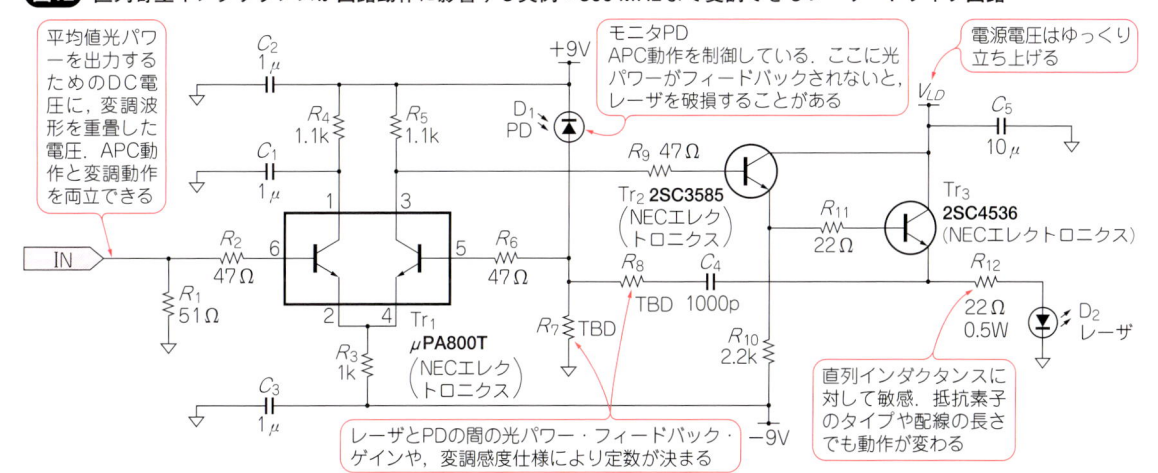

12.2 抵抗素子の電流雑音
電流雑音は場合によって非常に大きいことがあるので注意

■ 電流雑音とは

抵抗素子に存在する並列寄生容量や，直列寄生インダクタンスは，どちらかというと高い周波数領域で問題となる性質です．

一方，比較的低い周波数領域で問題となり，うっかり見落としやすい抵抗素子の性質に，電流雑音という特性があります．

抵抗素子が発生する雑音は，熱雑音と呼ばれる成分が大部分を占めます．熱雑音電流についてはO-Eコンバータの部分で触れたとおりですが（図5），熱雑音電圧については図13に示す式で算出できます．帯域幅1Hz当たりの雑音レベルを表す，熱雑音電圧密度についても同様です．

ところが抵抗素子のタイプによっては，素子に電流を流したときに，その電流値の増加に伴い，熱雑音以外の雑音成分が発生することがあります．

このような電流重畳とともに発生する雑音は，一般に電流雑音と呼ばれます．場合によっては，電流雑音レベルは熱雑音レベルよりも桁違いに大きくなることがあります．

■ 電流雑音の測定

● 測定方法

抵抗素子の電流雑音の正式な測定方法は，JIS C5201-1の附属書3で規定されていますが，今回は厳密にその方法を再現することが難しいので，手元にある計測器で簡易的な測定を実施してみました．

図14に今回実施した実験回路を示します．被測定抵抗R_{X1}とR_{X2}を直列に接続し，その両端に十分に雑音を除去した15Vの直流電圧を加えます．

抵抗の直列値は4.4kΩですから，3.4mAの直流電流を重畳することになるわけです．このときにR_{X2}の両端に発生する交流電圧成分を，100Hzのハイパス・フィルタと15kHzのローパス・フィルタを通して，高感度のAC電圧計で測定しました．ちなみに直流電流を重畳せずに観測した測定系の残留雑音電圧は0.8 μV_{RMS}でした．

この場合，R_{X1}とR_{X2}の並列値は1.1kΩ，測定周波数帯域幅は14.9kHzですから，周囲温度を300Kとして熱雑音電圧を計算すると，0.52 μV_{RMS}となります．

この値は測定系の残留雑音より小さな値ですから，抵抗素子から電流雑音が発生しない限りは，雑音成分は検出できないはずです．

● 測定結果

R_{X1}およびR_{X2}をいろいろなタイプの抵抗素子に取り替えながら，雑音電圧を測定した結果を表2に示します．今回の結果では，薄膜タイプのチップ抵抗や，アキシャル・リード・タイプの炭素皮膜抵抗では測定

図13 熱雑音電圧と熱雑音電圧密度の算出

抵抗素子が発生する熱雑音電圧v_N[V]は次式で計算できる．

$$v_N = \sqrt{4kTRB}$$

ただし，
kはボルツマン定数 1.38×10^{-23} [J/K]
Tは絶対温度，常温=300[K]の値がよく使われる．
Bは周波数帯域幅，つまり雑音電圧は測定帯域幅の平方根に比例する

帯域幅1Hz当たりの熱雑音電圧を表す熱雑音電圧密度v_{ND}[V/√Hz]は次式で求まる．

$$v_{ND} = \sqrt{4kTR}$$

図14 電流雑音の測定回路
JIS C5201-1の附属書3で規定されている正式な方法とは異なる．

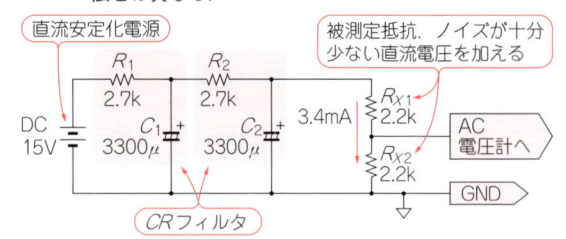

R_{X2}の両端に発生する交流電圧を，フィルタを内蔵した高感度のAC電圧計で測定する（今回は100HzのHPFと15kHzのLPFを使用）

表2 抵抗素子の電流雑音を電圧値として測定した結果

シリーズ名	抵抗値[Ω]	タイプ	形 状	雑音電圧測定値[V_RMS]
RR0816	2.2k	薄膜	角板型表面実装　1.6×0.8 mm	0.8 μ
MCR01	2.2k	厚膜	角板型表面実装　1.0×0.5 mm	4.1 μ
RK73B1J	2.2k	厚膜	角板型表面実装　1.6×0.8 mm	3.4 μ
CFS1/4	2.2k	炭素皮膜	アキシャル・リード 5mmピッチ挿入品	0.8 μ
測定系の残留雑音（測定帯域：100 Hz～15 kHz）				0.8 μ

図15 電流雑音が回路動作に影響する実例：低雑音安定化電源回路（動作未確認）

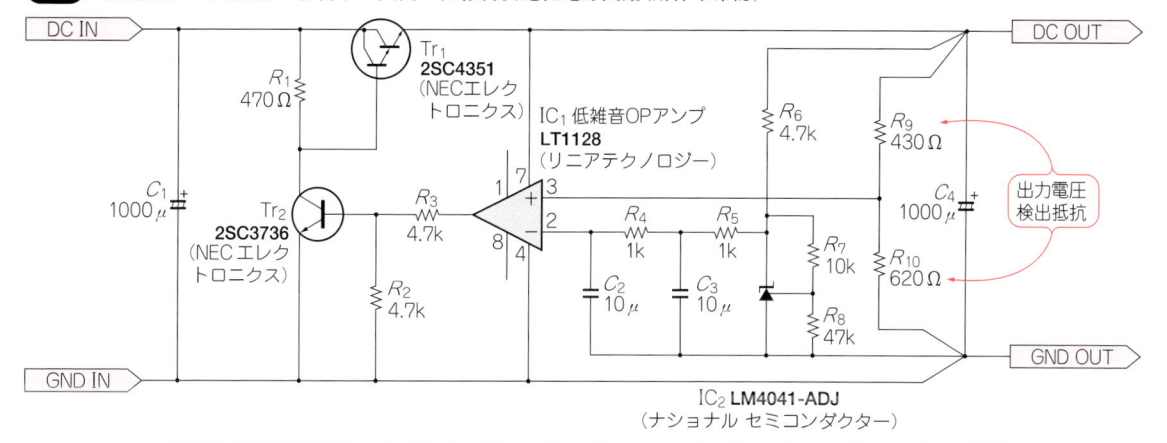

低雑音OPアンプ**LT1128**を使って安定化電源回路を構成すると，電圧検出抵抗R_9やR_{10}の熱雑音値に近いオーダまで出力雑音を低減できる．R_9やR_{10}が電流雑音を発生すると回路全体の低雑音性能に大きな影響が出る

限界以下の値でしたが，厚膜チップ抵抗でははっきり電流雑音が確認できました．

電流雑音の周波数成分は，数十kHz以下の低い周波数において大きな分布をもつので，直流電圧値で制御され，低雑音特性が要求される回路全般で問題となります．

例えば，PLL周波数シンセサイザのVCO（電圧制御発振回路）をコントロールする回路において，コントロール電圧に雑音が含まれていると，発振出力の変調雑音（残留FM成分）となって現れてしまいます．変調雑音を小さくするためには，VCOの可変リアクタンス素子のバイアス回路や制御回路には，厚膜チップ抵抗を使わないようにすることが大切になります．

■ 電流雑音が回路に影響する実例：低雑音安定化電源回路

● 回路の動作

「直流電圧値で制御され，低雑音特性が要求される回路」のもっとも身近な例は，安定化電源回路でしょう．オーディオ回路や微小な物理量を測定するための計測器に使われる電源には，非常に低雑音の性能が要求されます．

例として**図15**に，低雑音OPアンプLT1128を使用した，低雑音安定化電源回路を示します．

この回路では基準電圧源として，LM4041-ADJを使っています．基準電圧を低くしたまま使うと，OPアンプ回路のクローズド・ループ・ゲインを高くする必要があり，低雑音特性を得るためには不利になります．そこで，R_7とR_8で基準電圧を高くしてから，CRフィルタで雑音を十分に除去してOPアンプに入力しています．

● 分圧抵抗の電流雑音と熱雑音のトレードオフ

出力電圧は，R_9とR_{10}で分圧したあとでOPアンプにフィードバックされますが，分圧回路の熱雑音レベルを小さくするためには，R_9やR_{10}になるべく小さな抵抗値を使いたいところです．

ところがこれらの値を小さくすると，分圧回路を流れる直流電流値が大きくなるので，この部分での電流雑音の発生が心配になります．

LT1128の入力換算雑音電圧密度は，$1\,\mathrm{nV}/\sqrt{\mathrm{Hz}}$を下回る値なので，注意深く作ればこの電源回路の出力雑音レベルのほとんどは，R_9およびR_{10}の熱雑音電圧による成分だけになるはずです．

R_9とR_{10}の並列値は約254Ω，電圧制御ループのクローズド・ループ・ゲインは約1.7倍ですから，出力コンデンサC_4の効果を無視した場合においても，電源回路の出力雑音電圧密度は$3.5\,\mathrm{nV}/\sqrt{\mathrm{Hz}}$という，小さな値が期待できます．

ところが，もしR_9とR_{10}の分圧回路において，先の実験結果で見られたように，帯域14.9kHzで$4\,\mu V_{\mathrm{RMS}}$もの電流雑音が発生してしまうと，出力雑音レベルは$55\,\mathrm{nV}/\sqrt{\mathrm{Hz}}$にまで跳ね上がってしまいます．このようなことを防ぐためには，R_9やR_{10}には電流雑音の小さい薄膜抵抗などを使用する必要があります．

（初出：「トランジスタ技術」2008年11月号）

徹底図解★LCR＆トランス活用 成功のかぎ

第13章
インピーダンスや周波数特性に注意して活用しよう

コンデンサ素子の定番活用法

　この章ではコンデンサ素子の一般的な使い方を，いろいろな回路を例に挙げて紹介します．第11章でお話ししたように，OPアンプICやトランジスタを使用した回路における，基本的な直流動作については，抵抗素子を上手く組み合わせることによりコントロールすることができますが，周波数特性をいろいろな形でコントロールするためには，どうしてもコンデンサ素子の導入が必要になります．

　この章の内容は，周波数特性に関連した内容が中心となるため，伝達関数に関連したものが多くなります．少々読みにくいかも知れませんが，根気よく理解してほしいと思います．

13-1 トランジスタ・アンプのバイパス・コンデンサ
エミッタのバイパス・コンデンサが回路動作に与える影響について詳しく調べよう

● バイパス・コンデンサを使用する理由

　第11章のトランジスタ・アンプのゲイン決定のところで，特に詳しい説明をせずにエミッタ・バイパス・コンデンサを使用してしまいましたので，このコンデンサの働きについてもう一度整理しておきたいと思います．

　第11章の図11で示した回路では，エミッタ抵抗R_2と並列に470 μFという比較的大きな電解コンデンサC_3が接続されていますが，回路の直流設計に影響されずに，交流成分に対してだけ十分な電圧ゲインを得るために導入したことだけは説明しました．

　C_3を使用しない場合は，回路の電圧ゲインはほぼR_2とR_3の値で決定され，$Gain = R_3/(R_2 + r_e)$で計算できます．ここでr_eはTr_1のエミッタ内部抵抗を表します．ところがR_2はTr_1のコレクタ電流を決定するための重要な抵抗ですから，信号電圧ゲインの都合だけで自由に決定することができません．そこでC_3を導入し，交流信号成分をバイパスして大きなゲインを稼ごうとした訳です．

　つまり直流領域に対するゲイン$Gain(0)$は，

$$Gain(0) = \frac{R_3}{R_2 + r_e}$$

で計算されるのに対して，C_3のインピーダンスがほぼゼロと見なせるような周波数における信号電圧ゲイン$Gain(AC)$は，

$$Gain(AC) = \frac{R_3}{r_e}$$

となります．もちろんこの場合は$Gain(AC) > Gain(0)$となるわけですが，C_3のインピーダンスが効き始める低い周波数領域における特性がどのようになるか，もう少し詳しく見てみたいと思います．

● エミッタ回路の伝達関数と全体のゲイン

　Tr_1のエミッタとグラウンドとの間に接続されているインピーダンスを，トランジスタのr_eも含めて抜き出すと，図1に示される回路のようになります．この回路のインピーダンス伝達関数$Z_e(s)$は次の式で表すことができます．

$$Z_e(s) = r_e + \frac{R_2}{sC_3R_2 + 1}$$

　第11章で示したように，エミッタ接地トランジス

図1 第11章の図11の回路のTr_1のエミッタとグラウンドとの間に接続されているインピーダンスを，トランジスタのr_eも含めて抜き出した回路

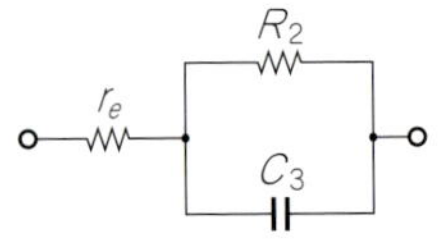

図2 一般化して考えたエミッタ接地トランジスタ・アンプ

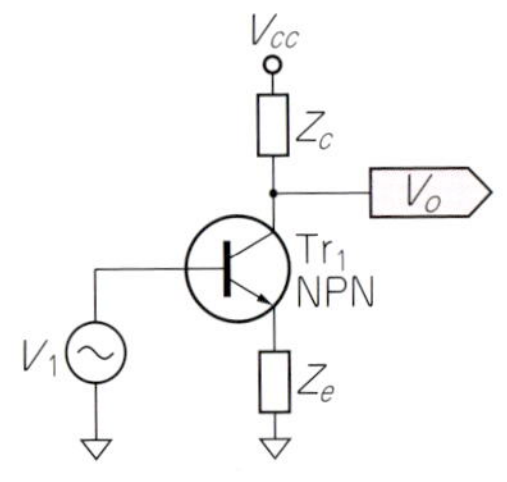

タ・アンプの電圧ゲインV_o/V_1は，図2に示す回路に一般化して考えたとき，Z_eにr_e分も含めることにより，

$$Gain = \frac{Z_c}{Z_e}$$

と書けるので，先の式を代入すると，

$$Gain = \frac{R_3}{r_e + \dfrac{R_2}{sC_3R_2 + 1}}$$

$$= \frac{R_3}{(r_e + R_2)} \cdot \frac{sC_3R_2 + 1}{sC_3(R_2//r_e) + 1}$$

となります．ここで$(R_2//r_e)$は，R_2とr_eの並列値を表します．

結果をわかりやすくするために，ゲイン伝達関数を横軸をsとするグラフ上にプロットしてみましょう．図3にそのようすを示します．

時定数C_3R_2よりも低い周波数領域でのゲインは平坦で，$R_3/(r_e+R_2)$で表すことができます．この時定数よりも高い周波数領域では，ゲインは周波数に比例する右上がりの特性となります．周波数がさらに高くなり，時定数$C_3(R_2//r_e)$を越えると再びゲイン周波数特性は平坦となり，このときのゲインはR_3/r_eとなります．

第11章での実験で，$R_2 = 332\,\Omega$とした場合を考えると，このときのr_eの計算値は4.22 Ω，C_3に470 μFのコンデンサを使用しましたので，交流領域においてゲインが下がり始める点の時定数T_hを計算すると，

$$T_h = C_3(R_2//r_e) = 470 \times 10^{-6} \times (332//4.22)$$
$$= 1.96\,[\text{ms}]$$

となります．

● バイパス・コンデンサ品種の選定

この値を周波数に換算すると約81 Hzとなります．470 μFという比較的大きな容量の素子を使用した場合でも，低域側においては，かなり高い周波数からゲインが減少し始めます．コレクタ電流を大きめにした場合には，r_eの値がかなり小さくなりますから，相当大きな静電容量のコンデンサを使用しないと，十分低

図3 ゲイン伝達関数を横軸をsとするグラフ上にプロットした

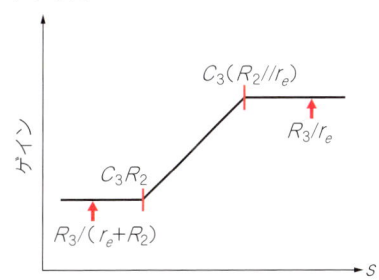

い周波数領域までゲインを維持することができないことが分かります．

一方，出力電圧V_oの電圧スイング幅をなるべく大きく取ろうとした場合，Tr_1のベースやエミッタの電位を高くすることは少ないと思います．結果的にR_2の両端電圧も小さくなるので，C_3の耐圧もそれほど大きなものが必要ないことになり，大きな容量が必要ですが比較的小耐圧のコンデンサで済むので，最近では比較的外形寸法の小さいコンデンサ素子が使用できるかと思います．

バイパス・コンデンサの容量値精度への要求は，回路の仕様によって左右されます．低域カットオフ周波数の精度があまり要求されず，単になるべく低い周波数からアンプ・ゲインを稼ぎたい目的の場合は，コストやスペースが許す範囲で耐圧に注意しながら十分な容量のコンデンサを選定すれば済みます．また，エミッタ抵抗の値が比較的小さいので，コンデンサ素子の漏れ電流に対してあまり神経質になる必要もなさそうです．

カットオフ周波数の値を精密にコントロールしたい場合は，当然のことながらコンデンサ素子の容量値精度が必要になってきます．T_hの式が示すとおり，カットオフ時定数はそのままC_3の容量値に比例するので，カットオフ周波数に許される誤差のパーセンテージと同等の容量値精度をもつコンデンサ素子の選定が必要です．ただし，先ほども述べたとおり，低いカットオフ周波数の場合は，かなり大きな静電容量が必要になるので，精度の高い素子を入手することはなかなか難しいところです．エミッタ・バイパス・コンデンサの値は十分大きくしておき，どこか回路の別のところで，カットオフ周波数をコントロールする手法が一般的でしょう．

● カップリング・コンデンサの影響

例示の回路にはエミッタ・バイパス・コンデンサC_3の他に，入出力に直列にカップリング・コンデンサが使用されています．ここでは入力に使用されているコンデンサC_1に着目して，その影響について説明します．

Tr_1の動作点を決定するため，ベース直流電位をある値に決める目的でR_{1A}とR_{1B}が使用されています．これらの抵抗によりTr_1のベース電位は大体3 V程度になりますから，多くの場合には入力の信号源を直接接続することができず，直流分を遮断するためにカップリング・コンデンサC_1が必要になります．

C_1により直流成分をブロックする訳ですから，当然のことながら信号と直流との間の周波数領域で周波数特性がフラットにならない部分が発生します．低域側カットオフ時定数はC_1と回路の入力インピーダン

スの積となることが想像できるかと思います．このようすを**図4**に示します．

この図に示すとおり，C_1を通してドライブされるインピーダンスは，R_{1B}，R_{1A}およびTr_1のh_{ie}がすべて並列になった回路です．ベース入力インピーダンスh_{ie}は大体r_eのh_{fe}倍となりますから，先ほどのr_e = 4.22Ωでh_{fe}を100と仮定した場合は，大体422Ω程度になります．

したがって，入力カップリング・コンデンサによるカットオフ時定数T_iは，次のように求まります．

$$T_i = C_1 \cdot (R_{1B}//R_{1A}//h_{ie})$$
$$= 47 \times 10^{-6} \times (10k//30k//422) = 18.8 \text{ [ms]}$$

● カップリング・コンデンサ素子の選定

この値を周波数に換算すると約8.46 Hzとなります．結果のとおり，エミッタ・バイパス・コンデンサほどは大きな容量が必要ないことがわかります．多くの場合，耐圧もそれほど要求されません．ただし，信号源側に直流電流が漏れ出すことは極力さけなければなりませんから，寸法やコストが許す限りは，電解コンデンサよりも漏れ電流の少ない，フィルム・コンデンサなどの使用が望まれます．

カットオフ周波数を精度良くコントロールするためには，必要とされる容量値がエミッタ・バイパス・コンデンサの場合よりも小さくなる傾向から，容量値精度の良い素子が入手しやすいので，品種選定の自由度が高いような気がします．

ただし，T_iの式が示すとおり，カットオフ時定数はC_1の値だけではなく，C_1を通してドライブされるインピーダンスにも比例するので，特にh_{ie}のバラツキが気になります．このような場合には，Tr_1のコレクタ電流をあまり大きくせずにr_eをある程度高い値に維持しながら，h_{fe}の高い品種をTr_1として使用することが必要になります．同時にR_{1A}やR_{1B}の値を低めにして，入力インピーダンスがh_{ie}の値にあまり影響されないように配慮しなければなりません．このようにしたうえで，C_1に容量値精度の高いものを選定し，T_iのバラツキを小さく抑えるようにします．バイポーラ・トランジスタの代わりに高い入力インピーダンスを実現しやすい，FETやOPアンプを使用するのも一つの方法です．

図4 カップリング・コンデンサC_1の影響

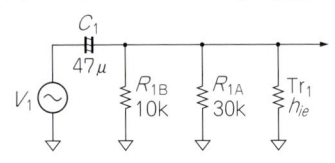

トランジスタのhパラメータ *column*

一般的なトランジスタ回路の教科書では，hパラメータを用いた計算方法がよく掲載されています．例えばエミッタ接地型回路におけるhパラメータは，**図A**に示すように，ベースを入力端子，コレクタを出力端子，エミッタをコモンとしたときの動作を，**図A**の下の図に示す抵抗と電圧源，電流源を用いて説明するためのものです．hパラメータにはh_i，h_r，h_f，h_oの四つの数値がありますが，エミッタ接地の場合は最後に$_e$を付けて，h_{ie}，h_{re}，h_{fe}，h_{oe}と表記します．それぞれのパラメータは直流値そのものではなく，ある動作点からの変化分の大きさを表していることに注意してください．

等価回路において，それぞれのhパラメータは次のように定義されます．

$h_{ie} = v_1/i_1$ ：入力インピーダンス[Ω]
$h_{re} = v_1/v_2$ ：電圧帰還率[V/V]
$h_{fe} = i_2/i_1$ ：電流増幅率[A/A]
$h_{oe} = i_2/v_2$ ：出力アドミタンス[S]

パラメータの次元は，h_{ie}がインピーダンス，h_{re}とh_{fe}が無名数，h_{oe}がアドミタンスと，異なるものが混在しているので，混在を意味するhybridの頭文字hが，パラメータの名前に使われる理由となっています．

個々のトランジスタのデータシートには，hパラメータの値が掲載されていることは少ないので，第11章で説明したr_eを用いた計算方法がより実用的です．

図A トランジスタのエミッタ接地回路の等価回路

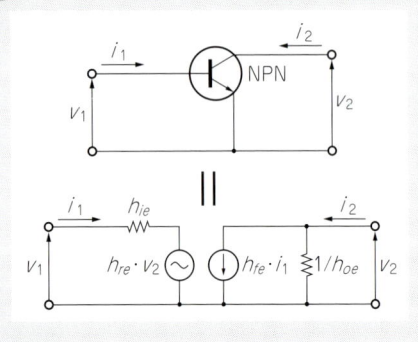

13-2 トランスインピーダンス・アンプのピーキング抑制
カットオフ点における共振のQをコントロールする

● トランスインピーダンス・アンプにまつわるいつもの問題

第11章の **図4** で示したような回路を電流出力型センサに適用して信号電圧を得る場合に，OPアンプICのオープン・ループ・ゲインが周波数にかかわらず一定とみなせれば，いつも良好な特性を得ることができるのですが，実際はそのようにはいきません．

どんなOPアンプICのオープン・ループ・ゲインも，ある周波数以上はゲインが下降に転じ，周波数が高くなるほどゲインが小さくなる性質をもっています．このような状況において，信号源として入力に接続される電流源が並列容量をもっていると，仕上がりのトランスインピーダンスの値がある周波数でピークをもつことがあり，ノイズ特性悪化の原因となったり，ひどい場合は回路が発振してしまうことがあります．

この現象を防止するため，帰還抵抗素子R_2に並列に，容量の小さなコンデンサを接続し，ゲイン・ピーキングを抑制する手法が取られます．以下，このメカニズムについて少し詳しく説明します．

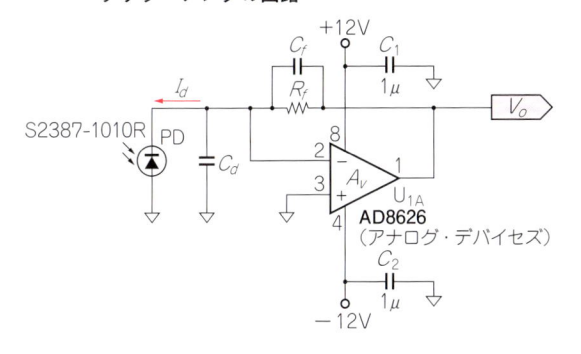

● フォト・ディテクタ・アンプの一般的な伝達関数

図5 に，AD8626とS2387-1010Rを用いたフォト・ディテクタ・アンプの回路を示します．浜松ホトニクス社製シリコン・フォト・ダイオードS2387-1010Rは，**図6** に示すように，受光面サイズが10 mm角と大きいので，空間を飛ぶビームを捕らえて光パワーを測定するなどの場合に大変使いやすいものです．端子間容量が12000 pFと相当大きく，高速で変化する光強度を観測する目的には適さないだけではなく，低速のディテクタ・アンプであっても，その大きな電極間容量のために回路ノイズの増加の原因になることがあるので，何らかの対策が必要になります．フォト・ディテクタの電極間容量による影響を抑えるためには，回路図に示すように帰還容量C_fを使用します．同時に今後の考察のため，電極間容量分をC_dとして，回路図中に表示してあります．

OPアンプのオープン・ループ・ゲインをA_vとおき，出力電圧をV_o，入力電流をI_d，帰還抵抗をR_f，帰還容量をC_f，入力に接続されるフォト・ダイオードPDの電極間容量などのストレ・キャパシタンスをC_dとおいた場合の，トランスインピーダンス伝達関数(V_o/I_d)の一般式を **図7** に示します．ここでは入力電流I_dの方向を，光電流と同一の方向としていますから，TIAゲインの符号はプラスになります．この式において，A_vがいかなる周波数においても非常に大きく，式の上で無限大と見なせる場合を考えると，トランス

図5 AD8626とS2387-1010Rを用いたフォト・ディテクタ・アンプの回路

図7 トランスインピーダンス伝達関数の一般式

$$\frac{V_o}{I_d} = \frac{A_v}{1+A_v} R_f \cdot \frac{1}{1+s\left\{C_f + \dfrac{C_d}{1+A_v}\right\}R_f}$$

図6 シリコン・フォト・ダイオード S2387-1010R（浜松ホトニクス）の特徴

パッケージ	セラミック
受光面サイズ	10×10mm
感度波長範囲	320～1100nm
最大感度波長	960nm
受光感度 at λ_p	0.58A/W
暗電流 max	0.2nA
上昇時間	33 μs
端子間容量	12000pF
並列抵抗	5GΩ
測定条件	T_a=25℃

(a) 主な仕様

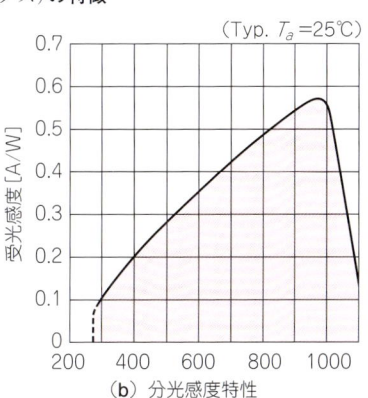

(b) 分光感度特性

インピーダンス・ゲインは,

$$\frac{V_o}{I_d} = R_f \frac{1}{1+sC_fR_f}$$

と考えることができます.仕上がりのカットオフ時定数は簡単にC_fR_fと見なせるので,大変分かりやすい結果ですが,実際にはこのようにはいきません.

● 実際のOPアンプのオープン・ループ・ゲイン

AD8626のデータシートに示されているオープン・ループ・ゲインを**図8**に示します.グラフの一番下の周波数は10 kHzですが,この周波数においてすでにオープン・ループ・ゲインは下降局面に入っていることがわかります.データシートによれば,AD8626を電源電圧±12 V付近で使用したときの直流ゲインは約110 dB,GB積は5 MHzですから,直流域においては平坦な特性であっても,実に17 Hz付近の低い周波数からゲインが落ち始めていることが推測できます.

このようすは**図9**に示すような形でモデル化して考えることができます.直流域における高いオープン・ループ・ゲインをA_oと表し,あるコーナ周波数よりも高い周波数領域において,周波数に反比例してゲインが減少するように考えます.このとき,オープン・ループ特性A_vは,

$$A_v = \frac{A_o}{1+sT}$$

と書き表すことができます.ちなみにAD8626の場合は,A_o = 300,000,T = 9.5 msと見なすことができます.

もっとも,すべてのOPアンプICのオープン・ループ・ゲインがモデルに示すように1次のスロープで減少しているわけではなく,高い周波数域においてはもっと急なスロープでゲインが減少していることがあります.このような場合には,ここでお話ししている考え方とは実際の特性が食い違ってきますので,別途注意が必要になります.

● 1次のオープン・ループ特性を考慮した伝達関数

先ほど紹介したフォト・ディテクタ・アンプの一般的な伝達関数の式に,$A_v = A_o/(1+sT)$を代入して整理すると,OPアンプのオープン・ループ特性を1次LPFの形に見なしたときの伝達関数が得られます.これを**図10**に示します.この式を注意深く眺めると,全体として2次LPFの形をしていることが確認できるかと思います.

2次LPFということは,第3章で説明したように,1次伝達関数の場合よりもより急峻なカットオフ・スロープが得られるとともに,カットオフ周波数付近におけるレスポンス・ピークが発生しうることが予想されます.ここでも,数式上の見通しを良くするために,特性を共振周波数と共振のQに分けて考えることとします.

伝達関数の分母のうち,sの2次の項に着目してカットオフ角周波数ω_rを求めると,**図11**に示す式が得られます.ここで計算される周波数が,ほぼフォト・ディテクタ・アンプの帯域の上限を決定づける値となります.

また,**図12**に示す式は,共振周波数における共振のQを表すものです.フォト・ディテクタ・アンプを安定な特性に維持するためには,ここで計算されるQの値があまり大きくならないように,できれば0.7程度以下にするようにC_fの値をコントロールする必要

図8 AD8626のオープン・ループ・ゲイン(データシートより)

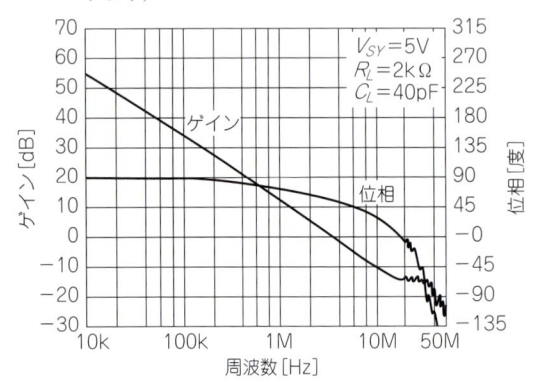

図9 AD8626のオープン・ループ・ゲインのモデル

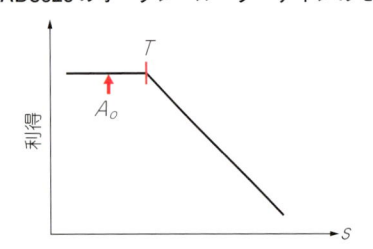

図10 1次のオープン・ループ特性を考慮した伝達関数

$$\frac{V_o}{I_d} = \frac{A_o R_f}{1+A_o} \cdot \frac{1}{1+s\left\{C_f R_f + \dfrac{T+C_d R_f}{1+A_o}\right\} + s^2\left\{\dfrac{T(C_f+C_d)R_f}{1+A_o}\right\}}$$

図11 伝達関数の分母のうち,sの2次の項に着目してカットオフ角周波数ω_rを求めると

$$\omega_r = \sqrt{\frac{1+A_o}{T(C_f+C_d)R_f}}$$

図12 共振周波数における共振のQを表す式

$$|Q| = \frac{1}{\omega_r\left\{C_f R_f + \dfrac{T+C_d R_f}{1+A_o}\right\}}$$

第13章 コンデンサ素子の定番活用法

があります．

● カットオフ周波数とQのかねあいで最適な特性を決める

再び，図5の回路を考えます．S2387-1010Rの分光感度特性によれば，波長800 nmにおいて，大体0.5 A/W弱の光電変換感度であることがわかります．そこで，R_fの値を2.2 MΩとし，800 nmで1 μWの光を受光したときに，OPアンプ出力に1 Vの電圧が得られるフォト・ディテクタ・アンプを設計する場合を考えます．

ストレ・キャパシタンスC_dの大きさは，フォト・ディテクタの電極間容量だけではなく，OPアンプICの入力容量やディテクタの配線容量などを全部合計したものとなりますが，S2387-1010Rの電極間容量がとても大きいので，この値をそのまま適用し，C_d = 12,000 pFとして考えます．

C_fの値により，フォト・ディテクタ・アンプのカットオフ周波数も，共振のQも両方影響されてしまいますので，何回か計算を繰り返さないと最適な値を得ることが難しいのですが，ここではとっかかりとして，$C_f = 0.001 \cdot C_d$の場合を考えてみます．

$A_o = 3 \times 10^5$，$T = 9.5$ ms，$R_f = 2.2 \times 10^6$，$C_f = 12$ pF，$C_d = 12$ nFをω_rの式に代入して計算すると，

$$\omega_r = \sqrt{\frac{3 \times 10^5}{9.5 \times 10^{-3} \cdot (12 \times 10^{-12} + 12 \times 10^{-9}) \cdot 2.2 \times 10^6}}$$
$$= 34.57 \text{ [krad/s]}$$

これをカットオフ周波数f_rに換算すると5.5 kHzとなります．得られたω_rの値を用いて共振のQを計算すると，

$$|Q| = \frac{1}{34.57 \text{ k} \left(12 \text{ p} \cdot 2.2 \text{ M} + \frac{9.5 \text{ m} + 12 \text{ n} \cdot 2.2 \text{ M}}{1 + 3 \times 10^5}\right)}$$
$$= 1.091$$

共振のQの値はある程度抑えられていますが，十分平坦な周波数特性を得るためには，まだ少しだけQの値が大きすぎます．

● Qを抑える方法

カットオフ周波数における共振をもう少し抑えるため，今度は$C_f = 22$ pFとして計算してみます．カットオフ周波数ω_rは，

$$\omega_r = \sqrt{\frac{3 \times 10^5}{9.5 \times 10^{-3} \cdot (22 \times 10^{-12} + 12 \times 10^{-9}) \cdot 2.2 \times 10^6}}$$
$$= 34.55 \text{ [krad/s]}$$

カットオフ周波数に対しては，C_dの値が支配的であり，C_fを少しだけ変化させても，ほとんど影響を受けません．一方，Qの値を計算すると，

$$|Q| = \frac{1}{34.55 \text{ k} \left(22 \text{ p} \cdot 2.2 \text{ M} + \frac{9.5 \text{ m} + 12 \text{ n} \cdot 2.2 \text{ M}}{1 + 3 \times 10^5}\right)}$$
$$= 0.597$$

今度はカットオフ点における共振は十分に抑えられ，良好な周波数特性が期待できます．

● 素子の容量精度の特性に対する影響

今回の例では，帰還容量C_fの値を変化させたとき，カットオフ周波数はほとんど影響を受けませんでした．一方，共振のQについては，C_fを増やした量とちょうど反比例して，Qの値が減少しています．

このことはQを求める式を見てもある程度想像できます．カットオフ周波数において，A_vの大きさにまだ十分な余裕があり，$C_f R_f$に対して$|(T + C_d R_f)/(1 + A_o)|$が小さく無視できるような場合は，$Q$と$C_f$の値はおおむね反比例の関係にあることがわかります．この状況において，わざと高いQを得ようとした場合は，C_fのわずかな変化でもQの値に大きく影響することが予想されます．このような場合は，R_fの素子精度とともに，C_fの精度についてもバラツキ範囲に注意を払う必要が出てきます．

また，今回の例ではたまたま仕上がりのカットオフ周波数が5 kHz付近となり，OPアンプのオープン・ループ・ゲインがまだ1000倍程度ある周波数なので，C_fの値をC_dの値に比較して1000倍程度小さくすることができました．そのことにより，C_fの値がカットオフ周波数に影響する割合が小さくなっています．

ところが電極間容量が小さなディテクタを用いて広帯域特性を狙う場合には，仕上がりのカットオフ周波数においてアンプのオープン・ループ・ゲインが1に近くなることがあります．このようなときには，C_dと近い値のC_fを使用する必要が生じ，Qだけでなく，ω_rもC_fの値に敏感に影響されるようになってくるので注意が必要です．

13-3 OPアンプを用いた2次アクティブ・フィルタ

C と R でも Q をコントロールすることができる

● アンプとCRの組み合わせでQをコントロールする

第3章で，受動素子だけを用いて2次のフィルタを構成し，Qの値をコントロールするためには，インダクタンス素子を導入する必要があることをお話ししました．ところがOPアンプICやトランジスタを使うと，Lを使用しなくてもQの値をコントロールすることができるようになります．能動素子を組み合わせてフィルタを構成するので，このような回路はアクティブ・フィルタと呼ばれます．

アクティブ・フィルタにはいろいろな方式がありますが，よく使われるものにSallen - Key型と呼ばれるものがあります．図13に電圧ゲイン + A_v のアンプとCRを組み合わせたLPFのモデルを示します．この回路の伝達関数 $G(s)$ は，図14に示す式で表されます．

抵抗素子とコンデンサ素子との位置を入れ替えると，図15に示すような回路になり，2次ハイパス・フィルタとして動作します．この場合の伝達関数は，図16に示す式となります．

いずれの場合にも，s の2乗の項の係数をコントロールしてカットオフ周波数を決定するとともに，s の項の係数をコントロールしてQの値を決めることができます．

● ローパス・フィルタのカットオフ周波数とQ

複雑な式をわかりやすくするため，伝達関数の一部に着目して，カットオフ周波数の式とQの式を導くことができます．例示の回路の2次アクティブ・ローパス・フィルタのカットオフ角周波数 ω_c は，図17に示す式で計算することができます．ちなみにカットオフ周波数 f_c は，$\omega_c/2\pi$ となります．

図18に示す式で，回路のQを計算することができますが，少々複雑なのであまり実用的ではありません．このような場合は，素子値にある程度の制約を加えることにより，計算式をわかりやすくすることができます．例えば$R_1 = R_2 = R$という制約をかけると，Qを求める式は相当簡単になり，図19に示されるものになります．この式によればフィルタの肩特性は，二つのコンデンサの容量比率とアンプのゲインによってコントロールできることが推察できると思います．

ここでコンデンサ比率を表す変数を導入します．$C_1 = C$, $C_2 = K^2C$ とおくことにより，Qの式を図20に示すように書き表すことができます．特に $A_v = 1$ すなわちアンプにボルテージ・バッファを使用した場合は，$Q = 1/2K$ と非常に単純になります．

● AD8626を使用した回路例

図21に，AD8626を使用した場合の2次ローパス・フィルタの回路例を示します．簡単のため，OPアンプ回路にはゲインをもたせることはせず，1番ピンと2番ピンを直接接続してボルテージ・バッファの形で

図13 Sallen-Key型LPFのモデル

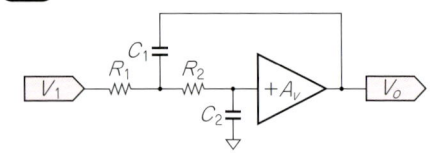

図14 図13の回路の伝達関数

$$G(s) = \frac{V_O}{V_1} = A_v \frac{1}{s^2 C_1 C_2 R_1 R_2 + s\{C_1 R_1(1-A_v) + C_2(R_1+R_2)\} + 1}$$

図17 図13の2次アクティブ・ローパス・フィルタのカットオフ角周波数 ω_c の計算式

$$\omega_c = \frac{1}{\sqrt{C_1 C_2 R_1 R_2}}$$

図18 図13のQの計算式

$$Q = \frac{1}{\omega_c\{C_1 R_1(1-A_v) + C_2(R_1+R_2)\}} = \frac{\sqrt{C_1 C_2 R_1 R_2}}{C_1 R_1(1-A_v) + C_2(R_1+R_2)}$$

図19 $R_1 = R_2 = R$ としたときのQの計算式

$$Q = \frac{R\sqrt{C_1 C_2}}{C_1 R(1-A_v) + 2C_2 R} = \frac{\sqrt{C_1 C_2}}{C_1(1-A_v) + 2C_2}$$

図20 コンデンサ比率Kを使って簡略化したQの計算式

$$Q = \frac{KC}{C(1-A_v) + 2K^2 C} = \frac{K}{(1-A_v) + 2K^2}$$

図15 図13の回路の抵抗素子とコンデンサ素子との位置を入れ替えると2次ハイパス・フィルタになる

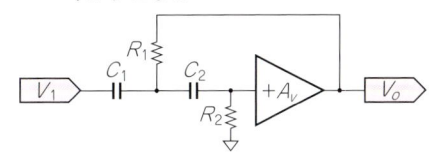

図16 図15の回路の伝達関数

$$G(s) = \frac{V_O}{V_1} = A_v \frac{s^2 C_1 C_2 R_1 R_2}{s^2 C_1 C_2 R_1 R_2 + s\{C_2 R_2 (1-A_v) + R_1 (C_1+C_2)\} + 1}$$

図21 AD8626を使用した2次ローパス・フィルタの回路例

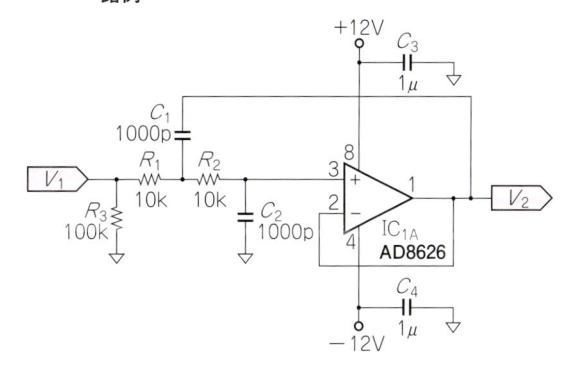

使用しています．この回路にはモデル回路にはなかったR_3が使用されていますが，これは入力に何も接続されなかったときに，OPアンプの入力バイアス電流を供給するために必要な抵抗です．R_3およびV_1信号源をともにオープンとすると，出力電圧V_2が正負どちらかにフルスイングしてしまいます．

まずこの回路のカットオフ周波数f_cとQを計算してみます．

$$f_c = \frac{1}{2\pi\sqrt{C_1 C_2 R_1 R_2}} = \frac{1}{2\pi\sqrt{1\times 10^{-9}\cdot 10\times 10^3}}$$
$$= 15.9\text{ kHz}$$

$$|Q| = \frac{\sqrt{(C_1 C_2)}}{C_1(1-A)+2C_2} = 0.5$$

この状態で，Qの値だけを変化させたい場合には$C_1 C_2$積を維持したまま，双方の容量の比率を変化させます．例えば，C_1を1.5倍の1500 pF，C_2を約1/1.5の680 pFとした場合には，カットオフ周波数はそれほど変わりませんが，Qの値は，0.743まで上昇します．

また，Qの値を維持したままカットオフ周波数を変化させるためには，C_1とC_2の比率を維持したまま，両方の容量を変化させ，必要な特性を実現することができます．

13-4 トランジスタを用いた2次アクティブ・フィルタ
広帯域特性に有利なトランジスタ回路を使って設計しよう

アクティブ・フィルタに使用するアンプが，ボルテージ・バッファでもよいのであれば，OPアンプICを使用せずに，簡単にバイポーラ・トランジスタなどで済ませてしまうことも可能です．特にカットオフ周波数がMHzオーダと高めになった場合，回路をアクティブ・フィルタとしてちゃんと動作させるためには，アンプの帯域に余裕が必要となり，OPアンプICなどではしばしば帯域が不足することがあります．トランジスタ・エミッタ・フォロワは，比較的安定に広帯域特性を実現しやすいので，これを使用したアクティブ・フィルタは，広帯域を必要とする場合に有効です．

図22は2SC2712を使用した2次アクティブLPFで，カットオフ周波数1.57 MHz，$Q=0.74$として設計したものです．トランジスタのコレクタ電流は約2.9 mAで，200 MHz程度のトランジション周波数が得られますので，カットオフ周波数に対して十分に余裕があるといえます．さらに広帯域特性が必要な場合は，もっと高周波特性の良いトランジスタを使用すればよいでしょう．

ただし，トランジスタ・エミッタ・フォロワは，ベース回路の配線に少しでもストレ・インダクタンスが存在すると発振しやすい性質をもつので，これを防止するためにR_4として330 Ωのベース直列抵抗を挿入しています．

図22 2SC2712を使用した2次アクティブLPF（カットオフ周波数1.57 MHz，$Q=0.74$）

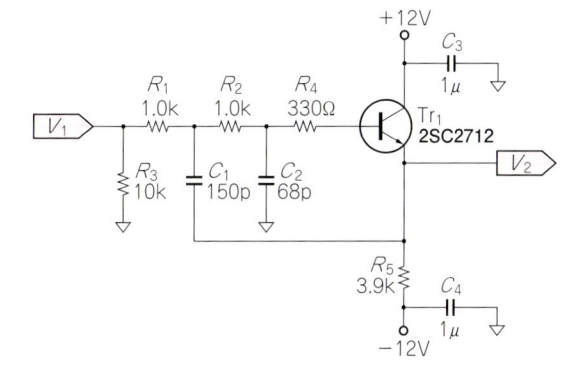

13-5 帰還増幅器の位相補償
NFBと位相補償について理解しよう

● NFBアンプのモデル

　AD8626のような，汎用のOPアンプICの場合には，出力電圧をそのまま反転入力にフィードバックし，ボルテージ・バッファの形で使用しても，発振せずに安定に動作します．ところが，品種によっては100％のフィードバックを実施してしまうと，安定動作が望めないOPアンプICも存在します．このような場合には位相補償と呼ばれるテクニックが必要になります．

　OPアンプICを使用した回路に限らず，ディスクリート・デバイスを用いてOPアンプを構成したり，メカニズム部分のフィードバック・ループに入れた形で自動制御を行う場合でも，似たような対策が必要になることがあります．多くの場合は増幅回路部分にCR受動回路を追加し，位相補償を実施します．

　図23にNFBを用いた増幅回路のモデルを示します．NFBとはNegative Feedbackの略で，出力信号を入力に逆位相でフィードバックし，全体の系を正確に動作させるための手法です．OPアンプICなどはまさにNFBが使用されることを前提に設計されています．

　(a)に示す回路では，出力電圧がR_2とR_1で構成される分圧回路を通して，反転入力端子にフィードバックされています．このように，出力信号を入力にフィードバックする量や周波数特性を決める部分を帰還回路と呼んでいます．なお，帰還量や帰還伝達関数をβという文字で表すことがあります．この例では$\beta = R_1/(R_1 + R_2)$となり，OPアンプのオープン・ループ・ゲインが無限大と見なせる場合には，仕上がりゲインは$1/\beta$と等しくなります．

　(a)の回路図を模式的に描いたものが(b)のモデルです．回路に入力電圧V_1が入力されるとともに，出力電圧V_2が帰還回路を通して入力に戻されています．二つの電圧が比較され，差の電圧分だけがオープン・ループ・ゲインA_vをもつ増幅回路に入力されます．このようにして，V_2の電圧を常に監視しつつ，正確な値になるように制御しています．なお，アンプのオープン・ループ・ゲインと帰還伝達関数の積，すなわち$A_v \beta$は一巡伝達関数またはループ・ゲイン(Loop Gain)と呼ばれます．ループ・ゲインのゲインおよび位相の周波数特性によって，フィードバック回路系が安定に動作するか否かが決定されます．

● 高速OPアンプAD8099

　アナログ・デバイセズ社のOPアンプ，AD8099は，図24に示すように，3.8 GHzものGB積をもつ高速なOPアンプです．ピン配置が特徴的で，6番ピンが出力端子であることは通常のOPアンプICと変わりませんが，Feedback専用の端子が1番ピンとして用意されています．OPアンプや周辺回路を基板上に配置するとき，電源のバイパス・コンデンサをなるべくデバイスの至近距離に配置したいところですが，同時に帰還回路も経路を短くする必要があり，両立させるのはなかなか難しいことです．このような意味で，Feedback専用ピンが反転入力ピンの近くにあることは，実装設計上の大きな助けになります．

　ただ，このICを用いてボルテージ・バッファなどのように，低い仕上がりゲインを得ようとすると動作が不安定になります．図25にこのICのオープン・ループのゲインと位相の周波数特性を示します．約100 kHz以下の周波数領域におけるゲインは平坦ですが，それよりも高い周波数で下降に転じています．同時に位相特性はいったん−90°のところで平坦になりかけますが，100 MHz以上の領域でふたたび遅れ始めます．

　位相遅れがちょうど180°になる点に注目してくだ

図23 NFBを用いた増幅回路のモデル

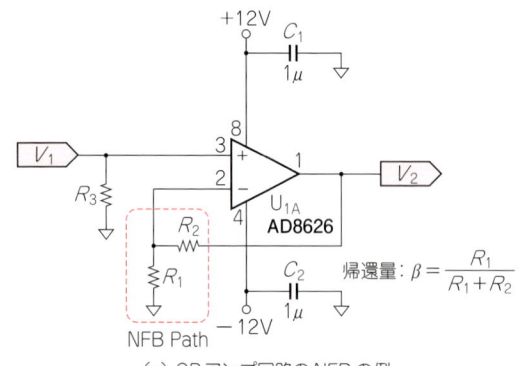

(a) OPアンプ回路のNFBの例　　　　　　　(b) (a)の概念図

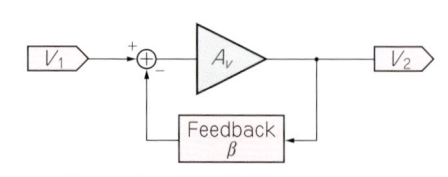

帰還量：$\beta = \dfrac{R_1}{R_1 + R_2}$

ループ・ゲイン：$A_v \beta$のゲインと位相の周波数特性によって系の安定性が決まる．
A_v：オープン・ループ・ゲイン
β：帰還量

図24 3.8GHzの*GB*積をもつOPアンプAD8099の特徴

ロー・ノイズ：
0.95nV/√Hz, 2.6pA/√Hz

低ひずみ
2次高調波：−92dB
(R_L=1kΩ, G=+2, 10MHz)
3次高調波：−105dB
(R_L=1kΩ, G=+2, 10MHz)

新しいピン配置
カスタム外部補償，
ゲイン範囲−1，+2〜+10

電源電流：15mA

最大オフセット電圧：0.5mV
広い電源電圧範囲：5〜12V

高速
*GB*積：3.8GHz
−3dB帯域幅：
　700MHz(G=+2)
　550MHz(G=+10)
スリュー・レート：
　475V/μs(G=+2)
　1350V/μs(G=+10)

(a) 仕様

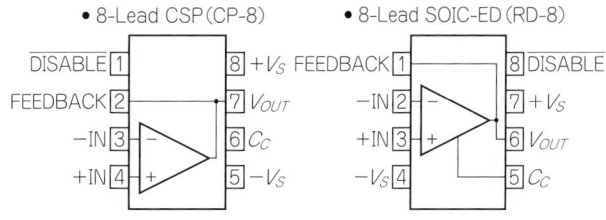

● 8-Lead CSP(CP-8)

DISABLE	1		8	+V_S
FEEDBACK	2		7	V_{OUT}
−IN	3		6	C_C
+IN	4		5	−V_S

● 8-Lead SOIC-ED(RD-8)

FEEDBACK	1		8	DISABLE
−IN	2		7	+V_S
+IN	3		6	V_{OUT}
−V_S	4		5	C_C

(b) 機能ブロック図とピン配置

図25 AD8099のオープン・ループ・ゲインと位相の周波数特性

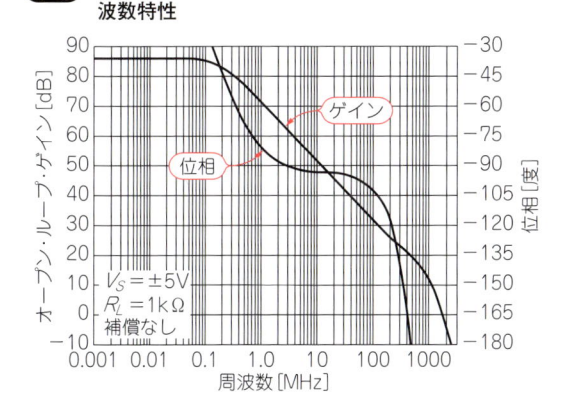

[グラフ：横軸 周波数[MHz] 0.001〜1000，左縦軸 オープン・ループ・ゲイン[dB] −10〜90，右縦軸 位相[度] −30〜−180．V_S=±5V，R_L=1kΩ，補償なし]

さい．この周波数は約500MHzとなりますが，この点においてもゲインの値が約18dB程度であることが読み取れると思います．このような特性をもつOPアンプの出力電圧をそのまま入力にフィードバックすると，位相遅れのためにNFBのつもりがPFB(ポジティブ・フィードバック)になってしまうと同時に，1倍を越えるゲインがありますから，フィードバックされた電圧がループの中でどんどん増幅され，500MHz付近で発振してしまうことが予想されます．

　このようすを模式的に描いたものが**図26**です．このグラフのようにループ・ゲイン$A_v\beta$の伝達関数をゲインと位相に分けて同時に描いたものをボーデ線図またはボード線図と呼びます．一番左側のコーナ周波数f_1を境に，高い周波数側でのゲインが1次のスロープで下降するとともに，位相遅れが90°でいったん平坦になります．ところがf_2に示すような形でさらにコーナ周波数が存在すると，位相はさらに遅れ始め，伝搬遅延分なども手伝って，場合によっては180°を越えるような値になります．

位相遅れが180°の周波数f_3においても，まだゲインの絶対値が1を越えていると，信号がループを一巡するたびに増幅されるポジティブ・フィードバックが形成されてしまいますので，大体f_3の周波数を出力する発振回路ができてしまうことになり，回路はもはやフィードバック制御系として働かなくなります．

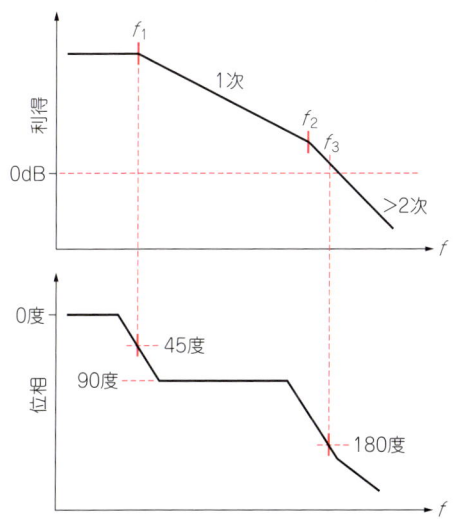

● ボーデ線図上での位相補償の考察

　図27に示すグラフで，位相補償の考え方を説明します．**(a)**グラフは，補償前のループ・ゲインのボーデ線図を表します．2番目のコーナ周波数f_2を少し越えたあたりで位相遅れが180°となってしまったわけですから，位相遅れを減少させるか，またはゲインを落とすかして，180°位相遅れポイントにおけるゲイン絶対値を0dB以下にする必要があります．

　位相補償の方法にはいろいろなものが考えられますが，一例として2番目のコーナ周波数f_2におけるゲイン絶対値を0dBにコントロールする方法を紹介します．フィードバック・ループ内のどこかの部分に，**(b)**で表される棚状の周波数特性を追加する方法ですが，この伝達関数をもとの特性に掛け算すると，**(c)**で表されるような特性に修正されます．周波数f_3におけるループ・ゲイン絶対値が0dBよりも小さくなるので，

図26 ボーデ線図(ループ・ゲイン$A_v\beta$の伝達関数をゲインと位相に分けて同時に描いたもの)

[グラフ：利得がf_1で1次，f_2で>2次に折れる特性．位相は0度→45度→90度→180度に遷移．f_3はf_2のすぐ右．]

13-5　帰還増幅器の位相補償　121

図27 ボーデ線図上での位相補償の考察

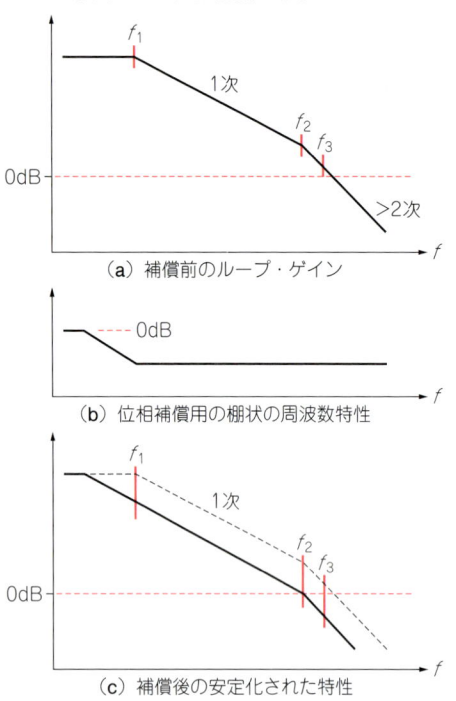

(a) 補償前のループ・ゲイン

(b) 位相補償用の棚状の周波数特性

(c) 補償後の安定化された特性

図28 AD8099 ARDを用いたゲイン＋2の増幅回路(C_1, C_2, C_3, R_5は位相補償素子)

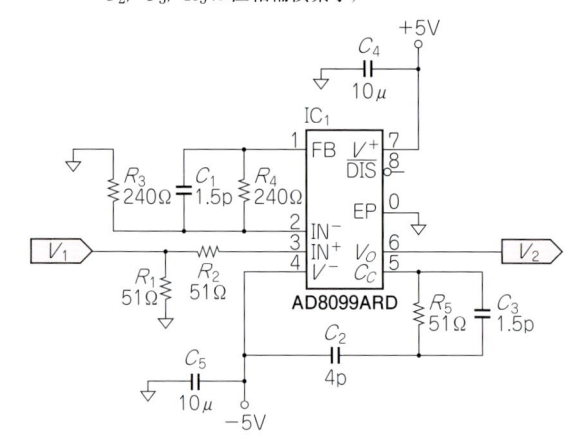

系の安定性が維持されるようになります．

(b)の伝達関数の追加は，帰還伝達関数βに対して実施すると，仕上がりの周波数特性に直接影響してしまいますので，通常はオープン・ループ・ゲインA_vを構成する部分に追加して対策します．具体的には第2章で示した**図13**のようなフィルタ回路を，オープン・ループ・ゲインのどこかに追加することになります．

● AD8099を用いた2倍アンプ回路

図28は，AD8099 ARD（8P-SOパッケージ）を用いたゲイン＋2の増幅回路です．回路の安定性を確保するため，かなり複雑な位相補償が施されています．基本的な帰還回路を構成する素子はR_3とR_4ですが，それ以外にC_1，C_2，C_3，R_5が位相補償素子として追加されています．

AD8099には，8PのSOパッケージ以外に，CSPと呼ばれる正方形の小さなパッケージが用意されていますが，位相補償素子の値の最適値はパッケージによって異なります．ということは，基板のパターンなどの実装状態によって位相補正素子定数がかなり影響を受けてしまうことが想像されます．最終的な値は，実機と同じ基板を用いて実験的に確認および決定する必要がありそうです．

位相補正素子として使用されるコンデンサは，以上の理由から初期精度はあまり必要とされないものと考えられますが，素子値の安定性には注意する必要があります．高い周波数で良好な特性のコンデンサ素子として動作する必要があるため，等価直列抵抗ESRや等価直列インダクタンスESLが少ないものが望まれます．その意味からは表面実装タイプの積層セラミック・コンデンサが適しますが，このタイプの素子は容量温度係数の大きいものもあるので，選定の際には十分な注意が必要です．

なお，位相補正素子だけではなく，電源のバイパス・コンデンサC_4およびC_5にもESRやESLの小さいものが必要です．大容量タイプの積層セラミック・コンデンサをICのボディに近接させて，短い距離で配線する必要があります．最近では10 μF/16 V耐圧のものでも2012サイズの表面実装部品が入手可能ですので，この目的のためには好都合です．

また，R_2はOPアンプIC単体での動作安定性を確保するために必要な抵抗で，この素子もICボディ近くに配置する必要があります．ここで紹介したAD8099などの高速OPアンプでは，入力に接続されるインピーダンスが低くなりすぎると，回路が発振しやすくなる傾向があるので，このように直列抵抗を用いる例が多く見られます．

高速OPアンプの周辺受動素子は，極力，基板のスルーホールを通過させずにICと接続することが必要です．特に入力回路素子や帰還素子とICを接続するときにはスルーホールは厳禁です．位相補正素子を接続する際にスルーホールを経由させると，ほとんどの場合，素子の最適値が変化します．電源のバイパス・コンデンサとICとの接続も，スルーホールを通過させないことが望まれます．

第14章
ESL, ESR, 電圧依存性, 再起電圧を理解する

コンデンサ素子活用のかぎ

本章では，コンデンサ素子に寄生する等価直列インダクタンス(ESL)や等価直列抵抗(ESR)についてと，セラミック・コンデンサ素子に見られる静電容量の電圧依存性について，さらに電解コンデンサに見られる再起電圧について，それぞれ実験を交えて解説します．

コンデンサ素子を使用するうえで考慮するべき特性として，カタログに記載されているものでは静電容量精度や耐圧などがあげられます．このような基本的な特性は，部品選定の際には常に検討の対象となるので，問題になりそうな点については，あまり見逃されることはないと思います．

一方，コンデンサ素子に寄生してしまうESLやESRの特性は，カタログやデータシート上にはそれほど積極的に記載されていないわりに問題となる頻度が高いので，この章ではまずこの話題を中心に取り上げます．

また，セラミック・コンデンサの容量電圧依存性や，電解コンデンサの再起電圧も，回路のタイプによっては問題となりやすいので，この話題についても取り上げることとしました．

14-1 コンデンサ素子のESLとESR
よく使われるセラミック・コンデンサのESLとESRを評価する実験

● コンデンサ素子の等価回路

理想的なコンデンサ素子であれば，二つの端子の間には，純粋な静電容量だけが存在し，インピーダンスの絶対値も広い周波数範囲にわたって正確に周波数に反比例する特性をもつはずです．

ところが，実際のコンデンサ素子では，直列の寄生インダクタンス成分や，直列の寄生抵抗成分が存在し，これがしばしば問題になることがあります．コンデンサ素子の等価回路を図1に示します．通常のアルミ電解コンデンサでは，特に低温環境下において，大きな等価直列抵抗をもつことはよく知られるところです．一般にESL成分やESR成分が小さいと考えられる表面実装タイプのセラミック・コンデンサであっても，小さな寄生成分が存在し，決してこれらの値をゼロとして扱えるとは限りません．

一方，並列の寄生成分も実際には存在しますが，電解コンデンサの漏れ電流などの問題を除けば，セラミック・コンデンサやフィルム・コンデンサで，直列寄生成分ほどの問題になることはまれです．

● ESLとESRの測定実験

市販のセラミック・コンデンサを使用し，これらの素子が実際にどれくらいのESL成分やESR成分をもつのか，特性インピーダンス$50\,\Omega$のマイクロストリップ・ラインとネットワーク・アナライザを用いて測定してみました．マイクロストリップ・ラインとグラウンドとの間をコンデンサで短絡し，伝送周波数特性が高周波領域において減衰するようすを観測しようとするものです．測定回路を図2に示します．

実験に使用したネットワーク・アナライザの信号源

図1 コンデンサ素子の等価回路

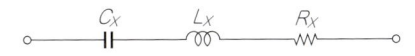

C_X　L_X　R_X

本来の静電容量C_Xのほかに寄生直列インダクタンスL_X(ESL)や寄生直列抵抗R_X(ESR)が同時に存在してしまう

図2 ESLおよびESRの測定実験回路

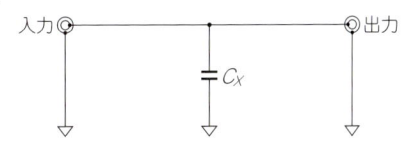

入力　　　　　　　　　　出力
　　　　　　　C_X

特性インピーダンス=$50\,\Omega$のマイクロストリップ・ラインを回路図に示すように，コンデンサC_Xで短絡した場合の周波数特性をコンデンサのタイプをいろいろ変えながらネットワーク・アナライザで測定する

インピーダンスは50Ω，入力インピーダンスも50Ωですから，これらのインピーダンスを考慮に入れ，コンデンサ素子のESLやESRを含めて等価回路を考えると**図3**のようになります．この場合の伝達関数は同図に示す式のようになり，ちょうど抵抗分圧回路とLCRの直列回路が組み合わされた形となります．理想的なコンデンサであれば，この回路の周波数特性は，周波数が高くなるほど少しずつ単調に減衰する特性になるはずですが，寄生成分の働きにより，ある周波数でレスポンス・ディップをもつような，バンド・ストップ・フィルタの特性となります．

コンデンサ素子の静電容量C_xはあらかじめ公称値によりわかっていますから，周波数特性のカーブに見られるレスポンス・ディップの周波数からL_xの値が推定できます．また，レスポンス・ディップの深さからESRの値を推定することもできます．具体的な計算方法は図中に示す式のとおりです．

最初に，1608サイズの12 pFチップ・セラミック・コンデンサ，円板形状リード型の12 pFセラミック・コンデンサをシャント素子として使用した場合を測定してみました．合わせて3 pFのチップ・セラミック・コンデンサを4個並列に使用した場合，3 pFのチップ・コンデンサを単独で使用した場合，さらに計算で求めた理想的な12 pFの場合の特性を**図4**のグラフに示します．

計算上求めた理想素子の場合の特性は，レスポンス・ディップをもたず，周波数が高くなるにつれて単調減少する特性を示しますが，実際のコンデンサの場合にはいずれもディップをもつ特性が観測されています．ディップの底に当たる周波数を「自己共振周波数」と呼ぶこともあります．

1608チップ・コンデンサ12 pFの場合には，ディップ周波数は1579 MHz，ディップ深さは−35.9 dBとなりました．この値から推定されるESLの値は5.32 nH，ESRの値は0.41Ωとなります．

リード型コンデンサ12 pFの場合には，予想どおりディップ周波数は976 MHzと低くなりました．ディップは意外と深く，−40.5 dBの値が観測されました．推定されるESLは13.92 nHとやはり大きめです．一方，ESRは0.24Ωと比較的小さな値が得られています．

容量の小さいコンデンサではどうでしょうか．試しに，1608チップ・コンデンサ3 pFの場合の特性を調べると，ディップ周波数は3351 MHzという高い値となります．ディップの深さは−32.5 dBと，12 pFの素子よりもやや浅い特性になりました．推定ESLは4.72 nH，推定ESRは0.61Ωとなります．

3 pFのチップ・コンデンサを4個並列にして使用し，12 pFの静電容量を実現した場合についても測定してみました．特性は理想素子にかなり近くなり，2 GHz付近までは計算上の理想特性にだいたい沿う形になりました．ディップ周波数も非常に高く，だいたい3.6 GHz程度以上の値となります．3.6 GHzにおけるレスポンスも，−41.77 dBという大きな減衰が得られています．この値から寄生成分を計算すると，推定ESLは1.02 nH以下，推定ESRも0.2Ω以下という，優れた特性になりました．

図3 ネットワーク・アナライザを含めた等価回路

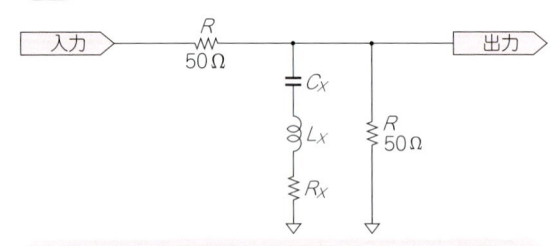

ネットワーク・アナライザの入出力インピーダンスの50Ωと，コンデンサ素子のESLおよびESRを考慮に入れた場合の，測定系の等価回路は上の図のようになる．この回路の伝達関数は，

$$G(s) = \frac{1}{2} \cdot \frac{s^2 L_x C_x + s C_x R_x + 1}{s^2 L_x R_x + s C_x \left(\frac{R}{2} + R_x\right) + 1}$$

という式で表される．従ってESLの値は，

$$L_x = \frac{1}{2\pi f_r^2 C_x}$$

で推定できる．ただしf_rは，レスポンス・ディップの周波数を表す．一方，レスポンス・ディップ点における伝達関数の値は，

$$G(s_r) = \frac{1}{2} \cdot \frac{R_x}{\frac{R}{2} + R_x}$$

となるが，ネットワーク・アナライザでの測定の場合は，入出力インピーダンス各50Ωによる分圧比1/2が除去された形で表示されるので，レスポンス・ディップの深さDの値は次式で表される

$$D = \frac{2R_x}{R + 2R_x}$$

この式を解くと，ESRの値を推定するための次式が得られる

$$R_x = \frac{DR}{2(1-D)}$$

図4 並列挿入コンデンサの種類による伝送線路のレスポンス変化（12 pF）

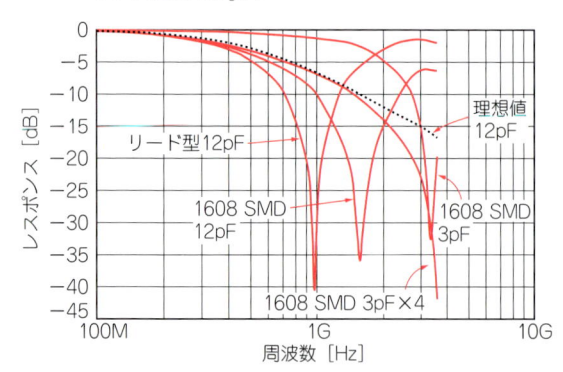

一般に，静電容量の小さいコンデンサほど，レスポンス・ディップの周波数が高くなる傾向がありますが，ESLを計算してみると，容量ほどの差がないことがわかります．一般的なチップ・コンデンサでは，だいたい4n～5nH程度のESLが存在することを常に想定する必要がありそうです．

● サイズによる特性変化

次に同じ容量のチップ・コンデンサでも，外形寸法が異なる場合の特性変化を予想し，2012，1608，1005の各サイズの470pFチップ・コンデンサについて調べてみました．結果を 図5 のグラフに示します．

2012チップ・コンデンサ470pFの場合には，ディップ周波数295MHz，深さ－50.44dB，推定ESLは3.89nH，推定ESRは0.075Ωとなりました．

1608チップ・コンデンサ470pFの場合には，ディップ周波数282MHz，深さ－49.45dB，推定ESLは4.26nH，推定ESRは0.085Ωとなりました．

1005チップ・コンデンサ470pFの場合には，ディップ周波数292MHz，深さ－33.89dB，推定ESLは3.97nH，推定ESRは0.52Ωとなりました．

実験結果から，同じ静電容量値のサイズの異なるチップ・コンデンサのESLの値は，それほど大きくは変わらないと言えそうです．一方，ESRの値はコンデンサの形状が小さくなるほど上昇する傾向にあります．

● 複数のコンデンサを使用した場合

高速動作が可能なICなどの電源バイパス・コンデンサは，広い周波数帯域にわたって，低いインピーダンス特性であることが要求されます．低い周波数領域でのインピーダンスを低く抑えるためには，大きな静電容量のコンデンサが必要になります．一方，高い周波数領域でのインピーダンスを低く抑えるためには，自己共振周波数が高い，容量の小さなコンデンサを使用することが有利となる場合があります．

低いインピーダンスを維持できる周波数範囲を広げる目的で，比較的大容量のコンデンサと，それよりも小さな容量のコンデンサを並列に使用する例を見かけることがあります．うまくいけば低インピーダンスな

図6 複数のコンデンサを並列に接続した場合の実験

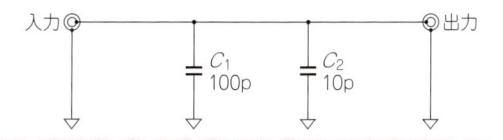

なるべく広い帯域で低いインピーダンスを実現するために，複数のコンデンサを並列に使用して，目的を達成しようとすることがある．その場合の実際の効果を実験する

図5 並列挿入コンデンサのサイズによる伝送線路のレスポンス変化（470pF）

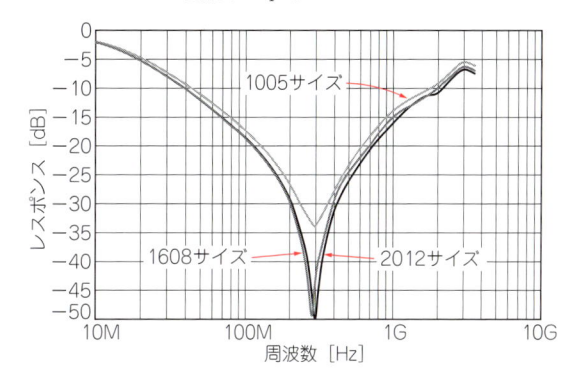

周波数領域を広げることに寄与しますが，逆効果になることがあるので注意が必要です．

上記の実験と同様の手法で，100pFのチップ・コンデンサと10pFのチップ・コンデンサとについて，それぞれ単独の場合と，両方を並列にした場合の特性について調べてみました．実験回路を 図6 に，結果を 図7 のグラフに示します．

1608チップ・コンデンサ100pFを単独で使った場合には，ディップ周波数535MHz，深さ－41.71dB，推定ESLは5.56nH，推定ESRは，0.21Ωとなりました．

1608チップ・コンデンサ10pFを単独で使った場合には，ディップ周波数1777MHz，深さ－32.13dB，推定ESLは5.04nH，推定ESRは0.63Ωとなりました．

100pFのコンデンサでは，10dB以上の減衰が得られる範囲はだいたい200MHzから1500MHzの範囲となります．一方，10pFのコンデンサでは，1200MHz付近から2500MHzまでの間で10dB以上の減衰量が得られます．したがって両方のコンデンサを並列で用いれば，200M～2500MHzまでの広い範囲で10dB程度以上の減衰量が確保できるような気がします．

ところが，実際に二つのコンデンサを並列に接続した場合の結果では，1430MHz付近にレスポンスのピ

図7 複数のコンデンサによる伝送線路のレスポンス変化

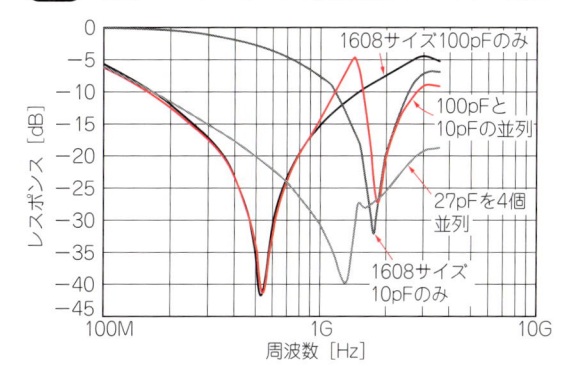

図8 PWM変調回路とその動作

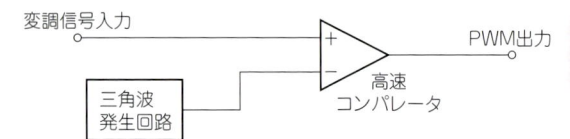

(a) 回路

三角波と変調入力信号を電圧コンパレータで比較し，変調信号電圧の方が高いときにだけHighレベルを出力する

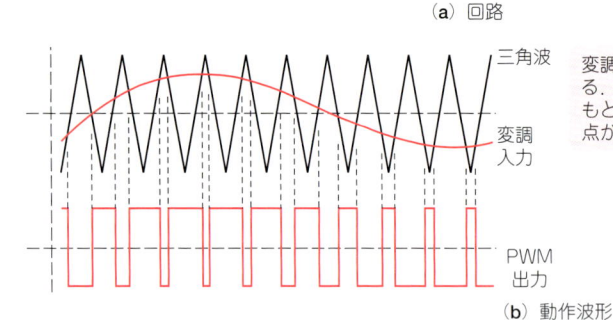

(b) 動作波形

変調信号電圧が，パルス幅に対応したPWM出力波形が得られる．PWM波形から，LPFでキャリア成分を取り除くだけで，もとの電圧が再現できるので，復調回路が簡単に構成できる利点がある

ークができてしまっています．結果として，だいたい1200M～1600MHzの範囲では，それぞれのコンデンサを単独で使った場合よりも，逆にインピーダンスが高くなってしまう結果となってしまいました．

複数のコンデンサを並列に使用した場合には，単独素子の場合と異なり，互いのコンデンサのESLとESRとがちょうど並列となるような回路が形成されてしまいます．したがって共振回路の形としては複雑となり，場合によってはこの例に見られるように，単独素子では見られないようなインピーダンス上昇範囲が出現する場合があります．コンデンサを並列で用いる場合には，このようなインピーダンス特性の悪化が出ないように，十分に確認する必要があります．

並列共振によるインピーダンス上昇範囲を抑える例として，同一タイプ，同一容量のコンデンサを並列で用いる手法があります．同じ110pFの静電容量を得るのであれば，100pFと10pFとを並列にする代わりに，27pFのコンデンサを4個並列に使用したほうが，優れた低インピーダンス特性が得られます．寄生成分による共振回路はかなり複雑となるので，レスポンス特性もピーク・ディップが目立つようになりますが，少なくともインピーダンスが大きく上昇してしまう領域を抑えられる傾向にあります．

この例では，300MHz以上3.6GHzまでの領域全体において，－15dB以上の減衰量が得られる良好な低インピーダンス特性が実現できています．

● **ESLやESRが問題となる例**

コンデンサ素子のESL成分やESR成分が問題となる場面は，いろいろな回路で起こりえます．例えば，スイッチング・レギュレータの平滑コンデンサでは，その寄生成分によりレギュレータの直流出力にスイッチング・リプルが漏れ出してしまう原因となったり，平滑コンデンサそのものの温度上昇の原因になることはよく知られている例だと思います．

ここでは，PWM変調回路で必要となる三角波発生用の積分回路を例にあげて，コンデンサ素子の寄生成分の影響を確認してみました．

アナログ電圧信号などのベース・バンド成分を，周波数の高いキャリア信号に乗せて伝送するには，キャリア信号をベース・バンド信号で変調することが必要になります．信号変調方式では振幅変調(AM)や周波数変調(FM)が有名ですが，パルス幅変調(Pulse Width Modulation，略してPWM)という手法がとられることがしばしばあります．

PWM変調回路のブロック・ダイヤグラムと信号のようすを**図8**に示します．原理的にはキャリア周波数の三角波発生回路と高速の電圧コンパレータが図のように接続された構成をもっています．

三角波と変調入力信号を電圧コンパレータで比較し，変調信号電圧のほうが高いときにだけHighレベルを出力させると，変調信号電圧がパルス幅に反映されたPWM出力波形を得ることができます．変調後の信号は，時間軸成分だけの物理量を用いて信号の伝送を行うので，伝送路に存在する雑音源の影響を伝送情報が受けにくくなります．また，受信側では，LPFを用いてキャリア成分を除去するだけで元の電圧信号が再現できるので，復調回路を簡単に構成できるという利点もあります．

● **高速積分回路の波形観測**

PWM変調回路で，高い周波数の信号伝送を狙うと，キャリア周波数を十分に高くする必要が生じます．復調回路でキャリア成分を十分に除去し，信号を正確に

図9 バイポーラ・トランジスタを使った高速積分回路

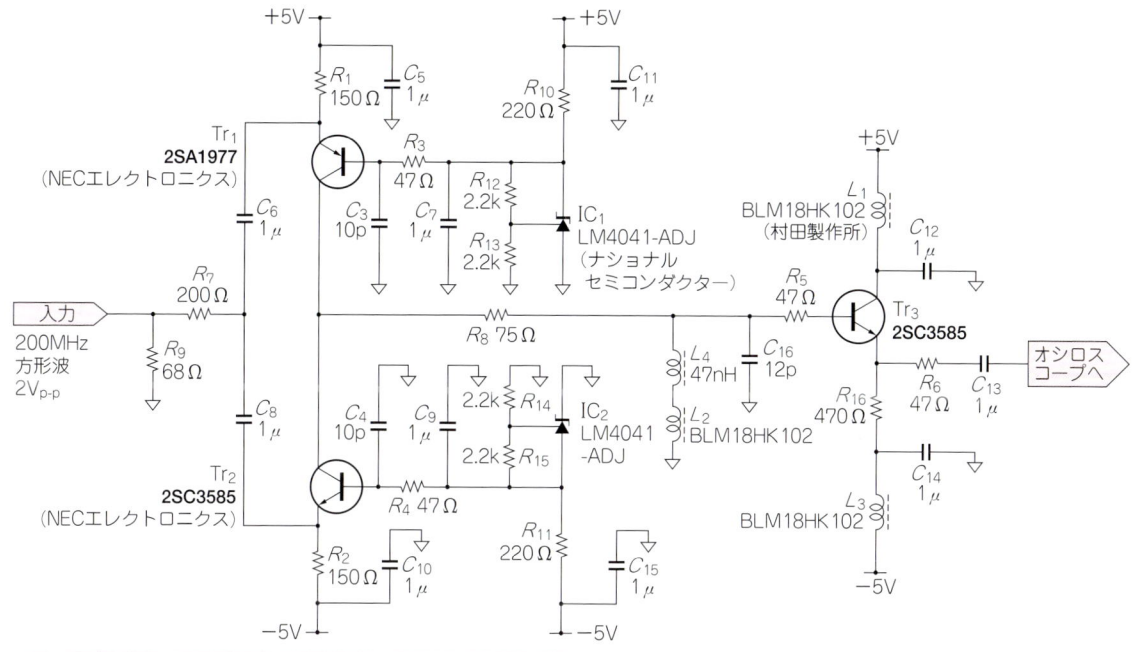

- 入力信号として，立ち上がりが十分に速い200MHz方形波信号（$2V_{p-p}$）を与える．Tr_1およびTr_2で構成された定電流源を入力信号によりスイッチし，C_{16}の充放電を行い，三角波を生成する．このときC_{16}に使用する素子の*ESL*や*ESR*が波形に大きな影響を与えるので注意が必要である
- L_4やL_2は，電圧振幅の中心値をGND電位につなぎ止めておくためのインダクタンス
- Tr_3で構成されたエミッタ・フォロワは，出力信号を50Ω入力のオシロスコープで観測するために設けた電圧バッファなので，三角波を受け取る回路の入力インピーダンスによってはこの部分が不要になることも多い

再現することを考えると，キャリア周波数は，変調信号に含まれる最高の周波数成分の少なくとも3倍程度，できれば10倍くらいに選ぶことが必要になります．

高速のPWM変調回路を構成するためには，三角波発生回路と電圧コンパレータにも高速動作が可能な回路を使用しなければなりません．最近ではアナログ・デバイセズのADCMP580などのような，非常に高速なコンパレータICが入手可能ですが，周波数の高い三角波を得るためには少々工夫が必要です．

一例として，バイポーラ・トランジスタの電流スイッチを使った，高速積分回路の例を**図9**に示します．この回路に立ち上がり時間の速い方形波信号を入力すると，入力波形が積分された形の高速の三角波が得られます．例示の回路では，$2V_{p-p}$の200MHzの方形波を入力し，同じ200MHzの三角波を得ることを想定しています．

方形波入力信号により，Tr_1とTr_2で構成された二つの定電流回路の電流値が相互に変化し，両方のコレクタ電流変化を合成すると方形波電流波形が得られます．この電流をコンデンサC_{16}を用いて積分することにより，コンデンサの両端に三角波状の電圧変化を発生させます．

三角波発生回路の実質部分としては，C_{16}まであれば機能が実現できますが，この電圧波形を入力インピーダンス50Ωのオシロスコープで観測するために，Tr_3を使ったエミッタ・フォロワ電圧バッファ回路を追加しています．

積分用コンデンサC_{16}は，高い周波数の方形波電流で充放電されるので，この素子にわずかでも寄生インダクタンス成分が存在すると，すぐに電圧波形の乱れとなって顕在化してしまいます．R_8に適当な値を用いることにより，方形波電流のエッジを若干鈍らせることができますが，あまりこの値を大きくすると三角波電圧波形のスロープ直線性が損なわれてしまいます．

うまくいかない例として，C_{16}にリード型のセラミック・コンデンサ12pFを使用した場合の波形を**図10(a)**に示します．このコンデンサの自己共振周波数は先ほどの実験のとおりだいたい970MHz付近ですが，それを越える周波数領域ではインピーダンスが急激に上昇しています．結果的に200MHz方形波電流に含まれる5次高調波（1GHz）や7次高調波（1.4GHz）の成分を抑えきれず，出力波形にその付近の周波数のリンギングが大きく発生しているようすが確認できます．

図10 図9の三角波電圧波形（40 mV/div，1 ns/div）

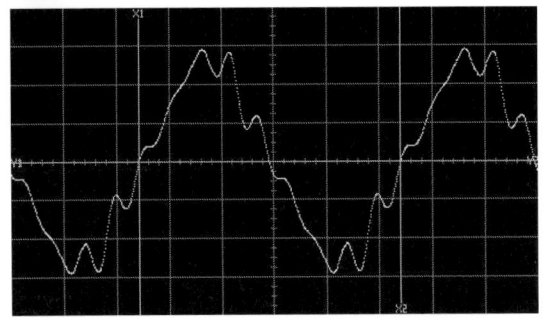

（a）12 pFのリード型セラミックを使用した場合

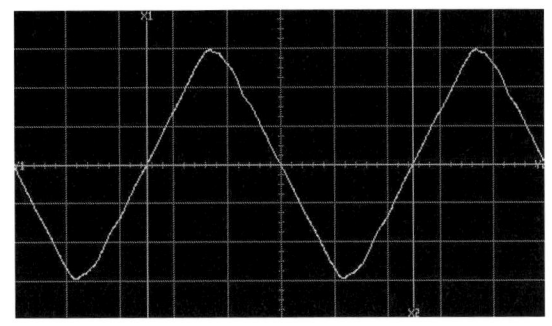

（b）12 pFのチップ・セラミック単独の場合

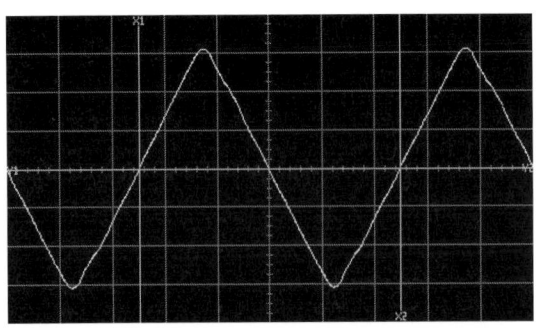

（c）3 pFのチップ・セラミックを4個並列にした場合

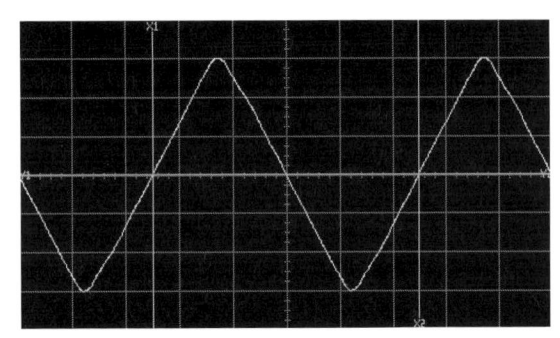

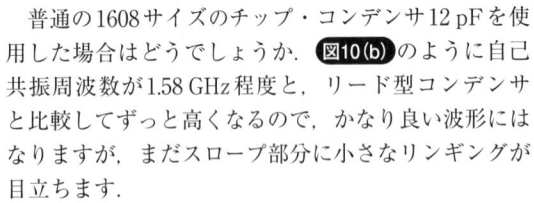

（d）1.5 pFのチップ・セラミックを8個並列にした場合

　普通の1608サイズのチップ・コンデンサ12 pFを使用した場合はどうでしょうか．**図10(b)** のように自己共振周波数が1.58 GHz程度と，リード型コンデンサと比較してずっと高くなるので，かなり良い波形にはなりますが，まだスロープ部分に小さなリンギングが目立ちます．

　先ほどのコンデンサ素子の寄生成分の測定実験では，同じ12 pFの静電容量を得るために，チップ・コンデンサを単独で用いるよりも，3 pFのチップ・コンデンサ4個を並列にすることにより，自己共振周波数を3.6 GHz以上，ESLを1 nH程度以下に抑えられる結果が得られています．高速積分回路のC_{16}にも，同様の手法を適用してみました．予想どおり，三角波のスロープはかなりきれいになりました［**図10(c)**］．それでもなお，わずかにスロープに小さなリプルが確認できます．

　だめ押しで，1.5 pFのチップ・コンデンサを8個並列にして，12 pFの静電容量を実現し，積分コンデンサとして適用してみました．スロープの直線性がさらに改善されているようすが確認できると思います［**図10(d)**］．ただし，このように多数のコンデンサを並列で使用する場合には，部品配置に注意しないと，配線経路長の増大を招きやすく，かえってESLの増加をまねくことがあるので，十分に注意する必要があります．

配線インダクタンスは，おおよそ4 nH/cm@mm

column

　基板上でパターン配線を行うとき，配線インダクタンスが気になることがあります．正確ではなくてもどれぐらいのオーダのインダクタンスになるのか知りたい場合があります．

　そのようなとき，4 nH/cm@mmという数値を覚えておくと便利です．これは絶縁層厚さ1 mmの両面基板で裏面をグラウンドとし，おもて面で幅1 mmの信号パターンを施したとき，パターン1 cmあたりに存在するインダクタンスが大体4 nHになるという意味です．

　ちなみに比誘電率4.8のガラス・エポキシ基板の場合には，上記のパターンとグラウンド層との間の容量は配線1 cmあたり大体1 pFになります．配線インダクタンスや容量を減らしたい場合は，できるだけパターンを短くするのが有効です．

14-2 セラミック・コンデンサの静電容量電圧依存性

回路のひずみ率を悪化させることがあるので注意

● 静電容量電圧依存性の測定実験

セラミック・コンデンサ素子のうち，高誘電率系のものは，電極間の絶縁物質としてチタン酸バリウムなどの強誘電体を使用し，その大きな誘電率により大容量特性を実現しています．このような強誘電体では，結晶格子の中核となるイオンの位置関係により自発的な分極が生じています．分極の向きは外部からの印加電圧により容易に変化することができるので，結果的に大きな誘電率をもつことになります．

ところが，このような結晶格子が直流電界にさらされると，分極の方向が外部印加電界のない場合と比較して次第に拘束されるようになってきます．直流電界が大きくなるとともに，分極方向の自由度が悪くなっていき，誘電率が低下していきます．

高誘電率系のセラミック・コンデンサに直流電圧を印加すると，上記のメカニズムにより，絶縁体の誘電率が低下し，コンデンサの静電容量の減少となって現れます．つまり，コンデンサ素子の容量が電圧依存性をもつことになります．

ここでは，図11 に示すような回路を用いて，0.01 μF/50 VのB特性のセラミック・コンデンサについて，容量がバイアス電圧によって変化するようすを調べました．特性インピーダンス50 Ωの伝送線路に被測定コンデンサ素子C_Xを2個直列に挿入し，全体としてHPFを構成させます．このコンデンサに抵抗値100 kΩの抵抗を用いて直流バイアス電圧V_Bを印加しながら，HPFのカットオフ周波数の変化を測定しました．

バイアス抵抗の100 kΩを無視し，ネットワーク・アナライザの入出力インピーダンスを考慮した場合のHPFの等価回路を図12に示します．伝達関数やカットオフ周波数からC_Xの値を求める式は，図中に示すような形となります．

この実験回路を用いて，1608サイズのチップ・セラミック・コンデンサ0.01 μFと，リード・タイプのフィルム・コンデンサ0.01 μFの容量電圧依存性を測定した結果を図13のグラフに示します．コンデンサの耐圧はいずれも50 Vです．バイアス電圧V_Bがゼロの場合には，セラミック・コンデンサを使用した場合のカットオフ周波数は329 kHz，この場合の容量計算値は9675 pFとなります．フィルム・コンデンサを使用した場合のカットオフ周波数は324 kHz，この場合の容量計算値は9824 pFとなります．いずれも0.01 μFの公称値に近い値をもっています．

バイアス電圧V_Bを次第に大きくしていくと，セラ

図11 静電容量の電圧依存性の実験回路

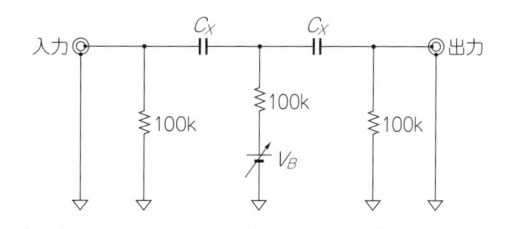

- 50Ω伝送線路に被測定コンデンサ素子C_Xを2個直列に挿入し，全体としてHPFを構成させておき，このコンデンサに直流バイアス電圧V_Bを印加しながら，カットオフ周波数の変化を測定する．
- 3本の100 kΩの抵抗は，コンデンサ素子にV_Bを与えるためのバイアス抵抗．周波数特性に影響を与えないため，大きな値の抵抗値を用いる．

図12 雑音容量電圧依存性測定回路の等価回路

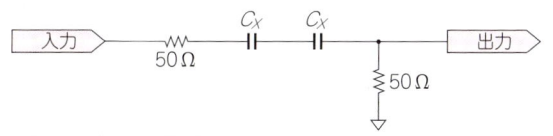

バイアス抵抗の100 kΩを無視し，ネットワーク・アナライザの入出力インピーダンス50 Ωを考慮に入れると，HPFの等価回路は図のようになる．
この場合の伝達関数は，次式で表される．

$$G(s) = \frac{1}{2} \cdot \frac{sC_X R}{sC_X R + 1}$$

レスポンスが3.01 dB低下する周波数を，バイアス電圧を変化させながら測定する．その値をf_Cとすれば，C_Xの値は次式で求められる．

$$C_X = \frac{1}{2\pi f_C R}$$

図13 バイアス電圧によるHPFのカットオフ周波数の変化

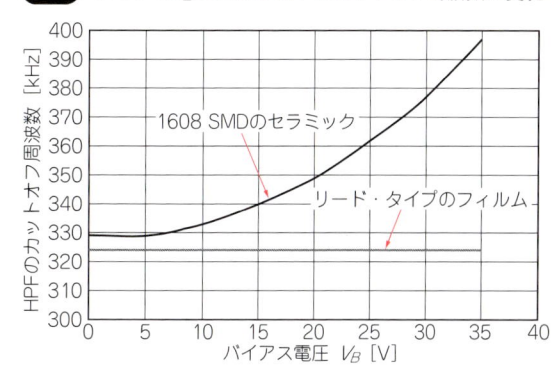

図14 カットオフ周波数630 HzのHPFを構成し400 Hzにおけるひずみ率を測定する回路

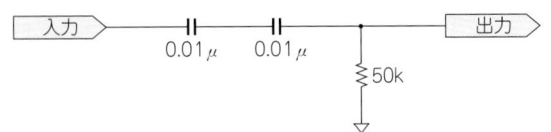

図のようなカットオフ周波数約630HzのHPFを構成し、400Hzにおけるひずみ率を入力信号レベルを変えながら測定する。コンデンサにセラミック・コンデンサを使用すると、その容量電圧依存性により、大きなひずみが観測される

図15 図14のHPFの400 Hz入力時のひずみ率特性（雑音成分を含む）

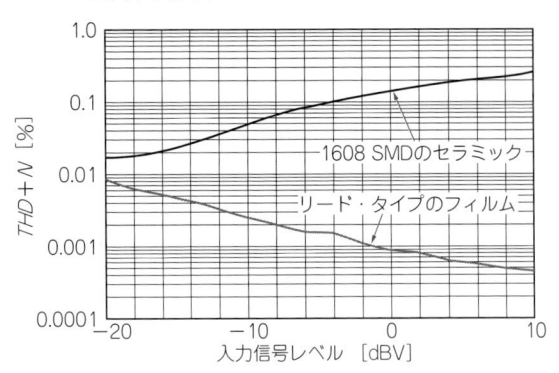

ミック・コンデンサを使った場合のHPFのカットオフ周波数はどんどん上昇し、$V_B = 35$ Vのときには397 kHzとなってしまいます。この場合の容量計算値は8018 pFと、公称値に比較して20 %近くも減少していることが確認できました。一方、フィルム・コンデンサを使用した場合のHPFでは、カットオフ周波数の変化を認めることはできませんでした。

● パッシブHPFのひずみ率測定

容量電圧依存性をもつコンデンサ素子を実際の回路に適用した場合に発生する問題はいろいろ想定できます。例えば、入力バイアス電流の非常に小さいOPアンプを用いて、フィードバック素子としてコンデンサを用いると、精度の良い積分回路を構成することができます。入力に正確な方形波電圧を与えると、とても直線性の優れた三角波を得ることができます。

ところが、フィードバック・コンデンサの容量が電圧依存性をもっていると、特に出力電圧振幅が大きい回路の場合には、出力される三角波のスロープが曲がってしまう問題が生じます。コンデンサの両端電圧が高くなるほど容量が減少する場合には、三角波のスロープは、理想的な直線よりも外側（出力電圧絶対値が大きな方向）に曲がってしまうことになります。

受動素子だけを使った簡単な回路でも、容量電圧依存性が大きな問題となることがあります。電圧依存性実験に使った回路のようなHPFでも、この現象が回路のひずみ率の悪化として顕在化してしまいます。$0.01\ \mu$Fのコンデンサを2個直列に接続し、出力側を50 kΩの抵抗でシャントすると、カットオフ周波数約630 HzのHPFフィルタが構成されます（**図14**）。

この回路に400 Hzの正弦波を入力し、入力信号レベルを変化させながら、出力のひずみ率を測定しました（**図15**）。なお、ひずみ率測定は、普通のひずみ率計を使用して、全高調波ひずみ率と測定系残留雑音の合計の値、いわゆる"$THD + N$"を測定しました。

直列コンデンサとして高誘電率系チップ・セラミック・コンデンサを使った場合には、入力信号レベルの増加とともに、ひずみ率もどんどん上昇する特性が確認できました。入力信号レベルが-20 dBV（すなわち0.1 V_{RMS}）の場合には、0.017 %のひずみ率のところ、レベルを$+10$ dBV（3.16 V_{RMS}）まで上昇させると、ひずみ率の値も0.25 %まで上昇してしまいました。オーディオ回路にこのような素子を使用した場合には、音質が本来のものから変化してしまうことが考えられます。

一方、直列コンデンサとしてフィルム・コンデンサを使用した場合には、入力信号レベルの増加とともに、ひずみ率の測定値がどんどん低下するようすが確認できました。これは実際の高調波ひずみ率が信号レベルによって変化しているのではなく、信号レベルが大きくなることにより測定系の残留雑音との比が大きくなり、雑音と高調波ひずみ率の合計値が結果的に小さな値となって現れたものと考えられます。

入力信号レベルが-20 dBVのときのひずみ率測定値は0.0085 %、レベルを$+10$ dBVまで上昇させると測定値は0.00044 %まで減少しました。ひずみ率計そのものの残留ひずみ率をそのまま測定しているような小さな値です。

14-3 電解コンデンサの再起電圧
周辺素子を破壊することもあるので注意

● 再起電圧の測定実験

コンデンサに電圧を印加すると，誘電体の分極作用によって誘電体の表面が帯電します．その後コンデンサの両端を短絡すると，いったんは誘電体表面の電荷が放電され電荷を失いますが，再びコンデンサの端子がオープンにされると，誘電体内部に残っていた分極が再現し，コンデンサ両端に電圧が発生することがあります．

この現象は，アルミニウム電解コンデンサなどの，CV値の大きなタイプで顕著に現れます．このように，いったん放電されたはずのコンデンサの両端に，再度現れてしまう電圧を再起電圧，あるいは残留電圧と呼びます．

再起電圧の値は数Vに達することもあり，端子を回路に接続する際に火花を発生させたり，場合によっては外部の低電圧で駆動される素子を破壊させる原因になることがあるので注意が必要です．

ここでは4700μF/50Vのアルミニウム電解コンデンサを用いて，再起電圧が発生するようすを測定しました．測定回路を図16に示します．まず最初に，被測定コンデンサに+30Vの直流電圧を5分間印加します．次にスイッチを操作し，コンデンサを一定時間短絡します．再起電圧の発生状況は，ここで短絡される時間に依存する傾向があるので，短絡時間を5分間とした場合，1分間とした場合，および5秒間とした場合の測定を行いました．最後にコンデンサを解放し，解放の瞬間から15分後までの再起電圧の変化をディジタル電圧計で測定し，記録しました．

実験結果を図17のグラフに示します．解放直前の短絡時間を5分間と比較的長くとった場合には，15分後の再起電圧の値は429 mVとなりました．一方，短絡時間を5秒間しか取らなかった場合には，15分後の再起電圧の値は1554 mVもの大きな値となりました．これだけの電圧があれば，バイポーラ・トランジスタのベース-エミッタ間に印加させればトランジスタをONさせるのに十分な値であるばかりか，場合によっては大きなベース電流により，トランジスタを破壊してしまう可能性が十分に考えられます．

（初出：「トランジスタ技術」2009年3月号）

図16 電解コンデンサの再起電圧の実験回路

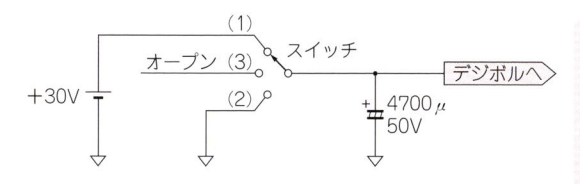

- 最初にスイッチをポジション(1)にしておき，電解コンデンサに+30Vを5分間印加する．
- 次にスイッチをポジション(2)にしてコンデンサを一定時間短絡する．このとき，コンデンサの両端電圧が確実に0Vになったことを確認する．
- 最後にスイッチをポジション(3)にしてコンデンサを解放する．その瞬間からのコンデンサ両端電圧の変化を入力抵抗の十分大きなディジタル電圧計（デジボル）を用いて測定/記録する．
- 電解コンデンサの再起電圧値は，短絡時間の長さに大きく依存する

図17 直前短絡時間による電解コンデンサの再起電圧の変化

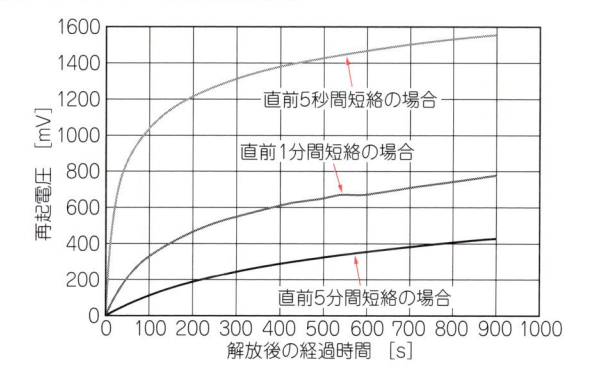

徹底図解★LCR＆トランス活用 成功のかぎ

第**15**章
高周波回路では受動インダクタ素子もよく使われる

インダクタ素子の定番活用法

　最近では小さな外形寸法のトランジスタやOPアンプが入手可能になり，これらとCR部品を組み合わせることにより，あたかもインダクタ素子を使ったかのような伝達関数をもつ回路を容易に作ることができるようになっています．例えば第13章で紹介したような2次アクティブ・フィルタでは，CR受動素子だけでは実現が難しい高いQのフィルタを，トランジスタやOPアンプを用いて構成することができます．

　ちょっと考えると，インダクタ素子の出番が少なくなってしまうようにも感じますが，昨今では高い周波数で動作する回路が増える傾向にあり，このような回路では，能動素子の動作速度が次第に回路の要求に追いつかなくなってくるとともに，寸法の小さいインダクタ素子を適用しやすくなり，回路によっては以前にも増してインダクタ素子が重要になってきているものもあります．

　また，大きな電力を扱う回路では，電力損失の発生を生む抵抗素子をおいそれと適用できない場所も出てきます．大電力・大電流回路では，依然としてインダクタ素子でなければ要求を満足することが難しい場合も多数見受けられます．

　この章では，インダクタ素子が適用されることの多い回路をいくつか紹介していきたいと思います．

15-1 単同調トランジスタ・アンプとタンク回路
LC共振回路の温度補償はコンデンサ素子で行う

　無線周波数を扱う増幅回路では，必要とされる周波数帯域にだけゲインをもたせ，不要な周波数の増幅を行わない，単同調増幅回路と呼ばれるものがよく使用されます．多くの場合，電流出力型のアンプの負荷にLC並列共振回路を使用することにより，共振周波数付近にだけ高いゲインをもたせる構成を採ります．

　図1に回路の一例を示します．R_{1A}とR_{1B}を用いてベース直流電位を決め，R_2を用いてコレクタ直流電流をコントロールするところは，第11章で説明した増幅回路と同様ですが，コレクタにはLCの並列回路が負荷として接続されています．実際には次段に出力信号が接続されるので，C_2の容量が十分に大きいものとして無視すれば，Tr_1の負荷はC_3，L_1，R_Cの並列回路となります．R_Cの値が大きい領域ではTr_1のh_{oe}などによる影響が出てきますが，説明をわかりやすくするため，ここでは無視します．

　負荷インピーダンスを$Z(s)$と書くと，この増幅回路のゲイン$G(s)$はおおむね，

$$G(s) = \frac{Z(s)}{r_e + R_2}$$

と表すことができます．ここでr_eはTr_1のエミッタ内部抵抗を表します．負荷インピーダンスを表す式は，**図2**に示す形となります．このインピーダンス周波数特性は，**図3**に示す角周波数でピークをもつカーブとなりますが，この点における$Z(s)$の値はR_Cと等しくなるので，この角周波数における回路のゲインは，

図1 単同調トランジスタ・アンプ回路例

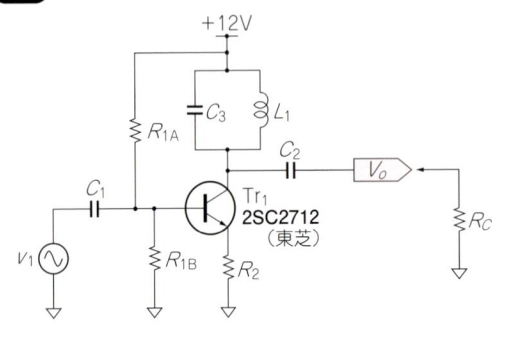

図2 図1の回路の負荷インピーダンスを表す式
$$Z(s) = \frac{sL_1}{s^2 L_1 C_3 + s\frac{L_1}{R_C} + 1}$$

図3 インピーダンス・ピーク角周波数を表す式
$$\omega_r = \frac{1}{\sqrt{L_1 C_3}}$$

$$G(\omega_r) = \frac{R_c}{r_e + R_2}$$

という形になります．つまり増幅回路は全体としてバンドパス・フィルタとして動作することになり，ω_r の両側の周波数領域の信号を排除するように働きます．

ω_r の式に表されるように，中心周波数を決めるのは L_1 と C_3 の積になります．このような場合，L_1 の値が周囲温度によって変化するときは，C_3 としてちょうど反対の温度係数をもつ素子を選んで温度依存性を相殺し，$L_1 C_3$ 積の温度係数を小さくする手法が取られます．このような目的のため，セラミック・コンデンサや積層セラミック・コンデンサには，意図的にある値の温度係数をもたせた素子がいろいろ用意されています．

15-2 いろいろな発振回路
コルピッツ，ハートレー，クラップ，ウィーン・ブリッジの各回路の特徴と回路部品構成

● 発振回路の一般形

外部から信号を与えずに，回路内部で特定の周波数の信号を作り出したいとき，必ず使用されるのが発振回路です．発振回路はディジタルICだけを組み合わせて構成することもできるのですが，多くの場合は増幅回路と受動素子によるフィードバック回路を組み合わせた構成が取られます．

図4 に一般化した発振回路のブロック・ダイヤグラムを示します．ここでは電圧ゲイン A_V をもつ増幅回路の出力からフィードバック回路を通して信号がもう一度増幅回路の入力に戻されています．当然，フィードバック回路にはゲインや位相に周波数選択性をもたせたものが使用されます．発振させたい周波数の信号だけに対して，ループを一巡したときの位相が同相となるようにし，ゲインが+1以上になるようにする訳です．

A_V の符号は，プラスになる場合とマイナスになる場合と両方が考えられます．プラスの場合には，フィードバック回路には多くの場合バンドパス・フィルタの特性をもつ回路が使用されます．後に説明する発振回路の中ではウィーン・ブリッジ発振回路やクラップ発振回路が該当します．

A_V の符号がマイナスの場合には，フィードバック回路にはハイパス・フィルタやローパス・フィルタの特性をもつ回路が使用されます．この場合にはフィードバック回路の位相特性は，発振させたい周波数においてちょうど逆相とし，A_V を含めて一巡させたときに全体として同相となるようにします．後に説明する発振回路の中では水晶発振回路，コルピッツ発振回路，ハートレー発振回路がこれに該当します．

発振出力は Out_1 端子，Out_2 端子のいずれからでも得ることができます．負荷のインピーダンスが低かったり，大きな信号振幅を必要とする場合は Out_1 から出力を取ります．一方，ひずみの少ない正弦波電圧が必要な場合で，負荷インピーダンスを高く取れる場合には Out_2 を使用します．コルピッツ発振回路やクラップ発振回路などでは，ローパスまたはバンドパス特性をもったフィードバック回路の出力から信号を得ることになりますので，余分な高調波成分が比較的小さくなっており，Out_1 からよりも綺麗な波形が得られます．

● コルピッツ発振回路

増幅回路に反転アンプを使用し，フィードバック回路を 図5 に示すような，C-L-C の形のフィルタとした発振回路をコルピッツ発振回路と呼びます．このフィードバック回路の伝達関数は，図6 に示すように3次のローパス特性となります．

$s = j\omega$ を代入して伝達関数を書き直すと，図7 に示す式になります．この伝達関数をフィードバック回路に組み込んで発振を行わせるためには，目的の周波数において伝達関数が逆相になる必要があります．式

図4 一般化した発振回路のブロック・ダイヤグラム

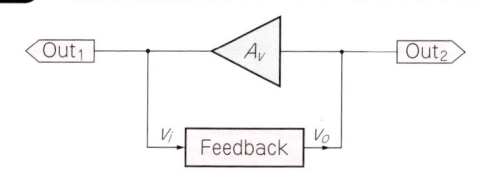

図5 コルピッツ発振回路のフィードバック回路

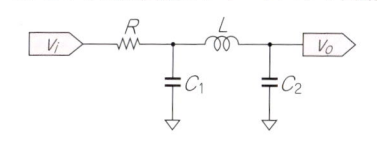

図6 図5の回路の伝達関数
$$G(s) = \frac{1}{s^3 LC_1 C_2 R + s C_1 R + s C_2 R + s^2 LC_2 + 1} = \frac{1}{s(s^2 LC_1 C_2 + C_1 + C_2)R + (1 + s^2 LC_2)}$$

図7 図6に$s=j\omega$を代入した式

$$G(\omega) = \frac{1}{j\omega(C_1+C_2-\omega^2 LC_1C_2)R+(1-\omega^2 LC_2)}$$

図8 図5の回路の発振角周波数を求める式

$$\omega^2 = \frac{C_1+C_2}{LC_1C_2}$$
$$\omega = \sqrt{\frac{C_1+C_2}{LC_1C_2}}$$

図9 発振角周波数ω_rにおけるフィードバック・ゲイン$G(\omega_r)$の式(上式)とアンプに必要な発振条件(下式)

$$G(\omega_r) = -\frac{C_1}{C_2}$$
$$A_v \leq \frac{1}{G(\omega_r)} = -\frac{C_2}{C_1}$$

図10 水晶振動子を使用したコルピッツ発振回路のフィードバック回路

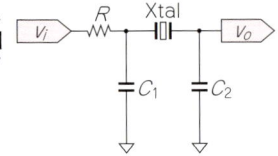

図11 水晶振動子の等価回路

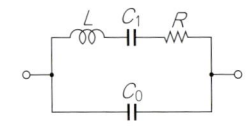

図12 水晶振動子のリアクタンス特性

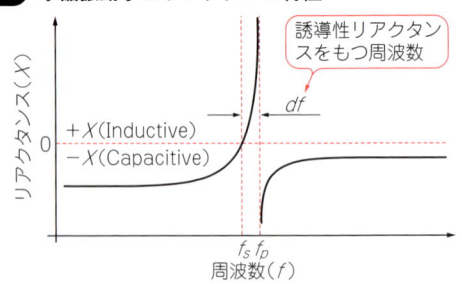

の分母を注意深く見ると$\alpha+j\beta$の形になっていますが,そのうちの虚数部の係数βがゼロになることが,この式における位相が逆相になることを意味します.

従って,「分母の左側の括弧の中=ゼロ」として方程式をたて,これをωについて解くことにより,発振角周波数を求める式が得られます.結果を**図8**に示します.

さて,発振条件が成立するためにはフィードバック回路の位相が逆相になるだけでは不十分で,増幅回路を含んだループの一巡伝達関数の絶対値が1以上になる必要があります.アンプに必要なゲイン条件を調べるため,発振角周波数におけるフィードバック回路のゲイン$G(\omega_r)$を計算します.結果は**図9**に示す通りです.

$A_v \cdot G(\omega_r)$が1以上になればいい訳ですから,A_vは$|1/G(\omega_r)|$よりも小さく(絶対値は大きく)なる必要があります.A_vに要求される発振条件も**図9**に合わせて示します.

発振角周波数を求める式を見ると,LとCが組み合わされた少々複雑な式になっていますが,仮に$C_1=C_2=C$となるように定数を選ぶと,$\omega=\sqrt{2/LC}$と非常に単純な式になります.従って,発振周波数安定度を確保することを考えると,LC積の値が重要ですので,単同調アンプの場合と同様に,インダクタとコンデンサの温度係数を相殺するように素子を選定します.

コルピッツ発振回路は,フィードバック回路がローパス・フィルタの特性をもっているので,ループの中で高周波雑音成分が増幅されにくく,比較的ノイズの少ない発振出力が得られます.

● 水晶発振回路

コルピッツ発振回路のインダクタ素子を水晶振動子に置き換えると,**図10**に示す回路になりますが,これをフィードバック回路として反転増幅器と組み合わせると,水晶発振回路を構成することができます.こ

の形の発振回路も,コルピッツ型と呼ばれることがあります.

水晶振動子の等価回路は,**図11**に示す形になりますが,リアクタンス特性は**図12**に示すようにほとんどの周波数領域で容量性を示すと共に,f_sからf_pの間の非常に狭い周波数範囲においてのみ誘導性となります.つまりこの周波数範囲においてはインダクタとして動作する訳で,先ほどのフィードバック回路を使用した場合はdf周波数領域内での発振が可能になります.

一般のインダクタ素子と比べて,f_sやf_pの周波数安定度は非常に優れており,正確な周波数を得たい場合に水晶発振回路が好んで用いられることはご存じのとおりです.ただ,発振が成立するための周辺素子の値は少々微妙なところもあるので,水晶振動子メーカが指定する負荷容量値や直列抵抗値を守って回路を構成する必要があります.

ディジタル回路を動作させるためのクロック発振回路の場合には,反転アンプには必ずしもOPアンプやトランジスタを使用する必要はなく,ロジック・ゲートのインバータICを使用することが可能です.この場合には,インバータICの入出力電位を十分なACゲインが得られる領域に維持しておく必要があるので,ここに示すフィードバック回路とは別に,高抵抗による直流NFBを併用するのが普通です.もっとも,水晶振動子,インバータなどを一つのパッケージに収めた水晶発振器ICがたくさん市販されています.

なお,水晶振動子の種類によっては,リアクタンス周波数特性が誘導性を示すのは必ずしも基本周波数のf_s-f_p間の領域だけではなく,奇数倍の例えば$3f_s$-$3f_p$

図14 図13の回路の伝達関数

$$G(s) = \frac{s^3 L_1 L_2 C}{s^2(L_1+L_2)CR + R + s^3 L_1 L_2 C + sL_1} = \frac{s^3 L_1 L_2 C}{s(s^2 L_1 L_2 C + L_1) + \{1 + s^2(L_1+L_2)C\}R}$$

図13 ハートレー発振回路のフィードバック回路

図15 図14に $s=j\omega$ を代入した式

$$G(\omega) = \frac{-j\omega(\omega^2 L_1 L_2 C)}{j\omega(L_1 - \omega^2 L_1 L_2 C) + \{1 - \omega^2(L_1+L_2)C\}R}$$

図16 図13の回路の発振角周波数を求める式

$$\omega^2 = \frac{1}{(L_1+L_2)C}$$
$$\omega = \frac{1}{\sqrt{(L_1+L_2)C}}$$

図17 発振角周波数 ω_r におけるフィードバック・ゲイン $G(\omega_r)$ の式(上式)とアンプに必要な発振条件(下式)

$$G(\omega_r) = -\frac{L_2}{L_1}$$
$$A_v \leq \frac{1}{G(\omega_r)} = -\frac{L_1}{L_2}$$

間などの領域も誘導性リアクタンスとなる場合があります．この性質を利用して高い発振周波数を得る回路をオーバートーン発振回路と呼びます．オーバートーン発振を成立させるためには，発振させたい周波数だけを選択的に通過させるようなフィードバック回路内に追加する必要があります．

● ハートレー発振回路

増幅回路に反転アンプを使用し，フィードバック回路に**図13**に示すような，L-C-L の形のフィルタを使用した発振回路をハートレー発振回路と呼びます．このフィードバック回路の伝達関数は，**図14**に示すような3次のハイパス特性となります．

$s=j\omega$ とおいた場合のフィードバック伝達関数を**図15**に，発振角周波数を求める式を**図16**に示します．この場合も L と C の積の値が発振周波数に影響しますから，インダクタとコンデンサで温度係数を相殺するようにして周波数温度依存性を小さくします．

発振角周波数 ω_r におけるフィードバック・ゲインの値と，増幅回路のゲインに必要な条件を**図17**に示します．A_v の条件において不等号の向きが図のようになっていますが，反転アンプを使用しますので，A_v の絶対値は $|1/G(\omega_r)|$ の絶対値以上であることはコルピッツ回路の場合と同様です．

ハートレー発振回路はフィードバック回路がハイパス・フィルタの特性をもっていることから，発振出力にノイズが多くなりやすい欠点があります．一方，フィードバック回路の入出力間がはじめから C で直流的に分離されているので，この部分に新たなカップリング・コンデンサを挿入する必要がありません．また，L_1 や L_2 の足下を支えるグラウンドは交流的なグラウンドでよく，直流電位は自由に決めることができるので，バイアス回路を簡単な回路で構成しやすい利点があります．

余談になりますが，最近のトランジスタは汎用的なものでもかなり高い周波数まで増幅が可能になってきています．このようなトランジスタを用いてエミッタ・フォロワを作ると，コレクタやベースの配線長さが L を構成し，トランジスタの C_{ob} が C を構成することになり，望まないのにハートレー発振回路がうっかり構成されてしまい，回路の安定動作に悩まされることがあります．このようなことを防ぐため，エミッタ・フォロワのトランジスタのベースに直列抵抗を挿入することがよく行われます．

● クラップ発振回路

増幅回路に非反転アンプを使用し，フィードバック回路に**図18**に示すようなフィルタを用いた発振回路をクラップ発振回路と呼びます．このフィードバック回路の伝達関数は，**図19**に示すように3次のバンドパス特性となります．

$s=j\omega$ とおいた場合のフィードバック伝達関数を**図20**に，発振角周波数を求める式を**図21**に示します．この場合も，$C_1 = C_2 = C_3$ として設計することにより，インダクタとコンデンサで温度係数を相殺することが

図18 クラップ発振回路のフィードバック回路

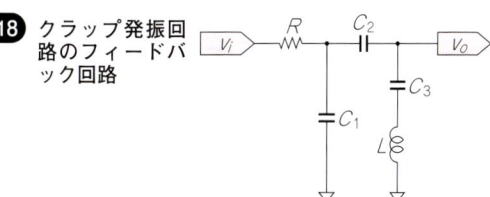

図19 図18の回路の伝達関数

$$G(s) = \frac{C_2}{C_2+C_3} \cdot \frac{s^2 LC_3 + 1}{s^3 L \frac{C_1 C_2 C_3}{C_2+C_3} R + s\left[\frac{C_1 C_2 + C_2 C_3 + C_3 C_1}{C_2+C_3}\right]R + s^2 L \frac{C_2 C_3}{C_2+C_3} + 1}$$

図20 図19に$s=j\omega$を代入した式

$$G(\omega) = \frac{C_2}{C_2+C_3} \cdot \frac{1-\omega^2 LC_3}{j\omega(C_1C_2+C_2C_3+C_3C_1-\omega^2 LC_1C_2C_3)\frac{R}{C_2+C_3}+1-\omega^2 L\frac{C_2C_3}{C_2+C_3}}$$

図21 図18の回路の発振角周波数を求める式

$$\omega^2 = \frac{C_1C_2+C_2C_3+C_3C_1}{LC_1C_2C_3}$$

$$\omega = \sqrt{\frac{C_1C_2+C_2C_3+C_3C_1}{LC_1C_2C_3}}$$

図22 発振角周波数ω_rにおけるフィードバック・ゲイン$G(\omega_r)$の式(上式)とアンプに必要な発振条件(下式)

$$G(\omega_r) = \frac{C_1+C_2}{C_2}$$

$$A_v \geq \frac{1}{G(\omega_r)} = \frac{C_2}{C_1+C_2}$$

図23 ウィーン・ブリッジ発振回路のフィードバック回路

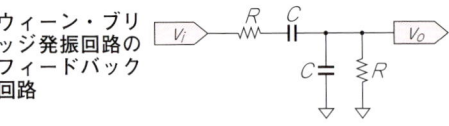

図24 図23の回路の伝達関数

$$G(s) = \frac{sCR}{(1+s^2C^2R^2)+3sCR}$$

図25 図24に$s=j\omega$を代入した式

$$G(\omega) = \frac{j\omega CR}{(1-\omega^2C^2R^2)+j3\omega CR}$$

図26 図23の回路の発振角周波数を求める式

$$\omega^2 = \frac{1}{C^2R^2}$$

$$\omega = \frac{1}{CR}$$

図27 発振角周波数ω_rにおけるフィードバック・ゲイン$G(\omega_r)$の式(上式)とアンプに必要な発振条件(下式)

$$G(\omega_r) = \frac{1}{3}$$

$$A_v \geq \frac{1}{G(\omega_r)} = 3$$

できます.

発振周波数ω_rにおけるフィードバック・ゲインの値と,増幅回路のゲインに必要な条件を**図22**に示します.注目すべきは$G(\omega_r)$の値が1を越えることです.すなわち増幅回路には必ずしも1倍以上の電圧増幅率が必要ではなく,エミッタ・フォロワやソース・フォロワなどの単純なボルテージ・フォロワを用いて発振回路を構成することが可能です.

フィードバック回路に示す素子のうち,LとC_3の位置を入れ替えても伝達関数は変わりませんから,C_3として可変容量ダイオードを使用し,VCOを構成する場合もコントロール電圧をグラウンド基準としやすく便利です.

● ウィーン・ブリッジ発振回路

非反転アンプとバンドパス・フィルタを組み合わせる構成であれば,インダクタを使用しなくても比較的簡単な回路で発振回路を構成することができます.フィードバック回路に**図23**に示す回路を用いた発振回路をウィーン・ブリッジ発振回路と呼びます.この回路は,発振周波数が低く,寸法が小さく特性の良い大きなインダクタンスを使用することが難しい場合によく使用されます.

フィードバック回路のsとωの伝達関数を**図24**および**図25**に示します.また,発振角周波数を求める式を**図26**に示します.インダクタンスを使用していないので,周波数安定度を得るためには抵抗素子やコンデンサに温度依存性の小さいものを選べば済みます.もちろん温度依存性抵抗を用いてコンデンサの温度依存性を相殺することも可能です.

増幅回路に必要なゲインは,**図27**に示すとおり,少なくとも3倍は必要です.高周波発振回路の場合にはアンプ・ゲインの絶対値を十分に大きな値として,アンプをフルスイングで動作させることが多いですが,低周波発振回路の場合には,初めから低ひずみの発振出力を得るため,出力電圧を別途監視しつつ,AGC回路を用いて発振回路のアンプ・ゲインをサーボすることがよく行われます.

ウィーン・ブリッジ発振回路を注意深く設計すると,ppmオーダの優れたひずみ率の正弦波信号が得られます.低ひずみ率特性を得るためには,アンプにひずみの少ないものを用いるだけでなく,抵抗素子に雑音の少ない薄膜タイプを使用したり,容量電圧依存性をもつセラミック・コンデンサの使用を避けるなどの配慮が必要になります.

15-3 電源ノイズ・フィルタ

インダクタ素子の効果的な使用法を検討する

● **ライン・チョーク・コイルとバイパス・コンデンサ**

基板上にOPアンプICやロジックICを実装する場合，通常はICパッケージの近くに電源バイパス・コンデンサを配置します．さらに万全を期す場合は，バイパス・コンデンサよりも電源側に置いて，直列のフェライト・ビーズやチョーク・コイルを挿入することがあります．

図28にそのようすを示します．図ではワンゲートのロジックIC，74LVC1G00が例として描かれていますが，この部分が高速OPアンプICや，何らかの回路モジュールであっても同様に，電源バイパス・コンデンサC_1やライン・チョーク・コイルL_1が使用されることが多いです．

ライン・チョーク・コイルの効果について，ノイズの伝達関数を用いて説明するため，一般的な回路ブロックやIC近傍の電源ノイズ・フィルタの等価回路を**図29**に示します．

まず電源供給側から混入する電圧性ノイズをV_nと表記します．本来であれば，おのおのの機能回路（Main Circuitと表記）に対しては，ノイズ成分の含まれていない直流電源電圧Source$_1$だけを供給したいところですが，電源側電圧性ノイズV_nが混入してしまうことがあります．電源回路にスイッチング・レギュレータを使用した場合の高周波リプル成分などがその代表的な例です．このノイズ成分が，負荷回路側電源ラインに伝達される大きさをV_sとして考察します．

一方，機能回路が消費する電源電流は常に一定とは限りません．高速動作をする回路の消費電流には，定常負荷R_aによる一定の電流のほかに，かなり高い周波数の変動成分が乗ることが常です．消費電流の変動成分をI_nとして表記します．この成分は電源ラインを通じて電源回路側に伝達されることになりますが，その大きさをI_Sとして以下の考察を行います．

● **電源側電圧性ノイズの考察**

ライン・チョーク・コイルのインダクタンスをL，バイパス・コンデンサの容量をC，電源側の内部抵抗をR_S，機能回路の定常消費電流をもたらす負荷をR_aとし，I_nをゼロとみなしたうえで，V_nがV_sとして伝達される割合$G_V(s)$を**図30**に示します．

この式を見ると，2次のローパス・フィルタの形をしています．通常$R_S \ll R_a$の関係ですので，V_nの周波数成分のうち，おおむね$\omega = 1/\sqrt{LC}$を境に高域側が強い減衰を受けることになります．従って時定数$\sqrt{LC}$の値を大きめに取ることにより，電源側電圧性ノイズが回路の電源ラインに混入することを防ぐことができます．

チョーク・コイルを使用しない場合の伝達関数を**図31**の一番上に示します．インダクタンスが存在しませんので，ローパス・フィルタは1次となり，高域側での減衰量が減ります．また，$R_S \ll R_a$の関係を適用すると，コーナ時定数CR_Sは小さな値になってしまい，フィルタ効果が相当薄れてしまいます．

チョーク・コイルがない場合はさらにやっかいな問題が発生します．Cの値を大きくすると，電圧成分としてのV_sは減少しますが，V_nがCを通してグラウン

図28 ライン・フィルタの使用例

図29 電源ノイズ・フィルタの等価回路

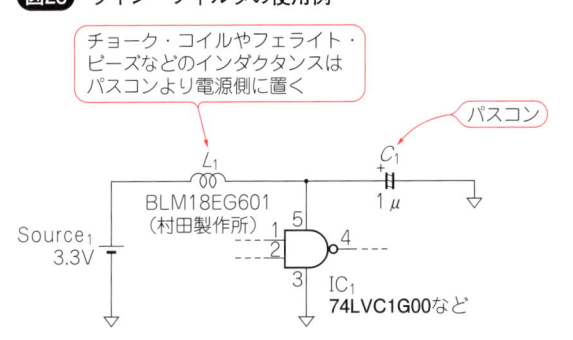

図30 電圧ノイズの伝達関数（Lがある場合）

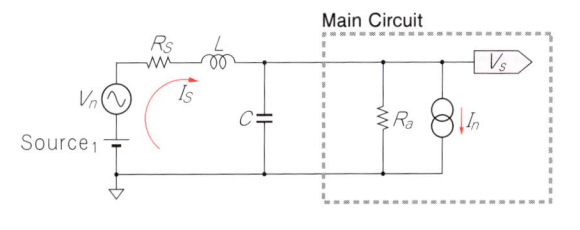

$$G_V(s) = \frac{V_S(s)}{V_n(s)} = \frac{R_a}{R_S + R_a} \cdot \frac{1}{s^2 LC \frac{R_a}{R_S + R_a} + s\left[\frac{L + CR_a R_S}{R_S + R_a}\right] + 1}$$

図31 電圧ノイズの伝達関数（Lがない場合）

$$G_V(s) = \frac{R_a}{R_S + R_a} \cdot \frac{1}{sC \frac{R_a R_S}{R_S + R_a} + 1}$$

もし，（$R_S \ll R_a$）ならば，

$$G_V(s) \cong \frac{1}{sCR_S + 1}$$

図32 電流ノイズの伝達関数（L がある場合）

$$G_i(s) = \frac{I_S(s)}{I_n(s)} = \frac{R_a}{R_a + R_S} \cdot \frac{1}{s^2 LC \dfrac{R_a}{R_a + R_S} + s\left[\dfrac{CR_a R_S + L}{R_a + R_S}\right] + 1}$$

図33 電流ノイズの伝達関数（L がない場合）

$$G_i(s) = \frac{R_a}{R_a + R_S} \cdot \frac{1}{sC \dfrac{R_a R_S}{R_a + R_S} + 1}$$

もし，（$R_S \ll R_a$）のとき，

$$G_i(s) \cong \frac{1}{sCR_S + 1}$$

ド・ラインに流れ込む割合が大きくなります．R_S が小さいので I_S もそれだけ大きな値となり，グラウンド電位がノイズで揺さぶられる原因になったり，I_S により発生する磁界が付近に電磁ノイズをばらまく原因になったりします．

● 負荷側電流性ノイズの考察

次に回路消費電流の変動分 I_n が，電源側供給電流変動分 I_S として伝搬されてしまう割合について考えます．チョーク・コイルが存在する場合の伝達関数を **図32** に示します．

この式を注意深く見ると，電圧ノイズが電源から回路に伝達される場合の関数とまったく同じであることがわかります．つまり回路図のような $L \rightarrow C$ の形をした電圧ローパス・フィルタは，反対方向には同一周波数特性の電流ローパス・フィルタとして働きます．言い方を変えると，回路動作によって変動する消費電流の高周波成分を，機能回路とバイパス・コンデンサで形成される小さいループ内に閉じ込めることができます．ICの電源に接続するバイパス・コンデンサを，できるだけICに近づけて実装することにより，高周波ノイズ電流が流れる領域を小さくすることができます．

チョーク・コイルを使用しない場合の伝達関数を **図33** に示します．電圧ノイズで考察したときと同様に，電源ノイズ・フィルタとしての効果が薄れてしまいます．高周波出力インピーダンスが低い，その意味では高性能の電源回路を使用するほど，I_S の値をかえって大きくしてしまう可能性があります．

● インピーダンス・ピークに注意

電源ライン・フィルタとしてチョーク・コイルとバイパス・コンデンサを併用することにより，2次のローパス・フィルタが形成され，ノイズ除去に有利であることがわかりました．ところが2次のフィルタですから，回路定数の選び方によっては減衰特性の肩のところに伝達関数のピークが発生することがあります．

フィルタ伝達関数の Q が高く，ピークがある状態では，LC 時定数に一致する付近のノイズ周波数成分をかえって増大させてしまう危険があります．フィルタ回路定数を注意深く吟味したり，純粋なインダクタの代わりに損失をもたせたフェライト・ビーズを適用するなどして，伝達関数の Q を大きくしないことが大切です．

チョーク・コイルは重畳される直流電流によってインダクタンスが変化することがあります．また，大容量のセラミック・コンデンサは，品種によっては大きな温度係数をもったものがあります．電流や周囲温度が変化しても，伝達関数の Q を常時低く保つことが必要です．

信号線用のフェライト・ビーズ　　column

電源ラインに限らず，信号ラインそのものに乗る高周波ノイズ成分を除去したい場合があります．例えばパラレルのディジタル信号をケーブルで機器外部に取り出す場合，あまり信号の立ち上がりエッジや立ち下がりエッジが高速になりすぎると，信号間のクロストークの原因になったり，外部機器への電磁障害の原因になったりします．特に最近のディジタルICの出力信号はとても高速になっているので，速いビット・レート伝送が必要でないときは，信号エッジをある程度低速に鈍らせることが求められます．

このような場合にもフェライト・ビーズを信号線に挿入することがあります．**図A** に例として村田製作所のBLA31 A/BLA31Bタイプの構成を示します．並列信号に適用しやすいように，4素子のフェライト・ビーズが1パッケージに収められています．第9章の **写真9** も参照してください．

図A 4回路入りのフェライト・ビーズ（村田製作所）

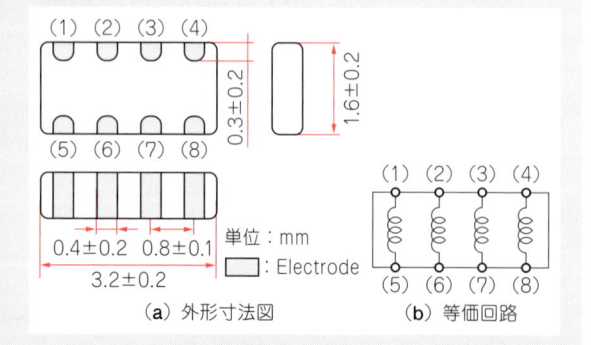

（a）外形寸法図　　（b）等価回路

単位：mm

徹底図解★LCR & トランス活用 成功のかぎ

Appendix
コイルやフェライト・ビーズの特性を実験で理解

インダクタの寄生容量と配置の影響

■ インダクタ素子の寄生成分の影響

● 実際のインダクタ素子の等価回路

実際のインダクタ素子の等価回路を**図1**に示します．ここに存在する物理量が，純粋なインダクタンスLだけであればよいのですが，実際には巻き線抵抗などに起因する直列抵抗成分R_sや，巻き線間の浮遊容量としてどうしても存在してしまうため，並列容量成分C_pが存在します．

インダクタンスの大きな素子の場合は，巻き線径が細く，巻き数も多くなる傾向にあり，これらの寄生成分がより大きな問題となってきます．特に並列容量成分の影響は，公称インダクタンスの値が大きくなるだけでも効き方が強くなります．比較的低い周波数領域においても無視できない問題となります．

● 市販インダクタの並列容量成分の測定

基板上に構成したインピーダンス$50\,\Omega$のマイクロストリップ・ラインに，市販インダクタを直列に挿入します．そのときの伝送周波数特性を，ネットワーク・アナライザを用いて測定してみました．

今回の実験に使用したのは，インピーダンス$50\,\Omega$のネットワーク・アナライザなので，信号源インピーダンスと受信端インピーダンスはそれぞれ$50\,\Omega$です．これらのインピーダンスをRとして含めた形での等価回路と，その場合の伝達関数を**図2**に示します．寄生成分を含んだ伝達関数は少々複雑な式になります．もし，インダクタが理想素子であった場合には，単純な1次ローパス・フィルタの式になります．

直列に挿入するインダクタには，東光のLL1608シリーズから10 nH品と100 nH品（いずれも1608サイズ），村田製作所のLQG21Nタイプ1.2 μH品（2012サイズ），同じく村田製作所のLQH3Cタイプ22 μH品（3225サイズ），および村田製作所のチップ・フェライト・ビーズBLM18EG601（1608サイズ）を使用しました．測定結果を**図3**に示します．

Fixtureと表示されたグラフは，実験に用いたマイクロストリップ・ラインに何も実装しない場合の伝達特性です．パターン間の浮遊容量により1 GHzで-46 dB程度のクロストークが発生していますが，インダクタ実装時と比較すると十分小さく，それほど影響はないものと考えられます．

一番インダクタンスの小さいLL1608, 10 nH品では，大体1 GHzを超えるあたりからようやく減衰が始まります．今回の測定周波数範囲においては，並列容量成分の影響をはっきり確認できませんでした．

同じLL1608シリーズでも，100 nH品では，922 MHzに伝送特性のディップが見られます．これは，本来のインダクタンスと寄生成分としての並列容量成分が並列共振を起こしたことにより見られる特性です．ディップの周波数から寄生容量を逆算すると大体0.3 pFの並列容量成分が推定できます．

LQG21N, 1.2 μH品では，並列共振周波数が低くなり，大体148 MHzにディップが観測されます．推定並列寄生容量は約1 pFです．LL1608シリーズ100 nH

図2 インダクタ素子を直列に挿入したときの等価回路と伝達関数

$50\,\Omega$の伝送線路にインダクタを直列に挿入し，そのときの伝送特性をネットワーク・アナライザで測定する

入力 ─── L ─── 出力

ネットワーク・アナライザの入出力インピーダンスRを含めて，等価回路を描くと下のようになる

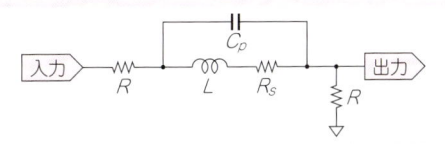

この回路の伝達関数は，

$$G(s) = \frac{R}{2R+R_s} \cdot \frac{s^2 L C_p + s C_p R_s + 1}{s^2 L C_p \left\{\dfrac{2R}{2R+R_s}\right\} + s\left\{\dfrac{2C_p R R_s + L}{2R+R_s}\right\} + 1}$$

仮に，$R_s = 0$かつ，$C_p = 0$の場合には，伝達関数は以下のようにずっと簡単な形になる．

$$G(s) = \frac{1}{2} \cdot \frac{1}{s\left(\dfrac{L}{2R}\right) + 1}$$

図1 インダクタ素子の等価回路

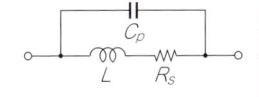

本来のインダクタンス成分Lのほかに，直列抵抗成分R_sや，並列容量成分C_pが，どうしても存在してしまう

Appendix インダクタの寄生容量と配置の影響　139

図3 いろいろなインダクタを直列に挿入したときの伝送損失特性

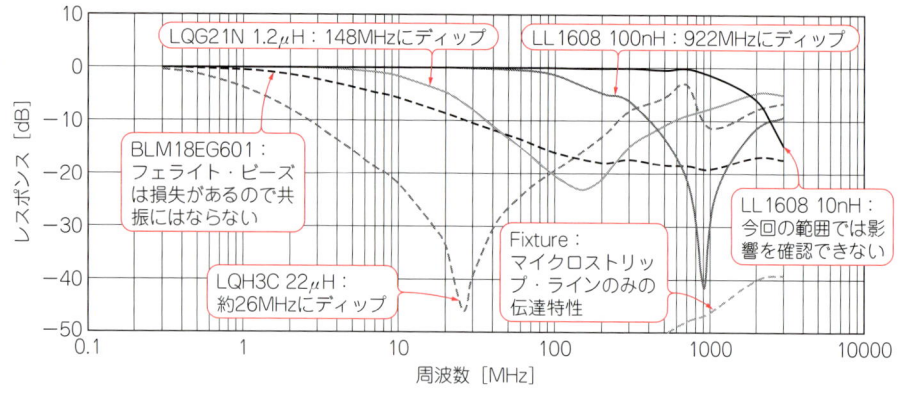

グラフ注釈:
- LQG21N 1.2μH：148MHzにディップ
- LL1608 100nH：922MHzにディップ
- BLM18EG601：フェライト・ビーズは損失があるので共振にはならない
- LL1608 10nH：今回の範囲では影響を確認できない
- LQH3C 22μH：約26MHzにディップ
- Fixture：マイクロストリップ・ラインのみの伝達特性

縦軸：レスポンス [dB]　横軸：周波数 [MHz]

と比較して共振周波数が大きく下降したわりには，寄生容量はそれほど大きくありません．これは，インダクタンスが大きくなった影響があるためです．

LQH3C, 22μH品ではさらに共振周波数が低くなり，25.99MHzにディップが観測されています．推定並列寄生容量は1.7pFと計算されます．この素子のようにインダクタンスが比較的大きな巻き線抵抗では，共振周波数以上の高い周波数領域における特性がかなり暴れています．500MHz以上では複雑な伝達特性となっています．

フェライト・ビーズ，BLM18EG601は，素子そのものに損失があります．通常のインダクタ素子と異なり，顕著な共振現象が見られません．減衰は比較的低い周波数から始まり，約3μHのインダクタンスをもつことが分かります．100MHz付近を境に減衰が止まり，それ以上の周波数では大体フラットな特性となります．

■ インダクタ素子を配置するときの注意

● 周囲の空間も素子の一部

インダクタ素子は，巻き線とその周囲に発生する磁界との相互作用によりインダクタンスを獲得しています．見方によってはインダクタ素子周囲の空間も，その素子の特性を得るための大切な構成要素といえます．特に内部にコア材を持たない空心コイルでは，磁気回路は周囲の空間そのものとなるので，そういった性質がより顕著となります．

従って，抵抗素子やコンデンサ素子と比較して，インダクタ素子は周囲に存在する物体の影響を受けやすいといえます．最近では電子機器の小型化要求が強く，電子部品の実装密度がとても高くなり，個々の部品間の相対距離が小さくなっています．インダクタが周囲の空間や素子に与える影響や，逆にインダクタが周囲から受け取る影響について，今よりも増して注意する必要があります．

インダクタ素子同士を接近させると，一方の素子から発生する磁界が，もう一方の素子の巻き線に作用し，磁界を通して信号が漏れてしまう現象が発生します．この現象は比較的低い周波数でも見られ，しばしば回路の性能を悪化させる原因となります．

● コイル間クロストークの相対距離による変化

今回，図4に示すような，線径0.4mmのウレタン線を5回巻いて外形を4mmとした空心コイルを二つ手作りし，このコイルをそれぞれ同軸ケーブルの先端にはんだ付けして相対距離や相互の姿勢を変えながら，どれくらいのクロストークが発生するか実験してみました．実験回路を図5に示します．

初めに二つのコイルを図6に示すように平行配置とし，コイル間のすき間の距離を変えて測定を行いました．結果を図7に示します．

コイルに限らず，近接した部品間では寄生容量など

図4 クロストークの実験に使用したコイル

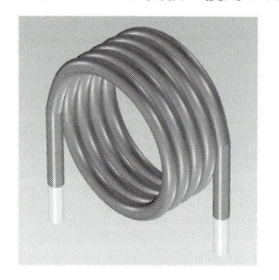

図5 インダクタ間のクロストーク特性を測定するための実験回路

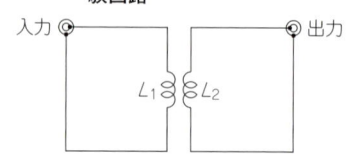

（入力 — L_1　L_2 — 出力）

図6 二つのコイルの平行配置

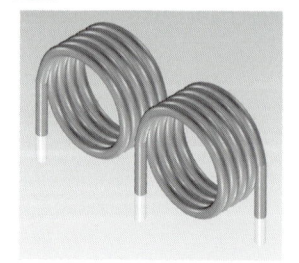

図7 空心コイル同士の距離とクロストークの関係

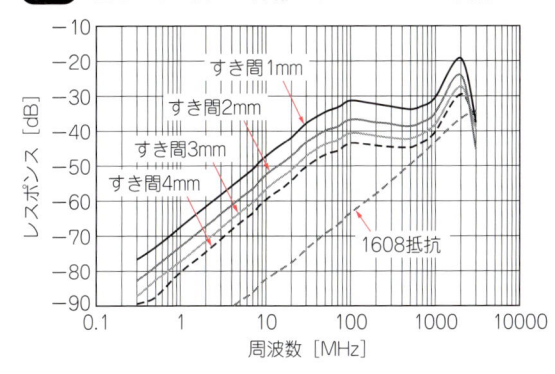

図8 二つのコイルの位置関係

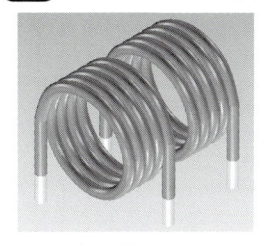

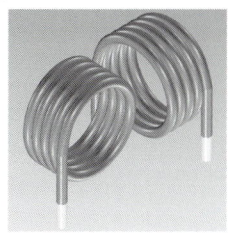

(a) 同軸上に配置　　(b) 直交させた配置

図9 二つのコイルの位置関係を変えたときのクロストーク特性

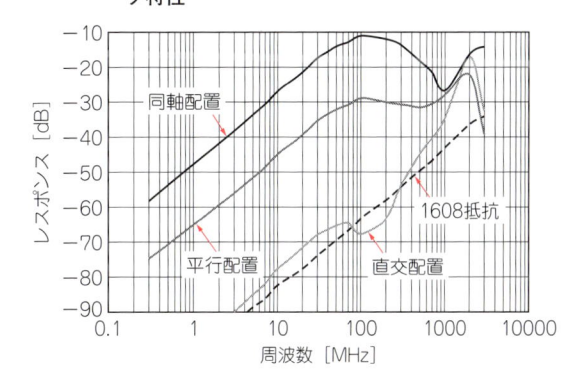

により，相互間にクロストークが起きます．その影響を調べるため，1608のチップ抵抗においても同様の測定を実施しています．二つの抵抗素子を0.5 mmだけ離して平行に配置したときのクロストークは，10 MHzにおいて約 − 82 dB，100 MHzにおいて約 − 63 dBと測定されました．

コイルの場合には磁気的な結合分が付加されるので，抵抗素子の場合よりもずっとクロストークが大きくなります．コイル間隔を1 mmから4 mmまで変えて測定を行いましたが，当然想像されるように素子間距離が近いほどクロストークの値が大きくなるようすが確認できると思います．

素子間のすき間が1 mmのとき，10 MHzにおけるクロストークは − 47.36 dB，100 MHzにおいては − 31.33 dBと測定されました．比較的低い周波数においても，割と大きな量のクロストークが発生しています．300 kHzにおいても − 76.85 dBと，ちゃんと測定にかかるくらいの影響がはっきりと出ています．回路で扱われる周波数が低い場合にも，油断は禁物です．

素子間のすき間を4 mmまで離すと，10 MHzにおける値は − 59.78 dB，100 MHzにおける値は − 43.60 dBと，12 dBほど相互の影響が小さくなりました．回路の複数個所にコイルを使う場合，設計上可能な限り相対距離を大きくすることが重要といえます．

● コイル間クロストークの配置による変化

実装密度の高い回路では，複数のコイルの相互距離を確保することが難しい場合があります．このような場合には，互いのコイルの配置方向を工夫して，クロストークを小さく抑える必要があります．

今度は二つのコイルのすき間の距離を0.5 mmと小さくした状態で，同軸上に配置した場合［**図8**(a)］と，直交させて配置した場合［**図8**(b)］においてもクロストークを測定してみました．結果を**図9**に示します．

平行配置での測定結果は，先ほどの実験結果よりも距離が小さくなった分だけ，いくらかクロストークが増加しています．10 MHzにおいて約 − 45 dB，100 MHzにおいて約 − 29 dBのクロストークが発生していることが読み取れます．

悪い例として，同軸配置で測定した結果，平行配置の場合よりも20 dB程度も大きな値のクロストークが観測されました．10 MHzにおいて約 − 27.07 dB，100 MHzに至っては何と − 10.95 dBと電圧値で約1/3も漏れてしまっていることが分かります．このような配置は，コイル間をわざと結合させたい場合以外は，絶対に避けなければなりません．

コイル相互間の距離を確保することが難しい場合は，互いに直角の方向を向くように素子を配置すると，クロストークを小さく抑えられます．実験結果では10 MHzにおけるクロストークが − 77.78 dB，100 MHzにおける値でも − 67.90 dBと，比較的良好な測定値が得られています．この場合は，磁界によって漏れる分と，寄生容量によって漏れる分とが周波数によって強め合ったり，弱め合ったりします．クロストーク周波数特性のカーブは若干複雑な形になります．

ただこの配置の場合，コイルの相対角度や相対位置をちょっと動かすだけで，非常に敏感にクロストークの値が変化してしまいます．コイルを配置する際には直交配置に頼るだけではなく，何とかしてできる限り相対距離も同時に稼ぐことが，回路動作の安定性を確保するうえで大変重要です．

(初出：トランジスタ技術2009年5月号)

Appendix　インダクタの寄生容量と配置の影響　　141

索 引

【数字・アルファベットなど】

1次フィルタ ……………………………… 22
2次フィルタ …………………………… 23, 25
A_L 値 …………………………………… 89
A カーブ …………………………………… 46
B カーブ …………………………………… 46
CdS セル …………………………………… 52
CV 値 …………………………………… 66
E 系列 ……………………………………… 34
ESL …………………………………… 61, 123
ESR …………………………………… 61, 123
FET アンプ ……………………………… 100
h パラメータ …………………………… 114
LW 逆転型 ………………………………… 64
MELF 型抵抗 ……………………………… 36
NI リミット ……………………………… 90
O-E コンバータ ………………………… 105
PbS セル …………………………………… 52
PWM 変調 ………………………………… 126
Q 値 ……………………………………… 81
r_e ……………………………………… 101
SRF ………………………………………… 81
TIA ………………………………………… 98
X_C ……………………………………… 11
X_L ……………………………………… 12

【あ・ア行】

アイ・パターン …………………………… 32
アキシャル・リード ……………………… 36
アクティブ・フィルタ …………………… 25
厚膜チップ抵抗 …………………………… 40
アドミタンス ……………………………… 15
アルミ電解コンデンサ ……………… 55, 68
安定化電源回路 ………………………… 111
位相 ………………………………………… 14
位相補償 ………………………………… 120
イミタンス ………………………………… 15
インダクタ …………………………… 78, 139
インピーダンス …………………………… 13
ウィーン・ブリッジ発振回路 ………… 136
エア・ギャップ …………………………… 89
エミッタ・バイパス・コンデンサ …… 101
円筒型チップ抵抗 ………………………… 41
オーム ……………………………………… 9
温度特性 …………………………………… 59
温度補償用 ………………………………… 63

【か・カ行】

外形寸法 ……………………………… 35, 55
角板型抵抗 ………………………………… 36
カップリング・コンデンサ …………… 113
可変コンデンサ …………………………… 70
可変抵抗 …………………………………… 43
可変容量ダイオード ……………………… 74
キュリー温度 ……………………………… 81
共振 ………………………………………… 16
極性 ………………………………………… 66
許容電流 …………………………………… 79
許容リプル電流 …………………………… 60
金属箔抵抗 ………………………………… 42
金属皮膜抵抗 ……………………………… 41
空芯コイル ………………………………… 79
クラップ発振回路 ……………………… 135
クロストーク …………………………… 140
ゲイン精度 ………………………………… 97
コア ………………………………………… 79
高誘電率系 ………………………………… 63
コモン・モード・ノイズ ………………… 84
コルピッツ発振回路 …………………… 133
コンダクタンス …………………………… 15
コンデンサ ………………………………… 54
コンデンサ・アレイ ……………………… 64
コンデンサ・マイクロホン ……………… 77

【さ・サ行】

サーミスタ ………………………………… 52
再起電圧 ………………………………… 131
最高使用電圧 ………………………… 39, 45
最大減衰量 ………………………………… 46
最大平坦特性 ……………………………… 29
サセプタンス ……………………………… 15
自己共振周波数 ……………………… 81, 124
周波数特性 ………………………………… 21
寿命 ………………………………………… 61
使用温度範囲 ……………………………… 58
信号用トランス …………………………… 94
水晶発振回路 …………………………… 134
ストレイン・ゲージ ……………………… 53
スパーク・キラー ………………………… 67

スライド・ボリューム　　43
静電容量値　　57
静電容量値許容差　　58
静電容量電圧依存性　　129
積層セラミック・コンデンサ　　55
積層チップ・インダクタ　　82
積分回路　　20
セラミック・コンデンサ　　55
セラミック・トリマ・コンデンサ　　73
損失角　　61

【た・タ行】

炭素皮膜抵抗　　41
チェビシェフ・フィルタ　　29
チップ・アルミ電解コンデンサ　　66
チップ・セラミック・コンデンサ　　62
チップ・フィルム・コンデンサ　　65
チップ・マイカ・コンデンサ　　65
チョーク・コイル　　84, 87
直流重畳特性　　79
直列インダクタンス　　109
直列共振　　16
定格電圧　　54
定格電流　　79
定格電力　　35, 45
抵抗温度係数　　38
抵抗値　　37
抵抗値許容差　　38
抵抗値精度　　97
抵抗変化特性　　46
鉄芯　　79
電解コンデンサ　　55
電気二重層コンデンサ　　69
電源トランス　　93
電子ボリューム　　53
伝達関数　　21
電流雑音　　110
電力型抵抗　　41
等価直列インダクタンス　　61
等価直列抵抗　　61
導電性高分子固体電解コンデンサ　　69
トムソン・フィルタ　　30
トランジスタ・アンプ　　100
トランジスタ差動増幅回路　　102
トランス　　87, 92
トランスインピーダンス・アンプ　　98
トランスコンダクタンス・アンプ　　99

【な・ナ行】

熱結合　　50
熱雑音　　110

ネットワーク抵抗　　19
ノイズ・フィルタ　　137
ノーマル・モード・ノイズ　　84

【は・ハ行】

ハートレー発振回路　　135
バイパス・コンデンサ　　112
ハイパス・フィルタ　　22, 26
薄膜チップ抵抗　　40
バターワース・フィルタ　　29
発振回路　　133
バラクタ　　74
バリキャップ　　74
パルス遅延回路　　20
パワー・インダクタ　　82
半固定抵抗　　51
反転アンプ　　98
バンド・エリミネーション・フィルタ　　28
バンド・ストップ・フィルタ　　28
バンドパス・フィルタ　　24, 27
ピーキング　　115
非反転アンプ　　96
微分回路　　20
標準数列　　33
表面実装　　36
ファラド　　9
フィルム・コンデンサ　　56
フェライト・ビーズ　　83, 138
分圧回路　　18
分流回路　　18
並列共振　　16
並列容量　　104
ベッセル・フィルタ　　30
ヘンリー　　10
ポリバリコン　　76

【ま・マ行】

マイカ・コンデンサ　　56
マッチング抵抗素子　　99
漏れ電流　　61

【や・ヤ行】

誘電正接　　61
誘導性リアクタンス　　12
容量性リアクタンス　　11

【ら・ラ行】

ラダー回路　　19
理想コンデンサ　　54
リニア正温度係数抵抗　　52
レーザ・ドライバ　　109
ロータリ・ボリューム　　43
ローパス・フィルタ　　21, 25

■ **著者略歴**

長友 光広（ながとも・みつひろ）

　東京・板橋の地に生まれ中学生時代からオーディオアンプやレコードプレーヤーの自作をしたりバンドでギターを弾いて過ごす．

　1980年3月東京都立工業高等専門学校を卒業後，さすがにオーディオいじりを趣味でやるのは小遣いが続かないので，仕事でやる事を決心し，小平市のナカミチ株式会社に入社．厳しくも素晴らしい上司や先輩に恵まれ，アナログ技術屋として育つ．

　1986年8月八王子市の株式会社エイビットに入社．技術屋以外の仕事もたくさん経験させて頂く．後に母親を連れて入間市に転居．

　1992年11月，自宅内に株式会社グラビトンを立ち上げ，現在に至る．その後カミさんを貰い，子供に恵まれ，最近では毎日一番下の娘に自分では習った事のないピアノの練習をつける日々．

● **本書記載の社名，製品名について** ── 本書に記載されている社名および製品名は，一般に開発メーカーの登録商標です．なお，本文中では ™，®，© の各表示を明記していません．

● **本書掲載記事の利用についてのご注意** ── 本書掲載記事は著作権法により保護され，また産業財産権が確立されている場合があります．したがって，記事として掲載された技術情報をもとに製品化をするには，著作権者および産業財産権者の許可が必要です．また，掲載された技術情報を利用することにより発生した損害などに関して，CQ出版社および著作権者ならびに産業財産権者は責任を負いかねますのでご了承ください．

● **本書に関するご質問について** ── 文章，数式などの記述上の不明点についてのご質問は，必ず往復はがきか返信用封筒を同封した封書でお願いいたします．勝手ながら，電話での質問にはお答えできません．ご質問は著者に回送し直接回答していただきますので，多少時間がかかります．また，本書の記載範囲を越えるご質問には応じられませんので，ご了承ください．

● **本書の複製等について** ── 本書のコピー，スキャン，デジタル化等の無断複製は著作権法上での例外を除き禁じられています．本書を代行業者等の第三者に依頼してスキャンやデジタル化することは，たとえ個人や家庭内の利用でも認められておりません．

Ⓡ〈日本複写権センター委託出版物〉
本書の全部または一部を無断で複写複製（コピー）することは，著作権法上での例外を除き，禁じられています．本書からの複製を希望される場合は，日本複写権センター（TEL：03-3401-2382）にご連絡ください．

LCR ＆ トランス活用 成功のかぎ

編　集	トランジスタ技術SPECIAL編集部	2011年4月1日発行
発行人	溝口 早苗	©CQ出版株式会社 2011
		（無断転載を禁じます）
発行所	CQ出版株式会社	定価は裏表紙に表示してあります
	〒170-8461　東京都豊島区巣鴨1-14-2	乱丁，落丁はお取り替えします
電　話	編集部　03(5395)2148	編集担当者　鈴木 邦夫
	販売部　03(5395)2141	DTP・印刷・製本　三晃印刷株式会社
振　替	00100-7-10665	Printed in Japan